U0220160

中国大宗淡水鱼
种质资源保护与利用丛书

总主编
桂建芳　戈贤平

# 鲢种质资源保护与利用

主编 · 邹桂伟　梁宏伟

上海科学技术出版社

图书在版编目（CIP）数据

鲢种质资源保护与利用 / 邹桂伟，梁宏伟主编. -- 上海 : 上海科学技术出版社，2023.12
（中国大宗淡水鱼种质资源保护与利用丛书 / 桂建芳，戈贤平总主编）
ISBN 978-7-5478-6299-5

Ⅰ. ①鲢… Ⅱ. ①邹… ②梁… Ⅲ. ①鲢－种质资源－研究－中国 Ⅳ. ①S965.113

中国国家版本馆CIP数据核字(2023)第158724号

---

鲢种质资源保护与利用
邹桂伟　梁宏伟　主编

上海世纪出版(集团)有限公司
上 海 科 学 技 术 出 版 社　出版、发行
(上海市闵行区号景路 159 弄 A 座 9F－10F)
邮政编码 201101　www.sstp.cn
上海雅昌艺术印刷有限公司印刷
开本 787×1092　1/16　印张 14.25
字数 300 千字
2023 年 12 月第 1 版　2023 年 12 月第 1 次印刷
ISBN 978－7－5478－6299－5/S・269
定价：120.00 元

---

# 内容提要

鲢是我国著名的“四大家鱼”之一，其养殖产量长期以来位居淡水鱼养殖产量第二位，为保障我国水产品安全稳定供给、改善人民膳食结构做出了重要贡献。同时，鲢属于典型的节粮型养殖鱼类，主要以浮游植物为食，不用额外投饵，可减少对资源的消耗和依赖；鲢也是典型的碳汇鱼类，能有效控制水体富营养化，起到净化水体的作用，生态意义重大。

本书系统总结了鲢种质资源鉴定评价、新品种培育和养殖技术等方面的研究成果，主要内容包括鲢种质资源研究进展、新品种选育、繁殖技术、苗种培育与成鱼养殖、养殖病害防治、贮运流通与加工技术。

本书适合高等院校和科研院所水产养殖、遗传学和水生生物学等相关专业的师生使用，也可为广大水产科技工作者、渔业管理人员和水产养殖从业者提供参考。

中国大宗淡水鱼种质资源保护与利用丛书

# 编委会

鲢种质资源保护与利用

# 编委会


**主编**

邹桂伟　梁宏伟

**副主编**

李晓晖　罗相忠

**编写人员**

（按姓氏笔画为序）

叶香尘　冯　翠　许艳顺　李文祥　余达威　沙　航

张成锋　周　勇　郭红会　薛　婷

# 序

大宗淡水鱼是中国也是世界上最早的水产养殖对象。早在公元前460年左右写成的世界上最早的养鱼文献——《养鱼经》就详细描述了鲤的养殖技术。水产养殖是我国农耕文化的重要组成部分,也被证明是世界上最有效的动物源食品生产方式,而大宗淡水鱼在我国养殖鱼类产量中占有绝对优势。大宗淡水鱼包括青鱼、草鱼、鲢、鳙、鲤、鲫、鲂(鳊)七个种类,2022年养殖产量占全国淡水养殖总产量的61.6%,发展大宗淡水鱼绿色高效养殖能确保我国水产品可持续供应,对保障粮食安全、满足城乡居民消费发挥着非常重要的作用。大宗淡水鱼养殖还是节粮型渔业和环境友好型渔业的典范,鲢、鳙等对改善水域生态环境发挥着不可替代的作用。但是,由于长期的养殖,大宗淡水鱼存在种质退化、良种缺乏、种质资源保护与利用不够等问题。

2021年7月召开的中央全面深化改革委员会第二十次会议审议通过了《种业振兴行动方案》,强调把种源安全提升到关系国家安全的战略高度,集中力量破难题、补短板、强优势、控风险,实现种业科技自立自强、种源自主可控。

大宗淡水鱼不仅是我国重要的经济鱼类,也是我国最为重要的水产种质资源之一。为充分了解我国大宗淡水鱼种质状况特别是鱼类远缘杂交技术、草鱼优良种质的示范推广、团头鲂肌间刺性状遗传选育研究、鲤等种质资源鉴定与评价等相关种质资源工作,国家大宗淡水鱼产业技术体系首席科学家戈贤平研究员组织编写了《中国大宗淡水鱼种质资源保护与利用丛书》。

本丛书从种质资源的保护和利用入手,整理、凝练了体系近年来在种质资源保护方面的研究进展，尤其是系统总结了大宗淡水鱼的种质资源及近年来研发的如合方鲫、建鲤2号等数十个水产养殖新品种资源，汇集了体系在种质资源保护、开发、养殖新品种研发，养殖新技术等方面的最新成果，对体系在新品种培育方面的研究和成果推广利用进行了系统的总结，同时对病害防控、饲料营养研究及加工技术也进行了展示。在写作方式上，本丛书也不同于以往的传统书籍，强调了技术的前沿性和系统性，将最新的研究成果贯穿始终。

本丛书具有系统性、权威性、科学性、指导性和可操作性等特点，是对中国大宗淡水鱼目前种质资源与养殖状况的全面总结，也是对未来大宗淡水鱼发展的导向，还可以为开展水生生物种质资源开发利用、生态环境保护与修复及渔业的可持续发展工作提供科技支撑，为种业振兴行动增添助力。

中国科学院院士

中国科学院水生生物研究所研究员

2023年10月28日于武汉水果湖

# 前言

我国大宗淡水鱼主要包括青鱼、草鱼、鲢、鳙、鲤、鲫、团头鲂。这七大品种是我国主要的水产养殖鱼类，也是淡水养殖产量的主体，其养殖产量占内陆水产养殖产量较大比重，产业地位十分重要。据统计，2021 年全国淡水养殖总产量 3 183.27 万吨，其中大宗淡水鱼总产量达 1 986.50 万吨、占总产量 62.40%。湖北、江苏、湖南、广东、江西、安徽、四川、山东、广西、河南、辽宁、浙江是我国大宗淡水鱼养殖的主产省份，养殖历史悠久，且技术先进。

我国大宗淡水鱼产业地位十分重要，主要体现为"两保四促"。

两保：一是保护了水域生态环境。大宗淡水鱼多采用多品种混养的综合生态养殖模式，通过搭配鲢、鳙等以浮游生物为食的鱼类，可有效消耗水体中过剩的藻类和氮、磷等营养元素，千岛湖、查干湖等大湖渔业通过开展以渔净水、以渔养水，水体水质显著改善，生态保护和产业发展相得益彰。二是保障了优质蛋白供给。大宗淡水鱼是我国食品安全的重要组成部分，也是主要的动物蛋白来源之一，为国民提供了优质、价廉、充足的蛋白质，为保障我国粮食安全、满足城乡市场水产品有效供给起到了关键作用，对提高国民的营养水平、增强国民身体素质做出了重要贡献。

四促：一是促进了乡村渔村振兴。大宗淡水鱼养殖业是农村经济的重要产业和农民增收的重要增长点，在调整农业产业结构、扩大农村就业、增加农民收入、带动相关产业发展等方面都发挥了重要的作用，有效助力乡村振兴的实施。二是促进了渔业高质量发展。进一步完善了良种、良法、良饵为核心的大宗淡水鱼模式化生产系统。三是促进了渔业精准扶贫。充分发挥大宗淡水鱼的资源优势，以研发推广“稻渔综合种养”等先进技术为抓手，在特困连片区域开展精准扶贫工作，为贫困地区渔民增收、脱贫摘帽做出了重要贡献。四是促进了渔业转型升级。

改革开放以来，我国确立了“以养为主”的渔业发展方针，培育出了建鲤、异育银鲫、团头鲂“浦江 1 号”等一批新品种，促进了水产养殖向良种化方向发展，再加上配合饲料、渔业机械的广泛应用，使我国大宗淡水鱼养殖业取得显著成绩。2008 年农业部和财政部联合启动设立国家大宗淡水鱼类产业技术体系（以下简称体系），其研发中心依托单位为中国水产科学研究院淡水渔业研究中心。体系在大宗淡水鱼优良新品种培育、扩繁及示范推广方面取得了显著成效。通过群体选育、家系选育、雌核发育、杂交选育和分子标记辅助等育种技术，培育出了异育银鲫“中科 5 号”、福瑞鲤、长丰鲢、团头鲂“华海 1 号”等数十个通过国家审定的水产养殖新品种，并培育了草鱼等新品系，这些良种已在中国大部分地区进行了推广养殖，并且构建了完善、配套的新品种苗种大规模人工扩繁技术体系。此外，体系还突破了大宗淡水鱼主要病害防控的技术瓶颈，开展主要病害流行病学调查与防控，建立病害远程诊断系统。在养殖环境方面，这些年体系开发了池塘养殖环境调控技术，研发了很多新的养殖模式，比如建立池塘循环水养殖模式；创制数字化信息设备，建立区域化科学健康养殖技术体系。

当前我国大宗淡水鱼产业发展虽然取得了一定成绩，但还存在健康养殖技术有待完善、鱼病防治技术有待提高、良种缺乏等制约大宗淡水鱼产业持续健康发展等问题。

2021 年 7 月召开的中央全面深化改革委员会第二十次会议，审议通过了《种业振兴行动方案》，强调把种源安全提升到关系国家安全的战略高度，集中力量破难题、补短板、强优势、控风险，实现种业科技自立自强、种源自主可控。

中央下发种业振兴行动方案。这是继 1962 年出台加强种子工作的决定后，再次对种业发展做出重要部署。该行动方案明确了实现种业科技自立自强、种源自主可控的总目标，提出了种业振兴的指导思想、基本原则、重点任务和保障措施等一揽子安排，为打好种业翻身仗、推动我国由种业大国向种业强国迈进提供了路线图、任务书。此次方案强调要大力推进种业创新攻关，国家将启动种源关键核心技术攻关，实施生物育种重大项目，有序推进产业化应用；各地要组建一批育种攻关联合体，推进科企合作，加快突破一批重大新品种。

由于大宗淡水鱼不仅是我国重要的经济鱼类，还是我国重要的水产种质资源。目前，国内还没有系统介绍大宗淡水鱼种质资源保护与利用方面的专著。为此，体系专家学者经与上海科学技术出版社共同策划，拟基于草鱼优良种质的示范推广、团头鲂肌间刺性状遗传选育研究、鲤等种质资源鉴定与评价等相关科研项目成果，以学术专著的形式，系统总结近些年我国大宗淡水鱼的种质资源与养殖状况。依托国家大宗淡水鱼产业技术体系，组织专家撰写了“中国大宗淡水鱼种质资源保护与利用丛书”，包括《青鱼种质资源保护与利用》《草鱼种质资源保护与利用》《鲢种质资源保护与利用》《鳙种质资源保护与利用》《鲤种质资源保护与利用》《鲫种质资源保护与利用》《团头鲂种质资源保护与利用》7 个分册。

本套丛书从种质资源的保护和利用入手，提炼、集成了体系近年来在种质资源保护方面的研究进展，对体系在新品种培育方面的研究成果推广利用进行系统总结，同时对养殖技术、病害防控、饲料营养及加工技术也进行了展示。在写作方式上，本套丛书更加强调技术的前沿性和系统性，将最新的研究成果贯穿始终。

本套丛书可供广大水产科研人员、教学人员学习使用，也适用于从事水产养殖的技术人员、管理人员和专业户参考。衷心希望丛书的出版，能引领未来我国大宗淡水鱼发展导向，为开展水生生物种质资源开发利用、生态保护与修复及渔业的可持续发展等提供科技支撑，为种业振兴行动增添助力。

中国水产科学研究院淡水渔业研究中心党委书记
国家大宗淡水鱼产业技术体系首席科学家

2023 年 5 月

# 目录

# 1

# 鲢种质资源研究进展

# 1.1 鲢种质资源概况

## 1.1.1 · 形态学特征

鲢(*Hypophthalmichthys molitrix*)隶属鲤形目(Cypriniforme)、鲤科(Cyprinidae)、鲢亚科(Hypophthalmichthyinae)、鲢属(*Hypophthalmichthys*),俗称白鲢、跳鲢、鲢子等。鲢的拉丁名首次由 Valenciennes 在 1844 年定为 *Hypophthalmichthys molitrix*。鲢的拉丁名来源于希腊语,hypo 意为下方、ophthalmos 意为眼睛、ichthys 意为鱼、molitrix 意为研磨器,可理解为眼睛在下、咽部具有研磨器官的鱼。

体侧扁,腹部扁薄,自胸鳍基部前下方至肛门前有发达的腹棱。吻短而钝圆。口宽大、端位,口裂稍向上倾斜。眼较小,位于头侧中轴下方。下咽齿宽阔,扁平。鳃耙长而细密,彼此连接形成鳃耙网。口腔顶部具有发达的颚褶。体被细小的圆鳞。侧线完全,前部弯向腹侧,后部延至尾柄中轴。体表银白色,头和体背部黑色,背鳍和尾鳍边缘黑色(图 1-1)。

图 1-1 · 鲢

## 1.1.2 · 种质资源分布状况

鲢为江河平原型鱼类,产卵场多位于河道的急流区,产卵水温在 20℃以上,最宜水温为 24~26℃。鲢卵为漂浮性卵,受精卵在随江河漂流过程中孵化。因此,自然分布区域的产卵场下游河道需要一定的长度和积温,使得受精卵得以漂流孵化,且还要具有缓静水体供孵出的鱼苗索饵和生长。

鲢起源于第三纪的中国东部平原,先经渤海平原再由古黄河的北侧支流——古嫩辽河进入东北平原区;由于近海区和台湾海峡经历过低海水位的平原时期,长江流域的鲢沿此路线绕过南岭进入珠江水系和越南,故与这些水系存在水源交流的地区一般都有鲢的分布,没有分布的区域主要由于平原河道较短或者水温较低。例如,我国台湾地区河道较短,无鲢的分布;朝鲜半岛的一些河流也主要是由于河道短且地区寒冷而无鲢分布。我国海南岛的南渡江和越南的红河,虽然平原河道很短,但水温较高,鱼卵孵化期较短,且饵料较丰富、鱼生长较快,故鲢也能自然繁衍生存,并已形成鳞大且稀少的大鳞鲢亚种。

鲢的生物学特点、起源和地质变迁决定了鲢的自然分布,其天然分布区域主要为我国中部和东部江河平原,分布范围为北纬 19°~51°和东经 104°~140°之间。在黑龙江水系分布区域最高海拔不超过 200 m,在乌苏里江、松花江均有分布,向上可达黑河段。在黄河水系分布区域最高海拔不超过 420 m,下游可达汾渭盆地、淮海平原(李思发等,1990)。在长江水系分布区域向上可达重庆,长江中下游各水系均有分布。珠江水系分布区域向上可达广西百色,元江下游和海南岛南渡江也有分布。

20 世纪 80 年代,李思发等(1990)开展了"长江、珠江及黑龙江鲢、鳙、草鱼种质收集和考种"研究,发现不同水系鱼类群体间存在表型和遗传差异,其中长江种群生长性能最优。长江流域是我国鲢的主要产地,也是鲢养殖群体的主要种源基地。随着水利工程的建设和人类活动的加剧,"四大家鱼"鱼苗占捕获鱼苗中的比例从 20 世纪 90 年代的 5%左右下降至 21 世纪 20 年代的 1%左右。长江干流"四大家鱼"资源量自 20 世纪 60 年代以来持续下降,"四大家鱼"鱼苗总量在 20 世纪 60 年代初每年约有 300 亿尾,到 1980 年葛洲坝截流后,年苗种产量下降到 20 多亿尾。据陈大庆等(2020)对长江荆州、岳阳和湖口 3 个江段 1997—1999 年连续 3 年的渔获物监测结果,鲢占渔获物总量的百分比,荆州江段为 1.4%、岳阳江段为 5.4%、湖口江段为 4.0%,占总渔获物的比例很低,且捕获的个体较小,以 2~3 龄个体为主。长江各大支流的鲢资源量也同样下降明显,汉江作为鲢的主要产地,其资源量与长江干流的状况基本相似。李修峰等(2006)调查发现,汉江中游产漂流性卵的鱼类 16 种,经济鱼类仅草鱼、青鱼、鲢、鳙、长春鳊、赤眼鳟等 8 种在汉江中游干流和支流唐白河共有 11 个产卵场;汉江干流鱼类产漂流性卵 163.27 亿粒,"四大家鱼"、其他经济鱼类和小型鱼类分别占 0.57%、2.23%和 97.20%;支流唐白河鱼类产漂流性卵 5.30 亿粒,"四大家鱼"、其他经济鱼类和小型鱼类分别占 0.14%、15.00%和 85.85%。与 20 世纪 70 年代相比,产漂流性卵的鱼类,汉江中游干流产卵量减少了 61.39%,支流唐白河的产卵量减少了 76.17%;"四大家鱼"、其他经济鱼类和小型鱼类分别减少 89.97%和 80.17%,汉江中游"四大家鱼"等经济鱼类资源呈衰退趋势。与长江相通的湖泊是鲢的主要育肥场地，也是主要的栖息地和补给地。近年来发现，除洞庭湖、鄱阳湖和石臼湖仍有较高比例的“四大家鱼”外，其他湖泊的湖泊性鱼类的比例越来越高，而“四大家鱼”等江湖洄游性鱼类的比例越来越低。鄱阳湖是长江中下游水质最好的大型湖泊（二级水质）。鄱阳湖的渔获物中“四大家鱼”的比例较高，是目前长江“四大家鱼”的主要补给地。张堂林（2007）等对鄱阳湖水质、理化环境、生物量等进行连续 3 年的调查发现，鄱阳湖污染较轻，且仍具通江状态，在保持长江水系生物多样性和渔业资源方面具有不可替代的重要作用。洞庭湖的“四大家鱼”比例已低于 10%，且还在下降；洪泽湖虽然已有堤坝阻隔“四大家鱼”的洄游，但由于放养鱼苗比例的提高，2004 年调查的渔获物中有近 25%为“四大家鱼”；其他湖泊如太湖“四大家鱼”已形成不了鱼讯。

总而言之，鲢的绝对渔获量和相对渔获量都明显减少，尤其是水利设施较多和工业较为发达的地区更为严重。近年来，随着长江增殖放流活动的持续开展，鲢的资源量总体呈上升趋势。潘文杰等 2016—2017 年对长江宜昌—荆州江段鲢开展了周年调查，共采集鲢样品 470 尾，年龄范围为 1~7 龄，体长范围为 18.2~93.8 cm，优势年龄组为 3~5 龄，长江中游鲢种群年龄结构得到了一定恢复（潘文杰等，2018）。2014—2020 年各年间长江中游宜昌江段“四大家鱼”鱼卵径流量为 1.76 亿~86.11 亿粒，总体呈上升趋势，共出现 16 次“四大家鱼”繁殖高峰，主要集中在 5 月下旬至 6 月下旬出现，“四大家鱼”鱼卵组成以鲢为主（61.12%），其次为草鱼（30.77%），鳙和青鱼比例分别为 3.45%和 4.64%。实施长江“四大家鱼”原种亲本增殖放流后，长江中游“四大家鱼”的繁殖规模已经超过 2003 年三峡水库蓄水前的水平。

### 1.1.3 · 种质遗传多样性

20 世纪 80 年代，李思发等（1986）利用线粒体和同工酶分析了长江、珠江和黑龙江鲢的生化遗传结构及其变异特点，发现黑龙江鲢与珠江鲢的遗传距离最大、与长江鲢的遗传距离次之，长江鲢与珠江鲢间的遗传距离最小。姬长虹等（2009）分析了长江水系（湘江、监利、枞阳）、珠江西江段和黑龙江抚远江段三大水系 5 个鲢群体的遗传多样性，结果表明，5 个群体的遗传多样性水平为中等，平均观测杂合度（*Ho*）和平均期望杂合度（*He*）分别为 0.329 5~0.461 9 和 0.500 2~0.552 9，群体中普遍存在杂合子缺失情况；5 个群体中，湘江鲢遗传多样性最高，抚远江段鲢遗传多样性水平最低；长江群体有效等位基因数（*Ne*）、期望杂合度（*He*）、多态信息含量（*PIC*）均高于珠江群体和抚远群体。

长江流域是鲢的主产区，也是鲢的天然种质资源库。长江流域的鲢种质资源性状明显优于其他各大水系，因此开展长江流域鲢种质资源的保护和利用尤为重要。国内外学者围绕长江水系鲢遗传多样性开展了广泛的研究。张四明等（2002）对长江水系湖北嘉鱼江段、江西瑞昌江段、湖北丹江口水库和湖南鱼类原种场的鲢群体线粒体 DNA (mtDNA)限制性片段长度多态性(RFLP)进行了分析,在 4 个鲢群体中检测到 18 种单倍型,其中只有 1 个共享单倍型为 4 个群体共有,且不同群体间均存在特有单倍型。朱晓东等(2007)利用微卫星对湖北石首老河长江四大家鱼原种场(采自石首江段)、湖北监利长江四大家鱼原种场(采自监利江段)、湖南省鱼类原种场(采自湘江江段)、江苏邗江长江系家鱼原种场(采自安庆江段)和浙江嘉兴长江四大家鱼原种场(采自江西九江江段)5 个鲢群体的遗传多样性进行研究,5 个群体平均有效等位基因数($Ne$)为 2. 444 5~2. 633 2,平均观测杂合度($Ho$)为 0. 323 3~0. 351 1,平均期望杂合度($He$)为 0. 442 1~0. 470 4,平均多态信息含量($PIC$)为 0. 406 8~0. 428 6;石首群体平均观测杂合度最高,监利群体平均期望杂合度最高;5 个鲢群体平均观测杂合度均低于平均期望杂合度,表明 5 个群体中纯合子个体所占的比例较大。庞美霞等(2015)对三峡库区湖北秭归及重庆巫山、云阳、忠县和木洞镇等 5 个鲢群体的遗传变异进行分析,5 个鲢群体平均观测杂合度($Ho$)为 0. 784~0. 846,平均期望杂合度($He$)为 0. 828~0. 847,平均多态信息含量($PIC$)为 0. 797~0. 817,表明三峡库区的鲢群体具有较高的遗传多样性;群体间的遗传相似系数为 0. 891~0. 950,遗传距离为 0. 050~0. 115,遗传分化指数($F_{st}$)值为-0. 001~0. 009;5 个鲢群体间没有遗传分化,可视为一个种群。郭稳杰等(2013)对长江中上游 9 个鲢群体遗传多样性分析表明,9 个群体平均期望杂合度($He$)和平均观测杂合度($Ho$)分别为 0. 700~0. 879 和 0. 665~0. 920。于悦等(2016)对采自长江、赣江、鄱阳湖湖口和都昌水域的 4 个鲢野生群体遗传结构进行分析发现,4 个群体平均观测杂合度($Ho$)为 0. 802~0. 821,平均期望杂合度($He$)为 0. 817~0. 839,表明 4 个鲢群体遗传多样性较高。以上对长江水系鲢群体遗传多样性的研究表明,长江干流鲢群体具有较高的遗传多样性。

随着人工养殖、人工繁育和增殖放流等工作的大量开展,也有学者对人工养殖群体和野生群体间的遗传差异开展了相关研究。吴力钊等(1997)利用同工酶对野生鲢和养殖鲢的 31 个基因座位分析发现,野生鲢与养殖鲢群体具有相似的多态座位,两者差异不明显。王淞等(2010)基于线粒体 DNA 的 D-loop 序列对 3 个野生群体(监利、瑞昌、长沙)和 1 个人工养殖群体(宁河)的分析发现,单倍型多样性和核苷酸多样性两个参数值最高的均为宁河群体。利用微卫星标记对瑞昌和宁河 2 个群体进行研究,结果表明,瑞昌群体(长江流域)与宁河群体(人工养殖)都是中度遗传多态性,群体间的遗传差异不显著。田华等(2008)基于 22 个微卫星标记对长江野生和养殖鲢的遗传多样性进行了研究,野生和养殖两个鲢群体都具有较高的遗传多样性,且野生群体高于养殖群体。此外,两个群体无显著差异。张敏莹等(2012)对长江下游 4 个放流鲢群体进行了遗传多样性分析,4 个群体的平均有效等位基因数($Ne$)为 2. 384 0,平均观测杂合度($Ho$)为 0. 467 6,平均期望杂合度（*He*）为 0. 490 6，平均多态信息含量（*PIC*）为 0. 381 2；4 个鲢群体的遗传多样性较丰富，但明显低于上游野生群体，而且放流鲢群体的平均观测杂合度均低于各自相对应的平均期望杂合度，表现出一定程度的近交现象。

鲢是中国本土鱼类，作为重要的养殖对象，已经被引进到 93 个国家或地区，并已在一些大型河流中形成一定的群体，为此，有些学者也开展了鲢本土群体与移居群体之间的遗传差异和遗传多样性的研究。徐嘉伟等（2010）采集了国内（长江、珠江和黑龙江）和国外（美国密西西比河和匈牙利多瑙河）的鲢样本，通过线粒体 DNA 的 D-loop 区和 COI 基因序列分析发现，5 个群体共享单倍型都是长江群体与其他群体共享，推测国外移居群体源于长江水系。国外移居群体的单倍型多样性和核苷酸多样性均低于本土群体，可能是奠基者效应。美国群体与其他群体有显著的遗传差异，更接近长江群体和黑龙江群体；多瑙河群体则与长江群体和珠江群体更接近，且本土群体与移居群体之间存在显著的遗传差异。微卫星分析表明，鲢的 14 个国内外采样群体为中度遗传多态，平均观测杂合度（*Ho*）为 0. 308 8 ~ 0. 500 0，平均期望杂合度（*He*）为 0. 466 4 ~ 0. 660 6，平均多态信息含量（*PIC*）为 0. 430 ~ 0. 605；国外群体遗传多样性低于国内群体，珠江群体与其他各群体的遗传距离均较大（0. 121 4 ~ 0. 154 0），长江群体与美国群体的遗传距离最小（为 0. 048 2），多瑙河群体与长江群体和黑龙江群体遗传距离较小（平均为 0. 082 7）。

近年来，鲢种质资源与品种改良岗位分别利用线粒体 DNA 和微卫星等开展了一系列鲢遗传多样性方向的研究，为合理保护、开发和利用鲢种质资源提供了基础依据。

#### （1）基于微卫星标记的遗传多样性

① 微卫星标记在基因组中广泛分布，具有多态性高、稳定性好、共显性遗传的特点，广泛用于鱼类群体遗传多样性分析。利用微卫星标记对长江流域石首、监利、长沙、瑞昌、邗江和嘉兴 6 个鲢群体的遗传多样性进行分析，2017—2019 年从长江流域 6 个点共采集了 192 个鲢样本用于分析（表 1 - 1）。

表 1 - 1 · 鲢样本采集信息

| 采样地点 | 经纬度 | 样本数量（尾） |
|---|---|---|
| 湖北石首 | 112°28′E，29°51′N | 30 |
| 湖北监利 | 113°40′E，29°31′N | 30 |
| 湖南长沙 | 112°59′E，28°16′N | 30 |

续 表

| 采样地点 | 经 纬 度 | 样本数量(尾) |
|---|---|---|
| 江西瑞昌 | 115°38′E,29°50′N | 30 |
| 江苏邗江 | 119°29′E,32°18′N | 30 |
| 浙江嘉兴 | 120°43′E,30°52′N | 30 |

在6个鲢群体中,监利群体的等位基因数(*Na*)、有效等位基因数(*Ne*)、香农指数(*I*)和多态信息含量(*PIC*)均最高,而石首群体均最低。观测杂合度(*Ho*)和期望杂合度(*He*)在嘉兴和长沙群体中最高。6个种群的香农指数(*I*)范围为0.836 4~1.196 4。监利、长沙和嘉兴群体的*PIC*值较高,分别为0.542 1、0.539 3和0.525 8;石首、瑞昌和邗江群体的*PIC*值略低,分别为0.425 1、0.429 9和0.429 4。6个群体的遗传多样性没有显著差异,表明长江中下游鲢群体的遗传多样性相对较低(表1-2)。

表1-2 鲢6个群体的遗传多样性

| 群 体 | *Na* | *Ne* | *Ho* | *He* | *I* | *PIC* |
|---|---|---|---|---|---|---|
| 石首(SS) | 3.214 3 | 2.080 5 | 0.473 1 | 0.498 3 | 0.834 6 | 0.425 1 |
| 监利(JL) | 6.428 6 | 2.836 2 | 0.556 6 | 0.598 6 | 1.196 4 | 0.542 1 |
| 长沙(CS) | 5.000 0 | 2.736 0 | 0.499 5 | 0.602 3 | 1.139 8 | 0.539 3 |
| 瑞昌(RC) | 4.285 7 | 2.162 4 | 0.485 7 | 0.496 8 | 0.892 7 | 0.429 4 |
| 邗江(HJ) | 3.928 6 | 2.145 1 | 0.495 4 | 0.488 3 | 0.878 5 | 0.429 9 |
| 嘉兴(JX) | 5.714 3 | 2.542 3 | 0.566 5 | 0.582 0 | 1.124 5 | 0.525 8 |

鲢6个群体的遗传分化指数($F_{st}$),石首和邗江群体之间的遗传分化最大(0.268 2),而瑞昌和嘉兴群体之间的遗传分化最低(0.014 0);监利和邗江群体之间的遗传距离最大(0.464 8),而瑞昌和嘉兴群体之间的遗传距离最小(0.022 6)(表1-3)。

分子方差分析(AMOVA)发现,群体间方差变异为16.68%,而83.32%的遗传变异来自群体内;6个群体之间的$F_{st}$为0.160 54($P<0.001$);将这6个群体分为两组(石首、监利和长沙,瑞昌、邗江和嘉兴),组间、组内种群间和种群内的方差变异分别为13.26%、7.27%和79.48%,两组之间的$F_{st}$为0.205 21($P<0.001$)(表1-4)。

根据$N_{ei}$氏遗传距离的UPGMA树将所有种群分为两组,石首、长沙和监利组成第一个群体,可分为两个亚群:石首和长沙组成一个亚群,监利组成另一个亚群;邗江、瑞昌和

表 1-3 鲢 6 个群体的遗传分化指数($F_{st}$)(对角线以上)和 $N_{ei}$ 氏遗传距离(对角线以下)

| | 石 首 | 监 利 | 长 沙 | 瑞 昌 | 邗 江 | 嘉 兴 |
|---|---|---|---|---|---|---|
| 石首 | | 0.167 6 | 0.027 8 | 0.215 5 | 0.268 2 | 0.244 1 |
| 监利 | 0.206 5 | | 0.138 0 | 0.182 8 | 0.239 0 | 0.217 9 |
| 长沙 | 0.043 2 | 0.239 9 | | 0.133 3 | 0.183 5 | 0.160 5 |
| 瑞昌 | 0.409 5 | 0.402 0 | 0.349 6 | | 0.060 9 | 0.014 0 |
| 邗江 | 0.455 3 | 0.464 8 | 0.375 3 | 0.065 8 | | |
| 嘉兴 | 0.419 7 | 0.426 6 | 0.362 2 | 0.022 6 | 0.073 0 | |

表 1-4 鲢 6 个群体的分子方差分析

| 变 异 来 源 | 自由度 | 平方和 | 方差组分 | 方差变异(%) | 遗传分化指数 |
|---|---|---|---|---|---|
| 群体间 | 5 | 255.368 | 0.741 32Va | 16.68 | |
| 群体内 | 378 | 1 399.867 | 3.703 35Vb | 83.32 | $F_{st}$=0.160 54 |
| 总变异 | 383 | 1 655.234 | 4.444 67 | | |
| 石首、监利和长沙及瑞昌、邗江和嘉兴 | 1 | 105.162 | 0.452 68 | 13.26 | $F_{ct}$=0.132 55 |
| 各组内群体间 | 4 | 74.259 | 0.248 12 | 7.27 | $F_{sc}$=0.083 76 |
| 群体内 | 378 | 1 026.006 | 2.714 3 | 79.48 | $F_{st}$=0.205 21 |
| 总变异 | 383 | 1 205.427 | 3.415 1 | | |

注：Va 表示群体间方差组分；Vb 表示群体内方差组分；$F_{st}$、$F_{ct}$、$F_{sc}$ 分别表示群体内、组间和组内群体间遗传分化指数。

嘉兴形成第二个群体(图 1-2)。利用 Structure2.3.4 软件分析鲢群体间遗传结构并进行聚类分析,这 6 个种群被分为两个潜在种群,石首、监利和长沙为一组,瑞昌、邗江和嘉兴为另一组(图 1-3)。通过主坐标分析(PCoA)显示个体之间的遗传距离,也显示 6 个种群可分为两个分支(图 1-4)。

② 利用微卫星标记对采自重庆万州江段、湖北监利江段的野生鲢群体进行遗传多样性分析发现,万州和监利鲢群体的观测等位基因数($Na$)分别为 2~11 个和 1~10 个,平均观测等位基因数($Na$)分别为 6.128 和 4.974,平均有效等位基因数($Ne$)分别为 4.107 和 3.395。39 个微卫星标记共检测到等位基因 259 个,其中万州鲢群体和监利鲢群体分别具有 239 个和 194 个等位基因,其中 173 个等位基因为两个群体所共有。

两个群体多态微卫星位点的多态信息含量($PIC$)在 0.077~0.865 之间,平均为 0.617。其中,万州鲢群体的 $PIC$ 为 0.152~0.865,平均为 0.661;监利鲢群体的 $PIC$ 为

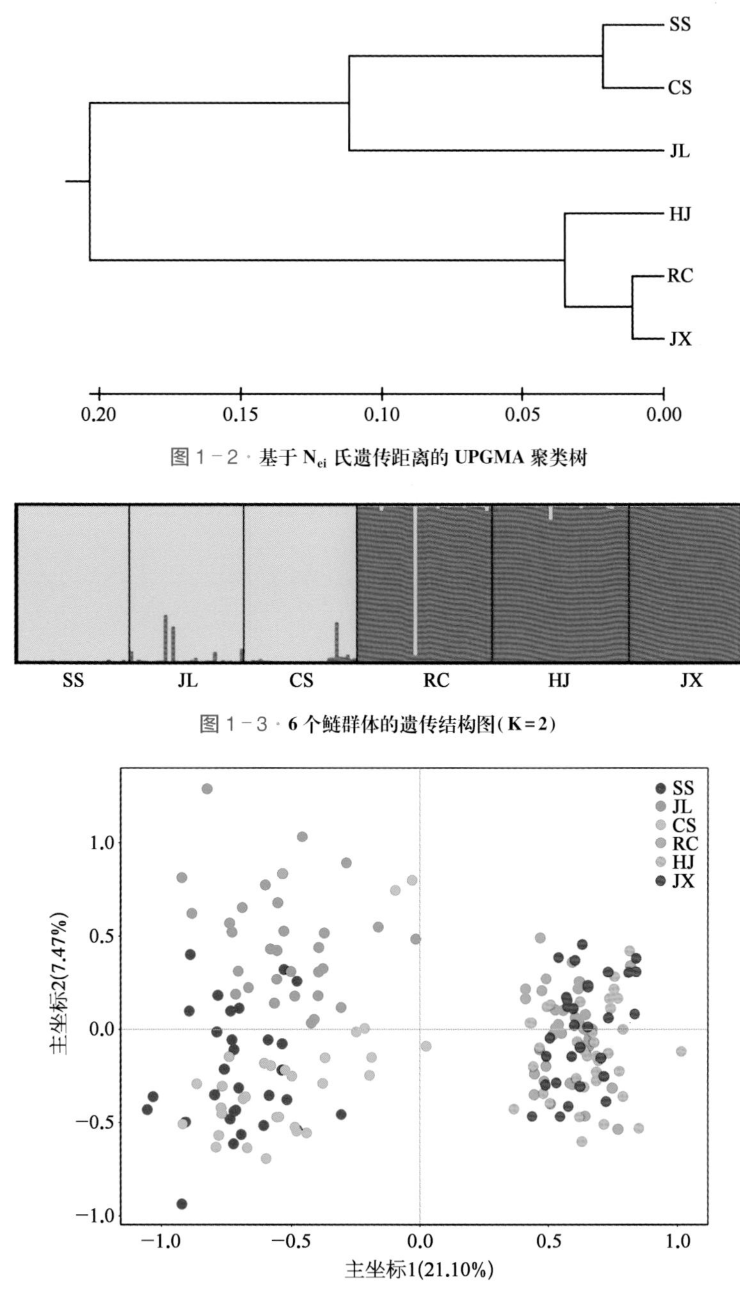


图 1-2 · 基于 $N_{ei}$ 氏遗传距离的 UPGMA 聚类树

图 1-3 · 6 个鲢群体的遗传结构图(K=2)

图 1-4 · 基于鲢 SSR 数据的主坐标分析(PCoA)

0.077~0.848,平均为 0.572。平均观测杂合度(*Ho*)分别为 0.834 和 0.775,平均期望杂合度(*He*)分别为 0.713 和 0.623。Hardy-Weinberg 平衡偏离指数(*D*)检验发现,两个群体不同基因位点存在杂合子缺失的情况。其中,万州鲢和监利鲢群体分别有 6 个基因位点出现缺失(表 1-5),可能是由于对长江野生鲢过度捕捞和人为干预,使得稀有基因发生丢失所致。

表 1－5 鲢微卫星引物特征和杂合度、Hardy-Weinberg 偏离指数统计

| 座位 | 引物序列 | 复性温度 | 扩增产物大小 | 等位基因数 | 万州鲢 | | | | 监利鲢 | | | |
|---|---|---|---|---|---|---|---|---|---|---|---|---|
| | | | | | *PIC* | *Ho* | *He* | *D* | *PIC* | *Ho* | *He* | *D* |
| BL2 | F：TAAGCGTGCATGGCCCTAAAT<br>R：TGAACGAAGGTCTTACGGGTG | 54 | 286 | 4 | 0.477 | 0.348 | 0.545 | −0.361 | 0.495 | 0.894 | 0.589 | 0.518 |
| BL5 | F：CCTGTGCCTTTGAACTCTGA<br>R：CCCTCCACCATACTGACAAG | 52 | 403 | 7 | 0.736 | 1.000 | 0.792 | 0.263 | 0.679 | 0.542 | 0.734 | −0.262 |
| BL8－2 | F：CCCGACTGGGCTAAACATA<br>R：TCATTTGGGAGGCAGACAC | 52 | 377 | 5 | 0.620 | 0.917 | 0.680 | 0.349 | 0.639 | 1.000 | 0.703 | 0.422 |
| BL11 | F：GTCATCAAACTAAGCCATCAG<br>R：GCATTTCACCTGTAGCATCTC | 55 | 200 | 5 | 0.695 | 1.000 | 0.756 | 0.323 | 0.730 | 1.000 | 0.774 | 0.292 |
| BL12 | F：AATGAGCAATCAGGCACAGAG<br>R：GGGTGTAATGAGGCTATGTTT | 54 | 278 | 4 | 0.159 | 0.130 | 0.167 | −0.222 | 0.000 | 0.000 | 0.000 | 0.000 |
| BL13 | F：CGGCACTCAGAAATGATGGGG<br>R：CATGGAGAGCAGGAAGAGTTG | 54 | 320 | 7 | 0.689 | 0.950 | 0.750 | 0.267 | 0.658 | 1.000 | 0.713 | 0.403 |
| BL14 | F：CGGCACTCAGAAATGATGGGG<br>R：CATGGAGAGCAGGAAGAGTTG | 55 | — | 8 | 0.738 | 1.000 | 0.787 | 0.271 | 0.572 | 1.000 | 0.647 | 0.546 |
| BL15 | F：TACTGATACTCCGTCCCCT<br>R：GCACCTGTAATCCCAAAT | 54 | 191 | 6 | 0.752 | 1.000 | 0.802 | 0.247 | 0.555 | 1.000 | 0.632 | 0.582 |
| BL18 | F：CGAGACAAATAAGGTTGGATA<br>R：CACAAAGAAACTGGAACAAAGAG | 52 | 229 | 9 | 0.819 | 1.000 | 0.856 | 0.168 | 0.792 | 0.979 | 0.825 | 0.187 |
| BL23 | F：CCTTCGTTTGACGGACAG<br>R：GATGTGGTGATTTCAGCAG | 52 | 304 | 3 | 0.218 | 0.296 | 0.254 | 0.165 | 0.151 | 0.170 | 0.160 | 0.063 |
| BL42 | F：TGCCGATGTTATGTTTGCT<br>R：TGCTTGTGGGTGAGTTTCT | 52 | 256 | 8 | 0.747 | 0.900 | 0.800 | 0.125 | 0.539 | 0.354 | 0.626 | −0.435 |

续 表

| 座位 | 引 物 序 列 | 复性温度 | 扩增产物大小 | 等位基因数 | 万州鲢 | | | | 监利鲢 | | | |
|---|---|---|---|---|---|---|---|---|---|---|---|---|
| | | | | | *PIC* | *Ho* | *He* | *D* | *PIC* | *Ho* | *He* | *D* |
| BL46 | F：AGTCCTGCTGTTGCTGTATG<br>R：CTCCTGCTCCACCTTCCT | 55 | 243 | 9 | 0. 728 | 0. 958 | 0. 781 | 0. 227 | 0. 742 | 1. 000 | 0. 786 | 0. 272 |
| BL52 | F：CAGAATCCAGAGCCGTCAG<br>R：CACCGAACAGGGAACCAA | 54 | 220 | 5 | 0. 662 | 1. 000 | 0. 730 | 0. 370 | 0. 693 | 1. 000 | 0. 746 | 0. 340 |
| BL55 | F：AAGGAAAGTTGGCTGCTC<br>R：GGCTCTGAGGGAGATACCAC | 52 | 219 | 9 | 0. 844 | 1. 000 | 0. 879 | 0. 138 | 0. 642 | 0. 596 | 0. 704 | −0. 153 |
| BL56 | F：TTAGGTGAACCCAGCAGC<br>R：AAGAAGCATTAGTGCAGATGAGTAC | 53 | 210 | 5 | 0. 692 | 0. 546 | 0. 749 | −0. 271 | 0. 077 | 0. 083 | 0. 081 | 0. 025 |
| BL58 | F：TTCCTGCCTGTGCTCCAT<br>R：TTGCATTGATGCTGTCCC | 52 | 123 | 7 | 0. 726 | 1. 000 | 0. 780 | 0. 282 | 0. 678 | 1. 000 | 0. 756 | 0. 323 |
| BL. 62 | F：ATATTAACATCTGCCGAAGC<br>R：ACAACCAGCAGTCTGAAGC | 52 | 232 | 6 | 0. 726 | 0. 944 | 0. 786 | 0. 201 | 0. 746 | 1. 000 | 0. 787 | 0. 271 |
| BL64 | F：GCCAGGCTAGAAGAACCACC<br>R：TTGCAGCACAGTTACCAAGACA | 55 | 117 | 11 | 0. 703 | 1. 000 | 0. 756 | 0. 323 | 0. 843 | 0. 771 | 0. 867 | −0. 111 |
| BL65 | F：TTAGAGCCATTAGAGGAAAA<br>R：ACACGGAAGCCATTGTTG | 55 | 315 | 8 | 0. 758 | 0. 708 | 0. 806 | −0. 122 | 0. 784 | 1. 000 | 0. 819 | 0. 221 |

遗传相似系数是衡量群体间遗传变异程度的可靠参数。群体间亲缘关系越近，则遗传变异性越低，相似系数值越大。万州鲢和监利鲢群体间遗传相似系数为 0.618，群体间遗传距离为 0.482，两群体间存在显著的遗传分化。两群体间的 $F_{st}$ 值为 0.089，群体间遗传分化程度中等（表 1－6）。

表 1－6 · 两个鲢群体的遗传多样性参数

| 群体 | 样本大小 | 平均观测等位基因数（*Na*） | 平均有效等位基因数（*Ne*） | 多态位点百分率（%）（*P*） | 观测杂合度（*Ho*） | 期望杂合度（*He*） | 遗传相似系数（*J*） | 遗传距离（*D*） | $F_{st}$ |
|---|---|---|---|---|---|---|---|---|---|
| 万州 | 24 | 6.128 | 4.107 | 100 | 0.834 | 0.713 | 0.618 | 0.482 | 0.089 |
| 监利 | 48 | 4.974 | 3.395 | 94.9 | 0.775 | 0.623 | | | |

### （2）基于线粒体 DNA 的遗传多样性

线粒体 DNA 具有母系遗传、进化速度快和检测简便等优点，被广泛应用于鱼类的遗传多样性、遗传结构、物种鉴定和系统发育等方面的研究。线粒体 COI 基因含有良好的系统发育信息，进化速率适中，被广泛用于鱼类群体遗传多样性研究。利用线粒体 COI 序列进行了长江中上游鲢遗传多样性分析，长江上游群体采集自长江宜宾、忠县和万州江段，中游群体来自石首老河长江四大家鱼原种场、监利老江河长江四大家鱼原种场和湖南鱼类原种场，原种场采集的样本均为苗种直接来自相应江段经培育的原代鲢，共 123 个个体。样本采集信息见表 1－7。

表 1－7 · 鲢样本采集信息

| 群 体 | 采样地点 | 位 置 | 数量(尾) |
|---|---|---|---|
| 宜宾 | 四川宜宾 | 104°64′E,28°77′N | 20 |
| 忠县 | 四川忠县 | 108°09′E,30°33′N | 7 |
| 万州 | 重庆万州 | 108°44′E,30°84′N | 11 |
| 石首 | 湖北石首 | 112°44′E,29°76′N | 28 |
| 监利 | 湖北监利 | 112°40′E,29°67′N | 30 |
| 湘江 | 湖南长沙 | 112°99′E,28°27′N | 27 |

测序获得的目的片段经比对和校正后，获得长度为 648 bp 的 COI 序列。在 648 个位

点中,变异位点 42 个(图 1-5),占总位点数的 6.5%,其中单变异位点 14 个、简约信息位点 28 个,未发现插入/缺失位点,转换明显多于颠换,转换颠换比为 10.7。COI 序列的 A、T、G 和 C 平均含量分别为 26.20%、29.73%、17.13%和 26.94%,A+T 的含量(55.93%)高于 G+C 的含量(44.07%),表现出碱基组成的偏倚性,这与鱼类线粒体蛋白质编码基因碱基组成特点一致。

```
              111111122222333344444444455555555555666
           115771344579144781237013456889000123499124   样本数量
           022248736861828717984797651084056624234424
Hap1       TGGGTTAACGAGAAAGTACCTATTACAGTCATATTGAAGTAC   54
Hap2       ........T.................................   3
Hap3       ..........GA..........C...................   12
Hap4       .......G..................................   2
Hap5       ....................................G.....   1
Hap6       ...A...................................C..   7
Hap7       A.........................................   1
Hap8       ..........G...........C...................   3
Hap9       ......G..A...........G.C.........C........   7
Hap10      ...................T.........TG..C........   11
Hap11      ...........A..............................   4
Hap12      .A..........G.............................   1
Hap13      ...............................A.....G...A   1
Hap14      ...................................C..A...   1
Hap15      .....A..................T.T....A........T.   1
Hap16      ..A..A....................................   1
Hap17      .....A.........................A..........   1
Hap18      ..A.......................................   1
Hap19      ......G...................................   2
Hap20      ....C...........CCT...C..T..C...G.C....C..   2
Hap21      ......G..AGA..........C....A.T...C........   2
Hap22      ...A...........A..........................   1
Hap23      ..........GA..............................   1
Hap24      ......G...GA.GC.CGT.C.C..T.............C..   1
Hap25      A.........GA..........C...................   1
Hap26      A...C...........CCT...C..T..C..........C..   1
```

图 1-5 · 鲢线粒体 COI 序列变异位点

123 个个体共检测到 26 个单倍型,其中湘江群体享有最多的单倍型数,有 10 个;万州群体享有的单倍型数次之,有 9 个;忠县群体享有的单倍型数最少,仅有 2 个(表 1-8、表 1-9)。宜宾群体由 8 个单倍型组成,其变异位点数最多,有 20 个,占总变异位点的

47.62%(20/42)。在26个单倍型中,单倍型Hap1广泛分布于6个群体,包含了54个个体,为优势单倍型;单倍型Hap3为除湘江群体以外的5个群体共享,由12个个体组成;单倍型Hap4、Hap5、Hap7为石首群体特有,单倍型Hap9为监利群体独享,单倍型Hap12~Hap18为湘江群体特有,单倍型Hap21为宜宾群体独享,单倍型Hap22~Hap26为万州群体特有(表1-8)。

表1-8 · 26个单倍型在6个鲢群体中的分布

| 单倍型 | 宜宾 | 忠县 | 万州 | 石首 | 监利 | 湘江 | 总计 |
|---|---|---|---|---|---|---|---|
| Hap1 | 5 | 5 | 3 | 17 | 8 | 16 | 54 |
| Hap2 | | | | 2 | 1 | | 3 |
| Hap3 | 3 | 2 | 1 | 3 | 3 | | 12 |
| Hap4 | | | | 2 | | | 2 |
| Hap5 | | | | 1 | | | 1 |
| Hap6 | 3 | | | 1 | 3 | | 7 |
| Hap7 | | | | 1 | | | 1 |
| Hap8 | | | | 1 | | 2 | 3 |
| Hap9 | | | | | 7 | | 7 |
| Hap10 | 3 | | | | 8 | | 11 |
| Hap11 | 2 | | | | | 2 | 4 |
| Hap12 | | | | | | 1 | 1 |
| Hap13 | | | | | | 1 | 1 |
| Hap14 | | | | | | 1 | 1 |
| Hap15 | | | | | | 1 | 1 |
| Hap16 | | | | | | 1 | 1 |
| Hap17 | | | | | | 1 | 1 |
| Hap18 | | | | | | 1 | 1 |
| Hap19 | 1 | | 1 | | | | 2 |
| Hap20 | 1 | | 1 | | | | 2 |
| Hap21 | 2 | | | | | | 2 |
| Hap22 | | | 1 | | | | 1 |

续 表

| 单倍型 | 宜宾 | 忠县 | 万州 | 石首 | 监利 | 湘江 | 总计 |
|---|---|---|---|---|---|---|---|
| Hap23 | | | 1 | | | | 1 |
| Hap24 | | | 1 | | | | 1 |
| Hap25 | | | 1 | | | | 1 |
| Hap26 | | | 1 | | | | 1 |
| 合计 | 20 | 7 | 11 | 28 | 30 | 27 | 123 |

6 个群体的单倍型多样性为 0.476~0.945，核苷酸多样性为 0.001 96~0.009 82，平均核苷酸差异为 1.27~6.36。总体单倍型多样性为 0.785，万州群体单倍型多样性最丰富，单倍型多样性为 0.945。单倍型多样性最低的是忠县群体（$Hd$=0.476）。在 6 个群体中只有忠县群体单倍型多样性小于 0.5，遗传多样性较低。总体核苷酸多样性为 0.005 42，核苷酸多样性最高的为万州群体（0.009 82）、最低的为石首群体（0.001 96），万州、宜宾和监利群体较高（$\pi$>0.005），而石首、湘江和忠县群体较低（$\pi$<0.005）（表 1－9）。

**表 1－9 · 长江中上游 6 个鲢群体遗传多样性**

| 群　体 | 变异位点数（个） | 单倍型数（个） | 单倍型多样性（$Hd$） | 核苷酸多样性（$\pi$） | 平均核苷酸变异数（$K$） |
|---|---|---|---|---|---|
| 宜宾 | 20 | 8 | 0.889 | 0.007 24 | 4.70 |
| 忠县 | 3 | 2 | 0.476 | 0.002 20 | 1.43 |
| 万州 | 3 | 9 | 0.945 | 0.009 82 | 6.36 |
| 石首 | 9 | 8 | 0.627 | 0.001 96 | 1.27 |
| 监利 | 14 | 6 | 0.809 | 0.006 50 | 4.21 |
| 湘江 | 15 | 10 | 0.652 | 0.002 54 | 1.65 |
| 总体 | 41 | 26 | 0.785 | 0.005 42 | 3.40 |

6 个群体的群体内遗传距离为 0.002 8~0.014 1，群体内遗传距离最大的为万州群体（0.014 1）；群体间遗传距离为 0.003 0~0.013 0，群体间遗传距离最大的是万州和监利群体（0.013 0）（表 1－10）。从上游与中游两大组群来看，上游 3 个群体的群体间遗传距离为 0.006 1~0.011 7，遗传距离最大的是宜宾和万州群体；中游群体的群体间遗传距离为 0.003 1~0.006 7，遗传距离最大的是监利和湘江群体。上游和中游群体的遗传距离与地理位置没有明显的相关性。

表 1－10 · 鲢线粒体 COI 群体间的遗传分化指数（$F_{st}$）（对角线上方）及群体内（对角线）和两两群体间的遗传距离（对角线下方）

| | 宜 宾 | 忠 县 | 万 州 | 石 首 | 监 利 | 湘 江 |
|---|---|---|---|---|---|---|
| 宜宾 | 0.008 8 | −0.020 0 | 0.028 8 | 0.090 0** | 0.045 3* | 0.111 5** |
| 忠县 | 0.006 1 | 0.003 3 | 0.012 8 | −0.021 9 | 0.113 3* | 0.019 8 |
| 万州 | 0.011 7 | 0.009 2 | 0.014 1 | 0.176 3** | 0.181 9** | 0.193 9** |
| 石首 | 0.006 2 | 0.003 0 | 0.009 5 | 0.002 8 | 0.178 4** | 0.010 6 |
| 监利 | 0.008 9 | 0.006 7 | 0.013 0 | 0.006 4 | 0.008 2 | 0.176 2** |
| 湘江 | 0.006 7 | 0.003 4 | 0.010 1 | 0.003 1 | 0.006 7 | 0.003 3 |

注：* 表示显著差异；** 表示极显著差异。

通过 Arlequin 软件分析鲢群体间的遗传分化，长江上游宜宾、忠县和万州 3 个群体之间的 $F_{st}$ 均小于 0.05，且差异不显著，3 个群体之间的分化程度较低。长江中游石首、监利和湘江 3 个群体中，监利与石首、监利与湘江之间的 $F_{st}$ 分别为 0.178 4（$P<0.01$）和 0.176 2（$P<0.01$），监利群体与石首和湘江群体遗传分化程度较高。此外，万州群体与中游 3 个群体之间的 $F_{st}$ 均大于 0.15（$F_{st}$ 为 0.176 3～0.193 9，$P<0.01$），说明万州群体与中游 3 个群体存在较高的遗传分化。宜宾群体与中游的 3 个群体也存在明显的遗传分化。

对不同鲢群体间变异进行分子方差分析（AMOVA）发现（表 1－11），群体内的遗传变异占总变异的 88.72%，群体间的遗传变异仅占 11.28%，说明遗传变异主要来自群体内个体间。将 6 个群体分为长江上游组群和长江中游组群，上游群体和中游群体的组间变异占总变异的 2.34%，组内群体间遗传变异占 9.91%，群体内遗传变异百分比为 87.75%，两组群的遗传变异也主要来自群体内个体间。SAMOVA 分析显示，将宜宾群体单独分为一组、其他 5 个群体分为一组时，组间遗传分化指数最大（$F_{ct}=0.991\ 48$），两个理论群体的遗传变异主要来自组间，占总遗传变异的 99.15%。

表 1－11 · 鲢线粒体 COI 序列群体内和群体间变异的 AMOVA 和 SAMOVA 分析

| 变 异 来 源 | 自由度 | 方差总和 | 变异组分 | 变异贡献率（%） | 遗传分化指数 |
|---|---|---|---|---|---|
| AMOVA（未分组） | | | | | |
| 群体间 | 5 | 188.326 | 1.654 63 | 11.28 | $F_{st}=0.112\ 78$** |
| 群体内 | 117 | 583.47 | 4.986 93 | 88.72 | |

续 表

| 变异来源 | 自由度 | 方差总和 | 变异组分 | 变异贡献率(%) | 遗传分化指数 |
|---|---|---|---|---|---|
| AMOVA(分为上游组和中游组) | | | | | |
| 组间 | 1 | 7.082 | 0.041 1 | 2.34 | $F_{ct}$=0.023 41 |
| 组内群体间 | 4 | 20.013 | 0.173 97 | 9.91 | $F_{sc}$=0.101 47** |
| 群体内 | 117 | 180.252 | 1.540 61 | 87.75 | $F_{st}$=0.122 50** |
| SAMOVA(分 2 组: YB;ZX+WZ+SS+JL+XJ) | | | | | |
| 组间 | 1 | 26 047.17 | 776.177 | 99.15 | $F_{ct}$=0.991 48 |
| 组内群体间 | 4 | 182.26 | 2.104 67 | 0.27 | $F_{sc}$=0.315 56** |

注: * 表示显著差异; ** 表示极显著差异。

为了更直观地描述鲢各群体间的遗传结构,绘制了单倍型之间的网络关系图(图 1-6)。从 26 个单倍型在 6 个群体中的分布表明,各单倍型并没有按不同地理群体形成独立的分支,而是以主单倍型为中心的星形放射状结构。单倍型在群体中的分布情况显示,共享单倍型占所有单倍型的 35%(9/26)。其中,单倍型 Hap1 由 6 个群体共享,可能为鲢的原始单倍型;单倍型 Hap3 被除湘江群体外的 5 个群体共享。

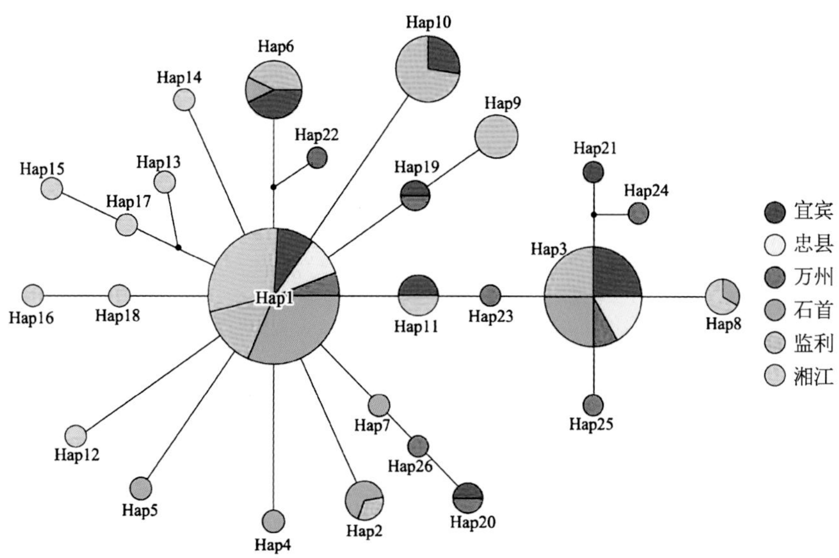


图 1-6 · 鲢 mtDNACOI 单倍型网络结构图

采用 K-2-P 模型计算群体间的遗传距离,以鲫(GenBank ID: KJ874 428.1)为外群,用 NJ 法构建单倍型系统发育树(图 1-7)。从进化树可以看出,单倍型分为两个主要

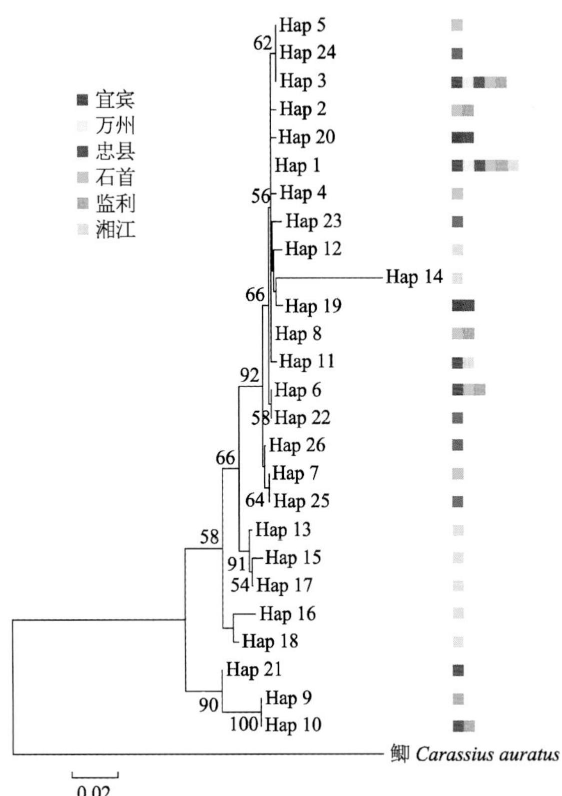


图 1-7 基于遗传距离模型构建的鲢单倍型 NJ 系统树(不同颜色表示单倍型所属的群体)

分支,Hap9、Hap10 和 Hap21 聚为一支,主要来自宜宾和监利群体,其他单倍型聚为一支,结果与单倍型网络图基本对应。尽管这两种方法得到的结果不完全一致,但这两种聚类结果均显示单倍型的聚类没有形成显著的地理格局,群体间单倍型互相交叉分布。

对于长江水系鲢是否属于同一种群,赵金良等(1996)用同工酶技术研究长江中下游 4 个江段(石首天鹅洲故道、汉阳、瑞昌和安庆)鲢的种群分化,4 个群体间遗传距离均小于 0.001,群体间无显著遗传分化。李思发等(1998)用线粒体 DNA 对长江中下游 3 个江段(湖北石首、江西九江、安徽芜湖)鲢的遗传分析发现,3 个群体的遗传多样性较为丰富,群体间存在显著的遗传差异,且基因型分布有明显的地域性,推断长江中下游可能存在两个鲢祖先群体。Wang 等(2003)利用 mtDNA-RFLP 技术对长江、鄱阳湖、赣江鲢群体进行遗传结构分析,认为长江和赣江鲢种群存在遗传分化,鄱阳湖鲢的补充群体主要来自赣江。朱晓东等(2007)利用微卫星分子标记分析,同样认为长江中下游鲢群体存在中等程度的遗传分化。王长忠等(2008)利用 SSR 分子标记对长江中上游万州和监利鲢群体遗传结构分析发现,万州和监利鲢群体遗传分化显著,隶属不同种群。陈会娟等(2018)采用 mtDNA 细胞色素 b 基因(*Cytb*)和控制区(D-loop)序列分析了长江中上游鲢群体遗传多样性及遗传分化,发现上游群体遗传多样性较中游群体高,中上游群体间存在显著遗传分化,且两个群体可划分为两个谱系。另外,通过对长江中上游鲢 6 个地理群体遗传多样性分析发现,长江中上游 6 个鲢群体总体上遗传多样性较高,上游宜宾群体和万州群体与中游的石首、监利和湘江群体具有明显的遗传分化,中游的监利群体与石首群体和湘江群体也有一定的遗传分化,上游群体和中游群体应该分属于长江水系两个不同的种群(Sha 等,2021)。

目前的研究大部分仅在部分江段或局部进行调查分析,鲢遗传多样性的系统性和大尺度研究还比较缺乏。就目前的研究来看,长江上游鲢遗传多样性要略高于长江中游。

群体遗传距离与地理位置没有明显的相关性，部分群体间存在一定程度的遗传分化，总体上长江干流鲢种群遗传多样性比较稳定并保持较高水平。

### 1.1.4 · 重要功能基因

#### （1）鲢生长相关功能基因

摄食和能量代谢对鱼类的生长发育至关重要，不适当的摄食和能量代谢会抑制生长发育、延缓性成熟、降低免疫力，甚至引起死亡（Matter，2001）。在自然界中，由于各种因素的影响，常常导致鱼类在其生命周期面临食物资源的匮乏而受到饥饿胁迫。神经肽 Y（neuropeptide Y，NPY）和瘦素（leptin，LEP）是食欲调节系统中的两个主要因子，两者相互作用调节动物的摄食和能量代谢。

① 神经肽 Y 基因：神经肽 Y 作为一种神经递质或神经调质参与体内多项生理调节活动，如在中枢神经系统中具有增强动物食欲、调节机体能量代谢、影响下丘脑某些因子与激素的合成和分泌等各种生物功能；在外周血液中能引起血管收缩、促进血细胞有丝分裂、参与免疫调节等（李玉莲等，2013）。鲢 *NPY* 基因 cDNA 全长 782 bp（GenBank ID：KJ933391），包括 68 bp 的 5′端非编码区（5′UTR）、291 bp 的开放阅读框（ORF）和 423 bp 的 3′端非编码区（3′UTR），编码了 96 个氨基酸（图 1－8）。

神经肽 Y 是一种内源性的下丘脑调节肽，产生于下丘脑的弓状核和脑干中的离散细胞群，主要在脑中发挥作用，大量研究表明，神经肽 Y 不只分布在神经系统中，在非神经组织中同样大量存在（Aboumder 等，1991；于燕等，2008）。在鲢中，*NPY* 在脑垂体、心脏、脾脏、肾脏、鳃和肝脏中大量表达，在肠道、脑、眼睛、皮肤和肌肉中少量表达（图 1－9），与已报道的鱼类 *NPY* 可以通过神经内分泌系统发挥中枢调节作用，还可能以旁分泌或自分泌的方式参与鱼类外周组织功能调控的观点一致（陈蓉，2006）。此外，鱼类的脑垂体分为神经垂体和腺垂体两部分，神经垂体主要由下丘脑神经分泌细胞的轴突纤维组成，起仓库的作用，贮存由神经纤维传送的下丘脑分泌的部分激素，如抗利尿激素和催产素，当身体需要时才将这些激素释放到血液中（刘志凡，1995）。神经肽 Y 产生于下丘脑，推测是由下丘脑分泌但是贮存在神经垂体中，这样神经肽 Y 在脑垂体中积累就导致 *NPY* 在脑垂体中的表达量比在脑中高。此外，*NPY* 在鲢肠道中表达，表明与哺乳动物和一些鱼类一样，神经肽 Y 可能影响鲢胃肠道的收缩和排空作用。Dumont 等（1992）认为，神经肽 Y 在哺乳动物中扮演脑肠肽的角色；Shahbazi 等（2002）发现，神经肽 Y 能导致大西洋鳕鱼的血管舒张和肠道收缩；Bjenning 等（1993）发现，神经肽 Y 有抑制软骨鱼类胃收缩和胃排空的作用。

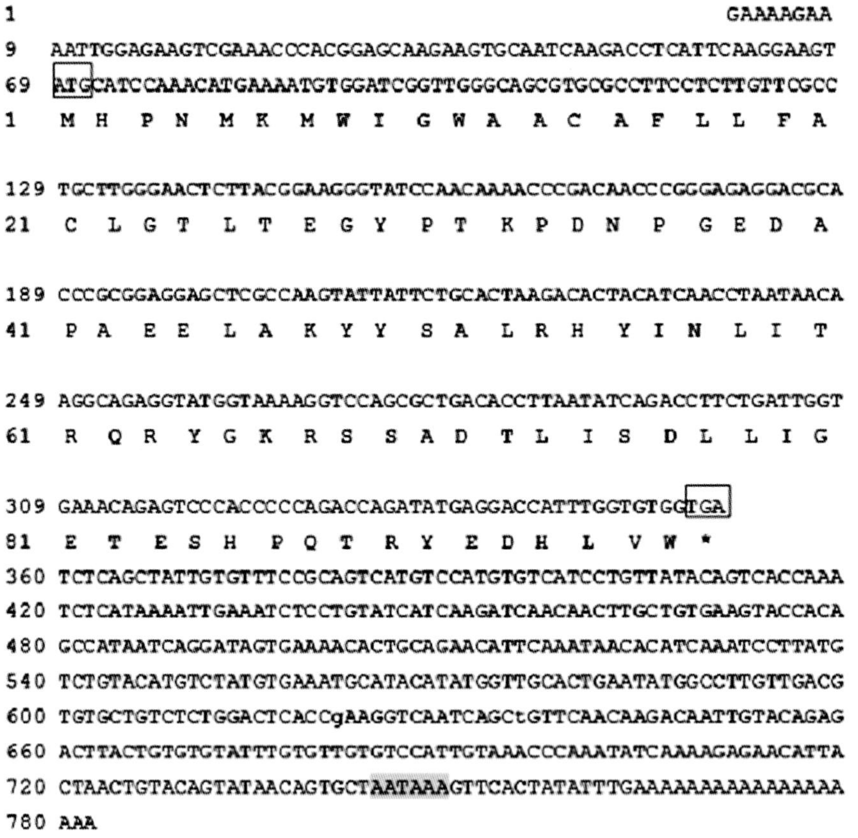


图 1－8 · 鲢 *NPY* 基因全长 cDNA 序列及推导的氨基酸序列

“□”表示起始密码子和终止密码子;灰色区域表示加尾信号

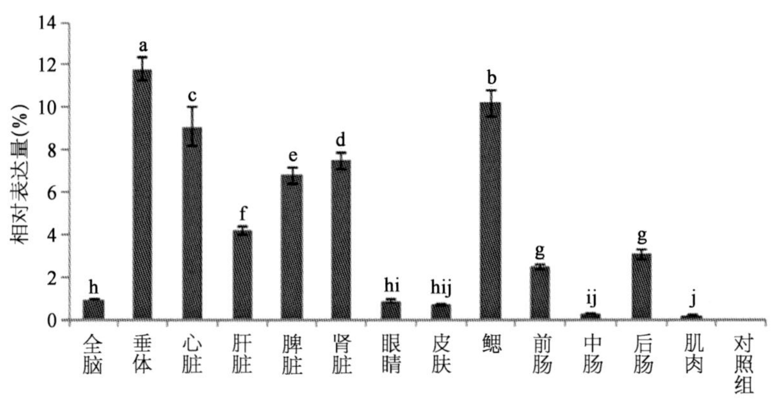


图 1－9 · 鲢 *NPY* 在不同组织中的表达

对照组为阴性对照,即加样时只添加了引物,没有加 cDNA 模板

下丘脑弓状核神经肽 Y 神经元是一个关键的摄食中枢,主要的中枢和外周神经关于能量平衡的信号在这里感应和集成,神经肽 Y 神经元诱导摄食来响应外周代谢状态(Kohno 和 Yada,2012)。在哺乳动物中,神经肽 Y 可改变摄食行为,并与脂肪调节密切相

关,在调节能量平衡方面发挥着重要作用(王晶和王英杰,2012)。鲢在禁食-恢复投喂条件下,*NPY* mRNA 的表达量在脑和肝脏中都存在剧烈变化;与哺乳动物一样,神经肽 Y 对鲢的摄食和能量代谢起着重要的调节作用。在脑中,禁食前 5 天,*NPY* mRNA 的表达量一直无显著变化;禁食第 7 天,*NPY* mRNA 的表达水平开始显著上调;重新投喂后降至基本水平(图 1-10)。Namaware 等(2001)发现,经过 72 h 禁食后,金鱼脑 *NPY* mRNA 表达量显著上升;随后恢复投饵 3 h,*NPY* 表达量快速下降到正常水平。曹磊等(2013)研究黄颡鱼 *NPY* 时发现,禁食 96 h 后,黄颡鱼脑 *NPY* mRNA 表达量显著增加;恢复投喂后 3 h,*NPY* 的表达量即下降到正常水平。Kehoe 等(2012)在大西洋鳕鱼中发现,禁食 7 天后,*NPY* mRNA 表达量都没有明显变化。由此可见,神经肽 Y 系统并没有在禁食一开始就呈现出明显的调节作用,并且在不同种类的鱼类禁食期间神经肽 Y 出现调节作用的时间不一致,推测这可能与各种鱼的耐饥饿能力有关,只有饥饿达到一定程度才能引起神经肽 Y 系统的响应。

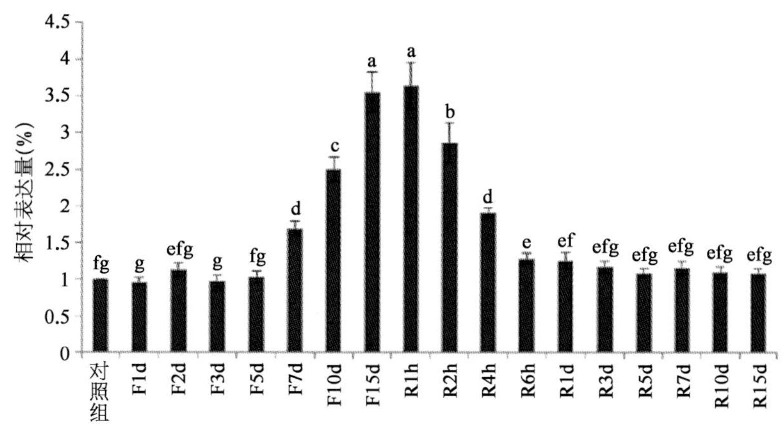


图 1-10 · 禁食-恢复投喂条件下 *NPY* 在鲢脑中的表达

F1d、F2d、F3d、F5d、F7d、F10d、F15d 和 R1h、R2h、R4h、R6h、R1d、R3d、R5d、R7d、R10d、R15d 分别表示:禁食 1 天、禁食 2 天、禁食 3 天、禁食 5 天、禁食 7 天、禁食 10 天、禁食 15 天和恢复投喂 1 h、恢复投喂 2 h、恢复投喂 4 h、恢复投喂 6 h、恢复投喂 1 天、恢复投喂 3 天、恢复投喂 5 天、恢复投喂 7 天、恢复投喂 10 天、恢复投喂 15 天。将暂养结束、禁食开始前(即禁食 0 天)的样品作为对照组。设置 3 个实验平行组,每个采样点每个实验平行组各取 5 条鱼。$P<0.05$ 为差异显著

与脑中一样,禁食-再投喂条件下,肝脏中的 *NPY* mRNA 水平也发生了剧烈变化,禁食前 5 天 *NPY* mRNA 表达量显著上升,随后急剧下降,直到重新投喂 4 h 后恢复到基本水平(图 1-11),表明肝脏中的神经肽 Y 系统对禁食-再投喂条件产生了响应,也参与鲢摄食和能量代谢的调节。但是,肝脏中 *NPY* mRNA 的表达情况与脑不一致。Sucajtys-Szulc 等(2008)研究慢性限食对大鼠脑和肝脏 *NPY* mRNA 的影响时也发现,长期限食使大鼠脑 *NPY* mRNA 的表达量上升,而肝脏 *NPY* mRNA 的表达量却下降。由此推测,脑和肝脏中的神经肽 Y 参与动物摄食和能量代谢的方式可能不同,但关于动物肝脏中的神经肽 Y 的

研究报道较少,神经肽 Y 在动物肝脏中的具体作用并不十分清楚,神经肽 Y 在鲢肝脏中的作用机制有待进一步研究。

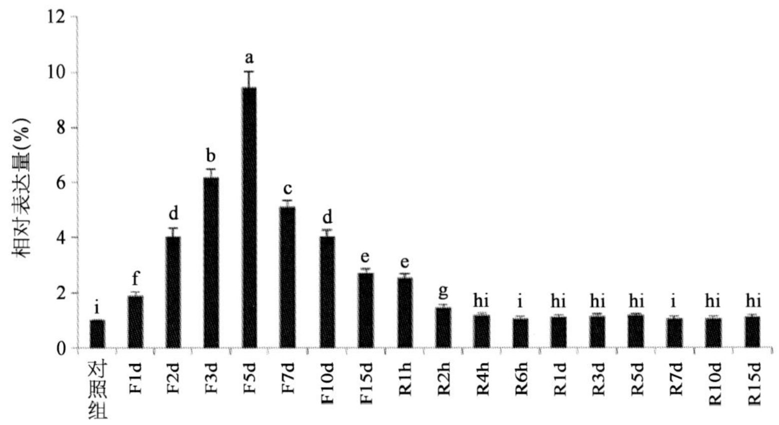


**图 1-11 禁食-恢复投喂条件下 *NPY* 在鲢肝脏中的表达**

F1d、F2d、F3d、F5d、F7d、F10d、F15d 和 R1h、R2h、R4h、R6h、R1d、R3d、R5d、R7d、R10d、R15d 分别表示:禁食 1 天、禁食 2 天、禁食 3 天、禁食 5 天、禁食 7 天、禁食 10 天、禁食 15 天和恢复投喂 1 h、恢复投喂 2 h、恢复投喂 4 h、恢复投喂 6 h、恢复投喂 1 天、恢复投喂 3 天、恢复投喂 5 天、恢复投喂 7 天、恢复投喂 10 天、恢复投喂 15 天。将暂养结束、禁食开始前(即禁食 0 天)的样品作为对照组。设置 3 个实验平行组,每个采样点每个实验平行组各取 5 条鱼。$P<0.05$ 为差异显著

② 瘦素相关基因:瘦素不仅与动物肥胖有关,而且还广泛参与动物体内的生理活动。它能调节动物的摄食和能量平衡、刺激激素分泌、影响动物的生长和繁殖、促进上皮细胞和血管生长、保护消化系统功能,还与动物的免疫功能和炎症反应相关(吴小凤等,2011);此外,瘦素能够调节神经肽 Y 的释放来控制动物的能量代谢和摄食行为,负向调控神经肽 Y。瘦素受体(leptin receptor,LEPR)是由 *LEPR* 基因编码的一种单跨膜受体,主要生理功能是与瘦素结合,使瘦素发挥调节体内的能量平衡、脂肪贮存等生理作用,并参与瘦素的自分泌调节,是瘦素信号向细胞转导的基础结构。瘦素受体重叠转录(leptin receptor overlapping transcript,LEPROT)能够负向调节 *LEPR* 在细胞表面的表达,抑制瘦素受体在下丘脑细胞膜上聚集,并且干扰瘦素的激活途径。

鲢 3 个瘦素相关基因(*LEP*、*LEPR* 和 *LEPROT*)的 cDNA 序列全长分别为 1 176 bp(GenBank ID: EU719624)、3 662 bp(GenBank ID: KM068181)和 718 bp(GenBank ID: KM068180),分别编码 172 个、1 079 个和 130 个氨基酸(图 1-12~图 1-14)。

Kurokawa 等(2008)研究日本青鳉的组织表达模式发现,其 *LEP-A* 基因主要在肝脏中表达,而 *LEP-B* 基因主要在脑和眼睛中表达。鲢 *LEP* 基因主要在肝脏和肾脏中高表达,在皮肤和鳃中表达较低,在肠和心脏中几乎不表达(图 1-15),证实鲢 *LEP* 基因属于 leptin-a 类型。在哺乳动物中,瘦素由白色脂肪细胞分泌并且 *LEP* 基因主要在脂肪组织中表达,而在许多硬骨鱼中,包括红鳍东方鲀(Kurokawa 等,2008)、鲤(Huising 等,2006)、

```
TATCATACAATCCTCACATCTCAAAGCAGGTATTGCACTATTGCCAAGATAAAGACCACCA
TATACAGGAACCATGTATTTTCCAGTTCTTCTCTACACCTGCTTTTTGAGCATTCTTGGT
             M  Y  F  P  V  L  L  Y  T  C  F  L  S  I  L  G
CTGATTGATGGCCGTTCGATCCCCTTTCATCCGGAGAGTCTCAAAAGCTTAAAACAGCAG
 L  I  D  G  R  S  I  P  F  H  P  E  S  L  K  S  L  K  Q  Q
GCAGACACCATCATCCACAGAATTAAGGAACACAATGAGAAGCTAAAACTGTCTCCAAAG
 A  D  T  I  I  H  R  I  K  E  H  N  E  K  L  K  L  S  P  K
ATCCTTATTGGGGATTCAGAGCTTTACCCTGAGGTTCCTGCTGATAAACCCATCCAAGGG
 I  L  I  G  D  S  E  L  Y  P  E  V  P  A  D  K  P  I  Q  G
CTTGGGTCCATCATAGACACCCTAACTACCTTCCAGAAGGTTCTTCAAACACTGCCCAAG
 L  G  S  I  I  D  T  L  T  T  F  Q  K  V  L  Q  T  L  P  K
GGGCATGTGAGCCAGTTACACAGTGATGTGTCCACCCTTTTGGACTACTTTAAAGTTTGG
 G  H  V  S  Q  L  H  S  D  V  S  T  L  L  D  Y  F  K  V  W
ATGACATTTATGCGTTGCACACCAAAGGAGCCAGCCAATGGGAAGTCACTGGACACTTTC
 M  T  F  M  R  C  T  P  K  E  P  A  N  G  K  S  L  D  T  F
ATACAGAAGAACGCCACCCACCACGTTACTTTTGGGTACATGGCTTTAGACAGACTGAAA
 I  Q  K  N  A  T  H  H  V  T  F  G  Y  M  A  L  D  R  L  K
CAGTTCATGCAAAAGCTGATAGCTAATCTTGACCAGGTGAAGAGCTGCTAATCTGCCACT
 Q  F  M  Q  K  L  I  A  N  L  D  Q  V  K  S  C  -
ATTATAGCATTATGGTATACTATTTATTATATTTATTTAAAACTCTCTATATTTATAGAC
CAAAGCAGCTTTTTTTGGCACATTTTTGGCACAAATAGATTTTAAAATTATTCCCTGCTA
TTAAACAAAGCCAGAAATGTTGCTTGTGACATCATGGTGCACCAATCAATCTGTCCTTAC
GATGCAAACAAACACTAGCAATCTGATACCTGCACACATTGCCATGTCATACTTCATGCT
GTTTTACAGGATGACATCAGCACTTGCTGCACTTGCTCAATGATGTCACTGTGTTTACCA
GAAGAAGCGAGGTCAGACTCTGCTGGGAAGCTGGAATTATGTTCCCATTTTACTTCTTGC
TGCAACACCAGCAATGTAGGACACATACCAAAATATATATATTTTCCTACACAGTGTGAA
TCTATGCACTTTAAATATCCTGTGATTGTAAATAGTTTTGTATTTTGTGTAATGATGCAT
TTTTCCATAAAAACAAACCAATAAAATAAATTTATTGTATACTTTTGTCAAAAAAAAAAA
AAA
```

图 1－12 · 鲢 *LEP* 基因全长 cDNA 序列及氨基酸序列

虹鳟(Murashita 等,2008)、黄颡鱼(Gong 等,2013)和点带石斑鱼(Zhang 等,2013)等 *LEP* 主要在肝脏中表达,这一差异表明瘦素在硬骨鱼类中的生理功能与在哺乳动物中可能存在差异性,并且在硬骨鱼类中肝脏可能是瘦素调节能量的中枢。*LEPR* 和 *LEPROT* 基因在检测的 13 种组织中均有表达,且两者都在脑垂体中表达量最高(图 1－15)。在哺乳动物中,脑垂体是瘦素内分泌作用的靶器官,而瘦素受体主要与瘦素结合来发挥生理功能,因此,*LEPR* 在哺乳动物的脑垂体中表达量也较高(Morash 等,1999)。另外,鲢 *LEPR* 在肝脏、脑和眼睛中均表达,表明在硬骨鱼中 *LEP－A*(主要在肝脏中表达)和 *LEP－B*(主要在脑和眼睛中表达)可能是通过相同的瘦素受体来发挥它们不同的生理作用。此外,*LEPR* 和 *LEPROT* 基因在硬骨鱼类多个组织中的普遍表达,表明瘦素具有广泛的生理学功能来调节机体的多种生命活动。

鲢在禁食-恢复投喂条件下,*LEP*、*LEPR* 和 *LEPROT* 基因 mRNA 的表达在肝脏和脑中都发生了较大的波动(图 1－16),3 个基因对鲢的摄食和能量代谢具有重要的调节作用。

```
GAAAAGCAGCAGCAGTAGTGCTCGAGTTCAGGTCAGGATGCCGAGCACTGGAAACATTCAGA
AAGTCACACGCCTCTCCTAGTCTGCATAACCAACTACAGACATTCCTCATTACAGGAGGA
AGAGCTTAACTCTGGATCTGGAGCTTTGTCCTCATTTTTAAGTGGAGTAAGATACGTAAG
ACTTTGACAAGAGTTGGATCAAATCTGAGGACAGTCAGAAGTGCGATTACGTTACCTCAG
ACTCCATCACTCCACCAAGAAGAGAAATGATGCTCACGATCAAGTGAAATGATGTATTTG
                                                M  M  Y  L
TTTATCATGCTTAAGCTTCTTGTGAATTTCATTGCCGTTTCACAAGGTCTTGCTGCTCTG
 F  I  M  L  K  L  L  V  N  F  I  A  V  S  Q  G  L  A  A  L
AGTCCTTCTGATGGCAGGGATGGTGTTTATGAAGACCTGAAGTGGAAGTCTCTGCTATGT
 S  P  S  D  G  R  D  G  V  Y  E  D  L  K  W  K  S  L  L  C
TGTGAGCTGCCCTTTGCTCAGACAGTTGACAGTGGTCTTTCAGAACACCAACCCGCAGAA
 C  E  L  P  F  A  Q  T  V  D  S  G  L  S  E  H  Q  P  A  E
CAATGTCAGCTGCTAAATGCTACAAAACTGGAATCCTCTAGTAAATCACTTGCCCTTTCT
 Q  C  Q  L  L  N  A  T  K  L  E  S  S  S  K  S  L  A  L  S
GGAAACTGTTTGGACATCCTGTGCTGGCTTGAAGGTGAAAGGACAAATATGATTTGCAAT
 G  N  C  L  D  I  L  C  W  L  E  G  E  R  T  N  M  I  C  N
GCAAAGAGCCACAGAGCAGCAGCCACTGCTAGTCTGTTCACTGTTAGTCCTCAACAGATA
 A  K  S  H  R  A  A  A  T  A  S  L  F  T  V  S  P  Q  Q  I
GTTCTACAGATGGATATACTTTCAGACAAAAACCATACTGCTCAGTGTGCCGGGGAAGAT
 V  L  Q  M  D  I  L  S  D  K  N  H  T  A  Q  C  A  G  E  D
ACTGCCACGTGCTCCATTTCTCTTCATGGCAATGATGCAACTGTCTTGTTGACCATCAGT
 T  A  T  C  S  I  S  L  H  G  N  D  A  T  V  L  L  T  I  S
ATATCTGCGAATGGGACTACCACACTGTCATCGAAGATGCAAATCAGTTCATATCATCTA
 I  S  A  N  G  T  T  T  L  S  S  K  M  Q  I  S  S  Y  H  L
AGAAGACCAGACCCACCTGTCAATCTGCATTACAATGTGACGACAGAAGGCGAAGTAATT
 R  R  P  D  P  P  V  N  L  H  Y  N  V  T  T  E  G  E  V  I
TTCAGATGGAGCAGCACACAACCTGACAGTAATGCCATGAACTATGAGATCCGATACTCT
 F  R  W  S  S  T  Q  P  D  S  N  A  M  N  Y  E  I  R  Y  S
TCCAATTCCTCGCTTCAGCAGTGGGAGGTGGTGAAGGTCAGAGGTCGTTCATGGGTGCCT
 S  N  S  S  L  Q  Q  W  E  V  V  K  V  R  G  R  S  W  V  P
CTGAATGAGCTCAGTTCTGGGATCAGAAACACAGTCCAAGTGCGCTGCCAAAACAACTTC
 L  N  E  L  S  S  G  I  R  N  T  V  Q  V  R  C  Q  N  N  F
AACTACTGGAGTGAATGGAGCCAACCTTTCTATTTCACACTAGATGTCAGTTACATCCCT
 N  Y  W  S  E  W  S  Q  P  F  Y  F  T  L  D  V  S  Y  I  P
GCTGAAGTCTTCACAACACCCGGGTCAGAAGTAACGGTTTATGCCGTCTTCCACAACCGC
 A  E  V  F  T  T  P  G  S  E  V  T  V  Y  A  V  F  H  N  R
AGCTGGAGTGCAAGTAAAGCTGTGTGGTTTCTGAATGGGCAGGTGAACATTCCGGAAAGC
 S  W  S  A  S  K  A  V  W  F  L  N  G  Q  V  N  I  P  E  S
CAGTACAGTGTAATCAACGATCAGGTTAGCGCCGTCACTGTAAAATTAGATGAACCAGGG
 Q  Y  S  V  I  N  D  Q  V  S  A  V  T  V  K  L  D  E  P  G
TTTGATACTCTGATGTGCTGCCTTGGGGGAGAGAAGTTCAAATGCAACATCGCCTATACC
 F  D  T  L  M  C  C  L  G  G  E  K  F  K  C  N  I  A  Y  T
AAAATATACACAGAAGGGATGTTTAATGCAGATATTACCTGCCAGAGCAAGAATTCAGAG
 K  I  Y  T  E  G  M  F  N  A  D  I  T  C  Q  S  K  N  S  E
GTGGACACCATGAACTGTGTGTGGAATAAAAGTGCTTGGGCACAGGTCAGACTCCTTTAC
 V  D  T  M  N  C  V  W  N  K  S  A  W  A  Q  V  R  L  L  Y
AGACAATATACATCAATGTGTGAGACCATATCAAAGATGGAGGGCACTGAAGAAGCTGAA
 R  Q  Y  T  S  M  C  E  T  I  S  K  M  E  G  T  E  E  A  E
GAAAACATGTCTTTGGTGAAGGAGTGCCCATCTGGAGCAGGAGACCACAGAGAATGCACT
 E  N  M  S  L  V  K  E  C  P  S  G  A  G  D  H  R  E  C  T
TTAAGCAACCTTAGCCTGTTCTCTTGCTACAAAATCTGGTTGGAAGTGGAAGGAGGACAT
 L  S  N  L  S  L  F  S  C  Y  K  I  W  L  E  V  E  G  G  H
GGCAAAGTGAGATCGTTTCCTGTCTATGTTGCACCTATTGACTATGTGAAACCATCTCCT
 G  K  V  R  S  F  P  V  Y  V  A  P  I  D  Y  V  K  P  S  P
CCCTCAGTCCTTGAAGCGATCACTTTGCCAAACAAAACCTTGAGTGTAAAGTGGAGGCGT
 P  S  V  L  E  A  I  T  L  P  N  K  T  L  S  V  K  W  R  R
CCCCATTTACCTGTATACGACATGCAGTACGAGCTGCGCTTTGTGGCTTTGCGTGGGATG
 P  H  L  P  V  Y  D  M  Q  Y  E  L  R  F  V  A  L  R  G  M
GCAAATACGCAATGGAAGGTCATCGGTTCTCTACTGGAACCACAGGCAGAGATTCCGCTT
 A  N  T  Q  W  K  V  I  G  S  L  L  E  P  Q  A  E  I  P  L
GAAGATTCCTGTGTTCAGTTTAAAGTAGAAGTTTGCTGTAGAAGACTGAATGGCCCTGGA
 E  D  S  C  V  Q  F  K  V  E  V  C  C  R  R  L  N  G  P  G
TACTGGAGTGACTGGAGCAGGAGTCACACTTCGATTGTTTATAATAGGAAAGCGCCAGAG
 Y  W  S  D  W  S  R  S  H  T  S  I  V  Y  N  R  K  A  P  E
ATGGGACCAGACTTCTGGCGCATTATACAAGAGGATCCTGTTAGGAGTGTGACAAATGTC
 M  G  P  D  F  W  R  I  I  Q  E  D  P  V  R  S  V  T  N  V
ACACTGATCTTTAAGCAGCCTGTCCTAGCAGGAGATCCATATAGTTGTGTGGAGGGTCTC
 T  L  I  F  K  Q  P  V  L  A  G  D  P  Y  S  C  V  E  G  L
GTGATTAAACACCAGGCCTCAGGGGGAGCCGTGTGGTCACATGAAACAACCTTGGCTCAG
 V  I  K  H  Q  A  S  G  G  A  V  W  S  H  E  T  T  L  A  Q
TTTCACTCATTCCAGTGGAGGAAAGAAGCACACACAATCACCGTAATGTCTCGCAACACT
 F  H  S  F  Q  W  R  K  E  A  H  T  I  T  V  M  S  R  N  T
TTGGGCATCTCTACACGGAATAGCAACATGACGCTGTTACATCAACCTAAACGACGATGT
 L  G  I  S  T  R  N  S  N  M  T  L  L  H  Q  P  K  R  R  C
GTACGTTCATTCAGCGGAGTTGCAAATGCCAGCTGTGTGCATCTCTCCTGGAGCCTGTTA
 V  R  S  F  S  G  V  A  N  A  S  C  V  H  L  S  W  S  L  L
TCTGATCAGCCGGTGCCTCAGTCATTTGTCATTGAATGGTTAGACCTGAACAAAGACCCT
 S  D  Q  P  V  P  Q  S  F  V  I  E  W  L  D  L  N  K  D  P
GAACAAGACGTGTCTCTAACTGAGAGGCTTCAGTGGGTCAGAGTTCAGTCCGCATCGAGG
 E  Q  D  V  S  L  T  E  R  L  Q  W  V  R  V  Q  S  A  S  R
GATCTCTCTCTTTGCCGTCGTTTTTATGGCTCAGAGGAGTTCACATTGTATCCAGTGTTT
 D  L  S  L  C  R  R  F  Y  G  S  E  E  F  T  L  Y  P  V  F
GCGGATGGTGAGGGGGAGCCGGTTCGATACACAGCTACTAGGAGCGACCCTGCAGCATAC
 A  D  G  E  G  E  P  V  R  Y  T  A  T  R  S  D  P  A  A  Y
ATACTGCTACTGATCATTGCGTTCCTGTCAGTGGTGCTGTTTGTCACACTTATGATGTCA
 I  L  L  L  I  I  A  F  L  S  V  V  L  F  V  T  L  M  M  S
CAAAACCAGATGAGAAAACTCATGTGGAAGGATGTTCCAAATCCCAACAAATGCTCCTGG
 Q  N  Q  M  R  K  L  M  W  K  D  V  P  N  P  N  K  C  S  W
GCCAAAGGAATGGACTTCAGGCAGATTGACACCATGGAGAACCTGTTCCCTCACTCAGAG
 A  K  G  M  D  F  R  Q  I  D  T  M  E  N  L  F  P  H  S  E
GGTCTCACTGCCTGTCCTCTGCTGCTGGTCTCTGAGAGCATCTGTGAGGTGGAAATCATC
 G  L  T  A  C  P  L  L  L  V  S  E  S  I  C  E  V  E  I  I
GAGAAATGTCATCCTCTCATGCATGAACATGAAAAAGACAATGAAGTTTATAACTCTGGA
 E  K  C  H  P  L  M  H  E  H  E  K  D  N  E  V  Y  N  S  G
AACAAGGCAAACACCGACTCTGCCTGTCTAGGAGACTCCTCGGAACCTTTATCACTGCAG
 N  K  A  N  T  D  S  A  C  L  G  D  S  S  E  P  L  S  L  Q
GCTTCCACTGCCGCTGCTACCCCAGAAACATCAGGCCAGTCCTCAGTGACATACTCAACC
 A  S  T  A  A  A  T  P  E  T  S  G  Q  S  S  V  T  Y  S  T
ATTCTCCTCTCCGATCAGCCCACTCTCCTTCGAAAGCAGCAGGAGAGTCTGAGCAGCTCC
 I  L  L  S  D  Q  P  T  L  L  R  K  Q  Q  E  S  L  S  S  S
AGTGACGAAGGCAACTTCTCTGCCAACAACTCAGACATTTTTGGCTCCTTCCCTGGAGGA
 S  D  E  G  N  F  S  A  N  N  S  D  I  F  G  S  F  P  G  G
CTCTGGGACCTGGAGAACCATGTGTGCTCTGACAGTACCAATCCTCGCCATTCCAGCTCC
 L  W  D  L  E  N  H  V  C  S  D  S  T  N  P  R  H  S  S  S
TATAACTCCGTGGAAGAGTTTTCGGAAACATCAGAACAAGATTATGAAGCATCGGAAAGC
 Y  N  S  V  E  E  F  S  E  T  S  E  Q  D  Y  E  A  S  E  S
CCTGGTGTAGCCAAAGACCTCTATTACCTCGAGATGAATGAGGAGGAGAAGCAGGAAGAA
 P  G  V  A  K  D  L  Y  Y  L  E  M  N  E  E  E  K  Q  E  E
GATGAGGATATTGAGGAAGCCCAGGATAAGAATGAAATAGTTATGAGGGTGGGCGCCAGG
 D  E  D  I  E  E  A  Q  D  K  N  E  I  V  M  R  V  G  A  R
CCTCTTTTGGAAGGCAAAAATTCCACAATTGTCGATTCCAATAATGTATCTCCCAGCATT
 P  L  L  E  G  K  N  S  T  I  V  D  S  N  N  V  S  P  S  I
CCGCTTTATCTGCCTCAGTTTCAAACTGAATGCATTAATCCGCCCTGAAATAATGAGACT
 P  L  Y  L  P  Q  F  Q  T  E  C  I  N  P  P  -
AGCCCCCCCTTGTGGTAATGTGCGATAATGTTATTTTTCACTGGATGAAAGTCCATAAAA
TGCCTCAGTGACTTGAGCTGCAGGATTTGGGGAAAAAAAAAAAAAAAAAAAAAAAAAAAA
```

图 1－13 · 鲢 *LEPR* 基因全长 cDNA 序列及氨基酸序列

```
AGTTGAGGAGGAAATAGGAAGTCAGTCCATTAACATTTAGCACAAAGATAAAAACAAAAGG
CGTTTGTTAGTGATGGCAGGAATAAAAGCTCTTGTTGCGTTGTCCTTCAGTGGTGCACTT
               M  A  G  I  K  A  L  V  A  L  S  F  S  G  A  L
GGACTGACCTTTCTCCTTTTGGGATGTGCACTGGAACAGTTTGGACAGTACTGGCCCATG
 G  L  T  F  L  L  L  G  C  A  L  E  Q  F  G  Q  Y  W  P  M
TTTGTCCTGCTCTTCTACATCCTGTCACCTATACCAAATTTAATAGCCAAGAGGCATGCA
 F  V  L  L  F  Y  I  L  S  P  I  P  N  L  I  A  K  R  H  A
GATGACACTGAGTCAAGCAACGCATGCAGGGAGCTTGCATACTTCTTAACCACCGGTATC
 D  D  T  E  S  S  N  A  C  R  E  L  A  Y  F  L  T  T  G  I
GTGGTGTCAGCCTACGGGCTTCCCATCGTGCTTGCACGAAAATCTGTGATCCAGTGGGGT
 V  V  S  A  Y  G  L  P  I  V  L  A  R  K  S  V  I  Q  W  G
GCCTGTGGTCTGGTAATGGCAGGCAATTGTGTAATTTTTCTGACCATTCTGGGTTTCTTC
 A  C  G  L  V  M  A  G  N  C  V  I  F  L  T  I  L  G  F  F
CTGATATTCGGAGGTGGAGATGACTTCAGCTGGGAACAGTGGTAAAACCCATCAGGAGGA
 L  I  F  G  G  G  D  D  F  S  W  E  Q  W  -
AATACATCACTACACAATAAACTGAAACTTTAAATAGTTTCCTATAGTAATTCTGATGAA
CCCAGGCCTTGACAGAGACTGTGTCCATTGCTTTGTTTTACTCTCTGTTACTCTGCTTCT
GCCTTTTCATTTGCATTACATGTCAGCCTATGCATGGCTCTGTATATATACAATGATTTG
CTTAAAAAAGCGTAATTCTAATTTATAGAAAAAAAAAAAAAAAAAAAAAAAAAAAAAAA
```

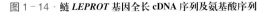

图 1-14 · 鲢 *LEPROT* 基因全长 cDNA 序列及氨基酸序列

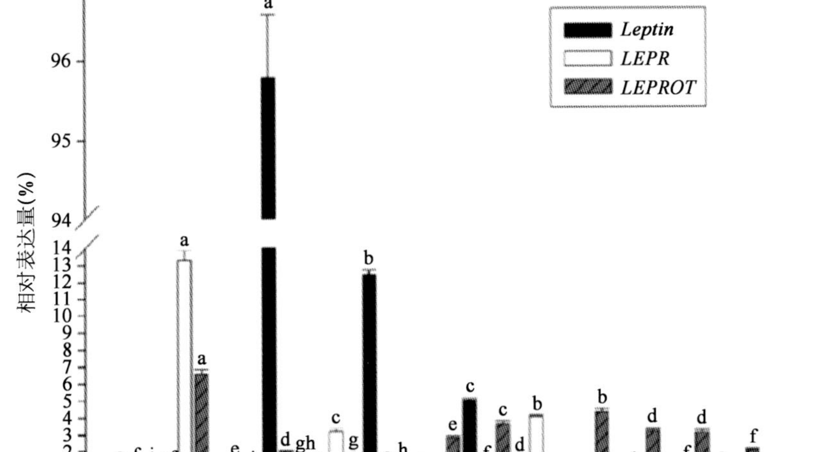

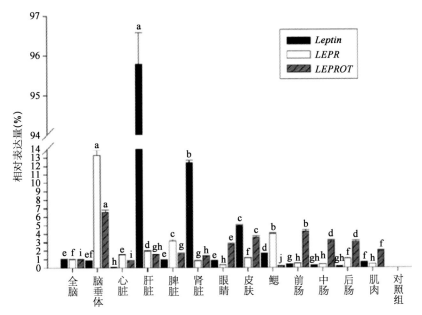

图 1-15 · ***LEP*、*LEPR* 和 *LEPROT* 基因在鲢不同组织中的表达**

对照组为阴性对照，即加样时只添加了引物，没有加 cDNA 模板

一方面，不管在肝脏中还是在脑中，*LEPR* 基因的 mRNA 表达变化趋势与 *LEP* 基因 mRNA 的表达变化趋势相似，与哺乳动物一样，鲢瘦素的功能也是由瘦素受体介导的。另一方面，在脑中，*LEP* 和 *LEPR* 基因 mRNA 的表达在禁食期间显著上升($P<0.05$)，在恢复投喂后下降($P<0.05$)；在肝脏中，它们的表达量仅在禁食前几天上升，随后便开始下降，直到停留在一个稳定水平(图 1-16)。*LEP* 和 *LEPR* 基因 mRNA 这样的表达方式与哺乳动物

不一致，在哺乳动物中，*LEP* mRNA 或者瘦素的浓度在禁食期间下降，恢复摄食之后重新上升到正常水平(Hardie 等，1996；Dubern 和 Clement，2012)，推测 *LEP* 和 *LEPR* mRNA 表达量在鲢和哺乳动物之间的这种差异表明它们在硬骨鱼类和哺乳动物中发挥作用的调节机制不同。

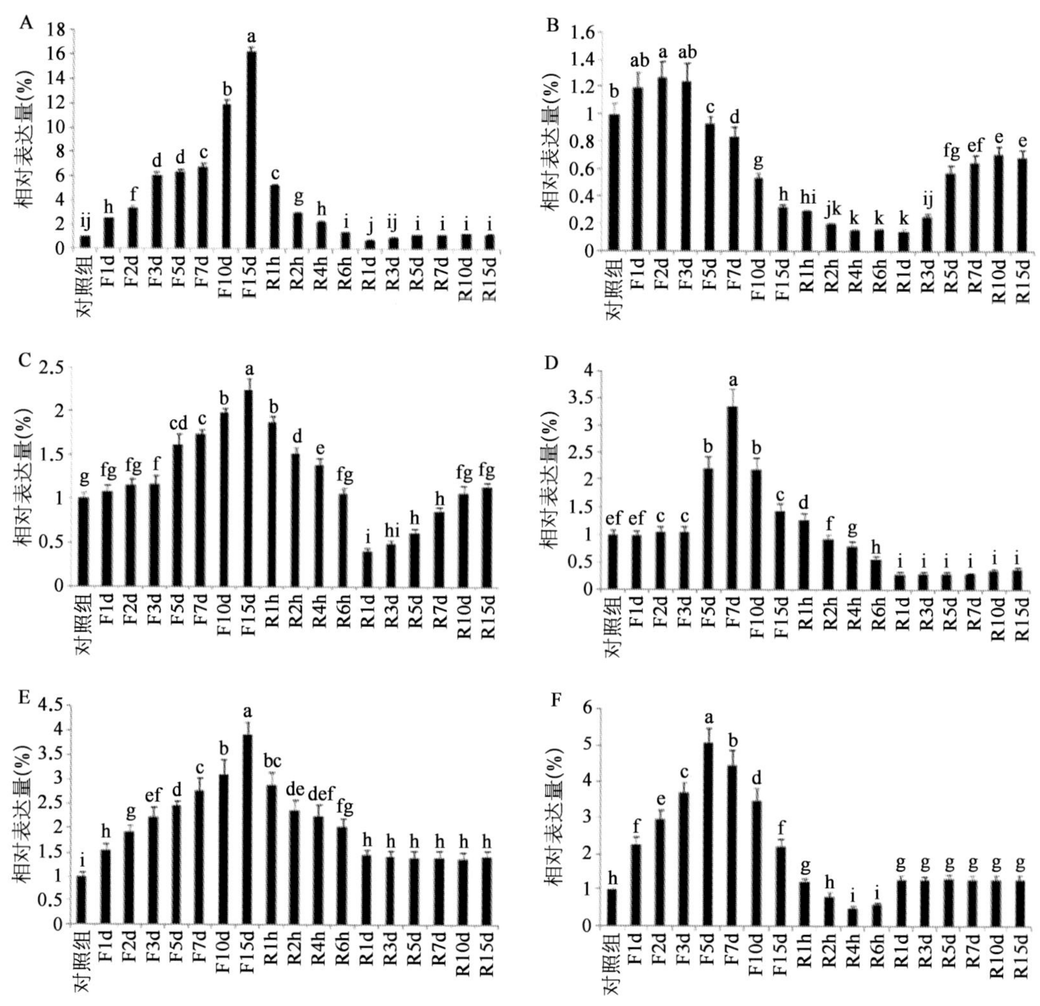


**图 1-16 禁食-恢复投喂条件下 *LEP*、*LEPR* 和 *LEPROT* 在脑和肝脏中的表达**

A. 禁食-恢复投喂条件下 *LEP* 在脑中的表达；B. 禁食-恢复投喂条件下 *LEP* 在肝脏中的表达；C. 禁食-恢复投喂条件下 *LEPR* 在脑中的表达；D. 禁食-恢复投喂条件下 *LEPR* 在肝脏中的表达；E. 禁食-恢复投喂条件下 *LEPROT* 在脑中的表达；F. 禁食-恢复投喂条件下 *LEPROT* 在肝脏中的表达。

F1d、F2d、F3d、F5d、F7d、F10d、F15d 和 R1h、R2h、R4h、R6h、R1d、R3d、R5d、R7d、R10d、R15d 表示：禁食 1 天、禁食 2 天、禁食 3 天、禁食 5 天、禁食 7 天、禁食 10 天、禁食 15 天和恢复投喂 1 h、恢复投喂 2 h、恢复投喂 4 h、恢复投喂 6 h、恢复投喂 1 天、恢复投喂 3 天、恢复投喂 5 天、恢复投喂 7 天、恢复投喂 10 天、恢复投喂 15 天。将暂养结束、禁食开始前(即禁食当天)的样品作为对照组。设置 3 个实验平行组，每个采样点每个实验平行组各取 5 条鱼。$P<0.05$ 表示差异显著

然而，不同学者对鱼类的 *LEP* 的表达特征分析有不同的结论。在鲤中，进食之后 *leptin*-Ⅰ 和 *leptin*-Ⅱ 表达量显著上升，但是禁食和饱食对其表达量并没有影响(Huising

等,2006);在金鱼进食后,餐后的饱腹感引起 *LEP* 表达量短暂上升,但在禁食和过度投喂情况下 *LEP* 表达量没有显著变化(Tinoco 等,2012);在条纹鲈中,禁食 3 周诱导其肝脏 *LEP* mRNA 表达量下降,但恢复投喂后又上升到正常水平(Won 等,2012);大西洋鲑禁食 2~10 个月,肝脏中 $LEP-A_1$ 和 $LEP-A_2$ 的表达量比正常投喂的表达量高很多(Rønnestad 等,2010);在斜带石斑鱼中,短期(1 周)和长期(3 周)限食诱导肝脏中 *LEPA* 表达显著上调,恢复投喂之后下降到正常水平,但是短期禁食对下丘脑 *LEP* 和 *LEPR* 表达均没有影响(Zhang 等,2013);在虹鳟中,禁食 3 周导致其血浆 *LEP* 水平显著升高,恢复投喂之后下降到正常水平,但是禁食对 *LEPRL*(长型受体)和 *LEPRT*(短型受体)表达量没有影响(Gong 和 Björnsson,2014)。因此,推测出现这种差异性可能与鱼类的不同食性相关。

### (2) 鲢低氧应激相关基因

溶氧是需氧生物生存和代谢所必需的。生物对低氧环境的适应是一个错综复杂的过程(Breiturg,2002)。低氧胁迫已成为鱼类主要的环境胁迫因素之一(Ruan 等,2020)。低氧胁迫通常会导致鱼类摄食量降低、生长迟缓和疾病易感性增加,同时低氧应激会诱导鱼类明显的组织特异性代谢反应(Huo 等,2018;Feny 等,2022)。研究鲢低氧相关基因功能有利于对鲢生长发育及低氧胁迫下分子调控机制等机理有更加全面的认识。

① 线粒体 ATP 酶亚基基因:线粒体 ATP 酶是机体生命活动中供能的关键酶,由 $F_1$ 和 $F_0$ 两部分组成,在结合状态下具有合成 ATP 的活性,而在分离状态下具有水解 ATP 的活性。线粒体 ATP 酶的 $F_1$ 部分为亲水性亚基复合体,主要功能是将代谢能转换成 ATP 细胞能量流。$F_1$ 是酶的膜外部分,由 $\alpha_3$、$\beta_3$、$\gamma$、$\delta$、$\varepsilon$ 共 5 个多肽亚基组成,其组成部分 β 为酶催化核心部分,能够结合 ATP 和 ADP,还可位于生物膜的表面参与生理功能(Champagne 等,2006)。$F_0$ 嵌在膜上,膜内和膜外两部分由 $\gamma$、$\varepsilon$、$\delta$ 和 $b_2$ 等几个小亚基组成的颈部结构连接起来。连接 $F_0$ 和 $F_1$ 的颈部结构由 γ 和 ε 亚基组成的位于酶中央部位的“转子(rotor)”以及 δ 和 $b_2$ 等亚基组成的“定子(stator)”两部分组成(Rastogi 和 Girvin,1999)。γ 和 ε 亚基结合形成“转子”,γ 亚基的旋转能够诱导核苷酸结合 β 亚基催化位点使其构象发生变化,从而导致 ATP 的合成和释放;而对于“定子”中 δ 亚基来说,δ 亚基在 $\alpha_3\beta_3$ 六角形上单一的结合力是足够强的,δ 亚基的缺失不影响 $F_0F_1$ 复合体的形成,但会使 ATP 基因编码的离子通道丧失功能,导致线粒体 DNA 功能丧失(Duvezin-Caubet 等,2003)。

鲢线粒体 ATP 酶 3 个亚基(β、γ、δ)基因($ATP-F_1\beta$、$ATP-F_1\gamma$ 和 $ATP-F_1\delta$)的 cDNA 序列全长分别为 1 768 bp(GenBank ID: KF179070)、1 154 bp(GenBank ID:

KF179071)和 762 bp(GenBank ID: KF179072),其开放阅读框分别为 1 557 bp、879 bp 和 480 bp,分别编码 518 个、292 个和 159 个氨基酸(图 1-17~图 1-19)。

```
   1                           M  L  G  A  V  G  R  C  C  T  G  A
   1 atggggaccttcagccattttaacaATGTTGGGAGCTGTGGGACGCTGCTGCACCGGGGC
  13  L  Q  A  L  K  P  G  V  T  P  L  K  A  L  N  G  A  P  A  A
  61 TTTGCAAGCTCTTAAGCCCGGGGTGACCCCCCTGAAGGCCCTCAACGGAGCTCCAGCAGC
  33  L  F  S  R  R  D  Y  A  A  P  A  A  A  A  A  A  A  S  G  R
 121 ACTGTTTTCTCGCAGGGATTATGCTGCTCCTGCTGCAGCTGCTGCCGCCGCCAGCGGGCG
  53  I  V  A  V  I  G  A  V  V  D  V  Q  F  D  E  G  L  P  P  I
 181 TATTGTTGCGGTCATCGGTGCCGTAGTGGACGTCCAGTTTGACGAGGGCTTGCCCCCAAT
  73  L  N  A  L  E  V  A  G  R  D  S  R  L  V  L  E  V  A  Q  H
 241 TCTCAATGCCCTGGAAGTAGCCGGCCGTGACTCCAGGCTAGTCCTGGAGGTGGCTCAGCA
  93  L  G  E  S  T  V  R  T  I  A  M  D  G  T  E  G  L  V  R  G
 301 TCTGGGGGAGAGCACCGTCCGTACCATTGCTATGGATGGTACTGAGGGACTGGTGCGTGG
 113  Q  K  V  L  D  T  G  A  P  I  R  I  P  V  G  P  E  T  L  G
 361 TCAGAAGGTTCTTGACACTGGTGCCCCCATCAGAATCCCTGTGGGACCTGAGACGCTTGG
 133  R  I  M  N  V  I  G  E  P  I  D  E  R  G  P  I  T  T  K  Q
 421 CAGGATCATGAATGTCATCGGTGAGCCCATTGACGAAAGAGGACCAATTACCACAAAACA
 153  T  A  P  I  H  A  E  A  P  E  F  T  D  M  S  V  E  Q  E  I
 481 GACTGCCCCAATCCATGCTGAGGCCCCAGAATTCACAGACATGAGTGTTGAGCAGGAGAT
 173  L  V  T  G  I  K  V  V  D  L  L  A  P  Y  A  K  G  G  K  I
 541 TCTGGTCACAGGAATCAAGGTCGTAGACCTGCTGGCCCCCTATGCCAAGGGTGGCAAGAT
 193  G  L  F  G  G  A  G  V  G  K  T  V  L  I  M  E  L  I  N  N
 601 TGGTCTCTTTGGCGGTGCTGGTGTGGGAAAGACTGTATTGATTATGGAGCTGATCAACAA
 213  V  A  K  A  H  G  G  Y  S  V  F  A  G  V  G  E  R  T  R  E
 661 TGTGGCCAAGGCTCATGGTGGTTACTCCGTGTTTGCTGGCGTGGGAGAGAGAACCCGTGA
 233  G  N  D  L  Y  H  E  M  I  E  S  G  V  I  N  L  K  D  T  T
 721 GGGAAACGATCTCTACCATGAGATGATTGAGTCTGGCGTCATCAACCTGAAGGACACCAC
 253  S  K  V  A  L  V  Y  G  Q  M  N  E  P  P  G  A  R  A  R  V
 781 CTCAAAGGTGGCGCTGGTGTACGGACAGATGAACGAGCCCCCAGGTGCCCGTGCCCGTGT
 273  A  L  T  G  L  T  V  A  E  Y  F  R  D  Q  E  G  Q  D  V  L
 841 GGCTCTGACTGGACTGACCGTTGCTGAGTATTTCCGTGACCAGGAGGGGCAGGATGTGCT
 293  L  F  I  D  N  I  F  R  F  T  Q  A  G  S  E  V  S  A  L  L
 901 GCTCTTCATTGACAACATTTTCCGCTTCACCCAGGCTGGATCAGAGGTGTCTGCCCTGCT
 313  G  R  I  P  S  A  V  G  Y  Q  P  T  L  A  T  D  M  G  T  M
 961 GGGCCGTATCCCCTCTGCTGTGGGTTATCAGCCAACTCTGGCCACTGACATGGGTACCAT
 333  Q  E  R  I  T  T  T  K  K  G  S  I  T  S  V  Q  A  I  Y  V
1021 GCAGGAAAGAATCACCACAACCAAGAAGGGTTCAATCACATCTGTGCAGGCCATCTATGT
 353  P  A  D  D  L  T  D  P  A  P  A  T  T  F  A  H  L  D  A  T
1081 GCCTGCTGATGACTTGACTGATCCTGCCCCTGCCACCACTTTCGCTCACTTGGACGCCAC
 373  T  V  L  S  R  A  I  A  E  L  G  I  Y  P  A  V  D  P  L  D
1141 CACTGTGTTGTCCCGTGCCATTGCTGAGCTGGGCATCTACCCCGCCGTGGACCCACTCGA
 393  S  T  S  R  I  M  D  P  N  I  V  G  S  E  H  Y  D  V  A  R
1201 CTCCACCTCCCGTATCATGGACCCCAACATTGTGGGATCCGAGCATTATGATGTAGCCCG
 413  G  V  Q  K  I  L  Q  D  Y  K  S  L  Q  D  I  I  A  I  L  G
1261 TGGTGTCCAGAAGATCCTCCAGGACTACAAGTCCCTGCAGGATATCATTGCTATTCTGGG
 433  M  D  E  L  S  E  E  D  K  L  T  V  A  R  A  R  K  I  Q  R
1321 TATGGATGAGTTGTCTGAGGAGGATAAGCTCACAGTTGCTCGTGCACGTAAGATCCAGAG
 453  F  L  S  Q  P  F  Q  V  A  E  V  F  T  G  H  L  G  K  L  V
1381 GTTCCTGTCCCAGCCCTTCCAGGTTGCTGAGGTCTTCACTGGACACTTGGGCAAGCTGGT
 473  P  L  K  E  T  I  K  G  F  K  A  I  L  A  G  E  Y  D  A  L
1441 GCCCCTGAAAGAGACCATCAAGGGCTTTAAGGCCATTCTGGCTGGCGAGTATGACGCTTT
 493  P  E  Q  A  F  Y  M  V  G  P  I  E  E  V  V  Q  K  A  E  K
1501 GCCCGAGCAGGCCTTCTACATGGTGGGACCCATCGAGGAGGTCGTCCAGAAGGCAGAGAA
 513  L  A  E  E  H  S  *
1561 ACTGGCTGAGGAGCATTCGTAAatgagtctgtttaaatgtgtcagggcgggttgaatgaa
1621 aaggaggagcacttggtttgtaacgtcacattcagaaacaaattgtatctttatcgctgg
1681 tcgttctgaagttctatttaatgtttccaattaatggtggaaataaaactgtcttatcaa
1741 aaaaaaaaaaaaaaaaaaaaaaaaaaaaa
```

图 1-17 鲢线粒体 ATP 酶 $F_1-\beta$ 基因全长及编码的氨基酸序列

半定量 PCR(RT-PCR)结果表明,线粒体 ATP 酶的 3 个亚基(β、γ、δ)基因均在心脏、脑、肝脏、脾脏和肌肉中表达,其中 $F_1-\beta$ 的表达量最高,$F_1-\gamma$ 和 $F_1-\delta$ 的表达量在心脏中较高、在脾脏和肌肉中次之、在脑和肝脏中较低(图 1-20~图 1-22)。

在水体溶氧逐渐降低的过程中,鲢心脏、脑、肝、脾和肌肉等组织中线粒体 ATP 酶 $F_1-\beta$ 基因的表达量呈先升高后降低趋势(图 1-23)。$\beta$ 亚基基因的表达与 ATP 酶活性相关,是催化功能亚基,当溶氧逐渐降低时,鱼体本身发生一系列的内源性保护,使得 $\beta$

```
   1                           M  F  A  R  T  S  A  A  V  F  L  P
   1 atgggggaccttcattgaagtgatcATGTTCGCCAGGACCAGTGCGGCGGTGTTCCTCCC
  13 Q  C  G  Q  V  R  N  M  A  T  L  K  D  I  T  L  R  L  K  S
  61 ACAATGTGGGCAGGTCAGGAACATGGCTACCTTGAAGGACATCACCCTTCGGTTGAAGTC
  33 I  K  N  I  Q  K  I  T  K  S  M  K  M  V  A  A  A  K  Y  A
 121 CATCAAGAACATCCAGAAGATCACCAAGTCCATGAAGATGGTGGCAGCAGCAAAGTATGC
  53 R  A  E  R  S  L  K  P  A  R  V  Y  G  T  G  A  M  A  L  Y
 181 CAGAGCTGAGAGATCCCTGAAGCCCGCCCGGGTCTATGGCACCGGCGCTATGGCACTCTA
  73 E  K  A  E  I  K  A  P  E  D  K  N  K  H  L  I  I  G  V  S
 241 TGAGAAGGCAGAGATCAAGGCTCCAGAAGACAAGAATAAGCACTTGATCATCGGGGTGTC
  93 S  D  R  G  L  C  G  A  I  H  S  S  V  A  K  A  M  K  S  E
 301 ATCTGACCGTGGTCTTTGCGGTGCCATTCACAGCAGTGTGGCCAAAGCCATGAAGAGTGA
 113 I  A  K  L  T  G  A  G  K  E  V  M  V  V  N  V  G  D  K  L
 361 GATCGCCAAGCTCACTGGTGCCGGCAAAGAGGTCATGGTTGTCAATGTGGGTGACAAACT
 133 R  G  L  L  Y  R  T  H  G  K  H  I  L  I  N  C  K  E  V  G
 421 CAGAGGTCTGCTCTACAGGACCCATGGCAAACACATCCTGATCAACTGCAAGGAGGTGGG
 153 R  K  P  P  T  F  T  D  A  S  L  I  A  T  E  L  L  D  S  G
 481 CCGCAAGCCTCCCACTTTTACTGATGCTTCTCTCATTGCCACAGAGCTGCTGGACTCTGG
 173 Y  E  F  D  Q  G  T  I  V  F  N  R  F  R  S  V  I  S  Y  K
 541 CTACGAGTTTGACCAGGGAACCATTGTATTCAACAGATTCAGGTCTGTGATTTCATACAA
 193 T  D  E  K  P  V  F  S  T  D  T  V  A  S  S  E  N  M  G  I
 601 GACAGATGAGAAACCTGTATTTTCCACTGACACTGTGGCAAGCTCAGAGAACATGGGCAT
 213 Y  D  D  I  D  A  D  V  L  R  N  Y  Q  E  F  S  L  V  N  I
 661 CTATGATGACATCGATGCTGATGTGCTGAGGAACTATCAGGAGTTTTCTCTGGTCAACAT
 233 I  Y  Y  G  L  K  E  S  T  T  S  E  Q  S  A  R  M  T  A  M
 721 CATTTACTACGGGCTGAAGGAGTCCACCACCAGTGAACAGAGCGCCAGGATGACCGCTAT
 253 D  N  A  S  K  N  A  S  D  I  I  D  K  L  T  L  T  F  N  R
 781 GGACAACGCCAGCAAGAATGCTTCTGATATTATTGACAAGCTGACCCTGACCTTCAACCG
 273 T  R  Q  A  V  I  T  K  E  L  I  E  I  I  S  G  A  A  A  L
 841 AACCCGCCAGGCCGTCATCACCAAGGAGCTCATTGAGATCATTTCTGGAGCTGCTGCTCT
 293 *
 901 ATAAagtggatccctgtaaacctccggtgtggttctggcgctcgttctctccagttcagt
 961 cacctggtgtagaattcagtaataattatgtgcttctgtttgtacaatatcagagaaaat
1021 aaacctcttacagagaaacgtcatgcattgatttctccagtctatttctagtgtatgtac
1081 tgatcagctatgatgtcctcttaagaaaataaatacgtttcccgaaaaaaaaaaaaaaaa
1141 aaaaaaaaaaaaaa
```

图 1－18 · 鲢线粒体 ATP 酶 $F_1-\gamma$ 基因全长及编码的氨基酸序列

图中椭圆部分为起始密码子 ATG 和终止密码子 TAA，方框部分为加尾信号序列

```
  1 atggggctatcagccgcgcacaatctgacttgactgcccgtgtggacagggaagctgagg
  1                                                          M  M
 61 cttgtgcattgcagtgctgtaaaggtcgggtcgcttcgcttctccgtgataaacATGATG
  3 A  A  R  F  L  L  R  R  A  A  P  A  L  R  H  V  R  C  Y  A
121 GCAGCAAGGTTTCTCCTTCGTCGCGCGGCCCCTGCGCTGAGACACGTGCGCTGTTATGCC
 23 D  A  P  A  A  Q  M  S  F  T  F  A  S  P  T  Q  M  F  F  K
181 GACGCGCCCGCCGCTCAGATGTCCTTCACTTTCGCATCGCCGACACAGATGTTCTTCAAG
 43 E  A  S  V  K  Q  I  D  V  P  T  L  T  G  A  F  G  I  L  P
241 GAAGCCAGTGTAAAACAGATTGACGTCCCAACACTGACAGGCGCCTTTGGTATCCTGCCA
 63 A  H  V  P  T  L  Q  V  L  R  P  G  V  V  T  V  F  N  D  D
301 GCCCACGTCCCCACACTGCAGGTGCTCCGGCCCGGCGTAGTCACCGTCTTCAATGACGAT
 83 G  S  S  A  K  Y  F  V  S  S  G  S  V  T  V  N  A  D  S  S
361 GGTTCCTCTGCTAAGTATTTTGTGAGCAGTGGATCAGTCACCGTCAATGCTGACTCTTCA
103 V  Q  L  L  A  E  E  A  V  P  L  D  N  L  D  L  A  A  A  K
421 GTGCAGCTGCTGGCGGAGGAGGCCGTTCCTCTGGACAACCTCGACCTCGCAGCAGCGAAA
123 A  N  L  E  K  A  Q  S  E  L  M  G  A  S  D  E  A  A  R  A
481 GCGAACCTGGAGAAAGCCCAGTCAGAACTGATGGGCGCTTCAGATGAGGCAGCCCGGGCA
143 E  V  L  I  S  I  E  A  N  E  A  I  V  K  A  L  E  *
541 GAGGTTCTGATCAGCATAGAGGCAAACGAGGCAATCGTCAAAGCGCTGGAGTAAatgact
601 tgtgtgttgtaggaaattctgtcggtgtgaaaaagtctccggctttgtctgttccccacc
661 ccagtgaagtcagaaactgcaagactgcttgctttgtacagtggatgaaattaacaataa
721 atttatttgaaacaaaaaaaaaaaaaaaaaaaaaaaaaaaa
```

图 1－19 · 鲢线粒体 ATP 酶 $F_1-\delta$ 基因全长及编码的氨基酸序列

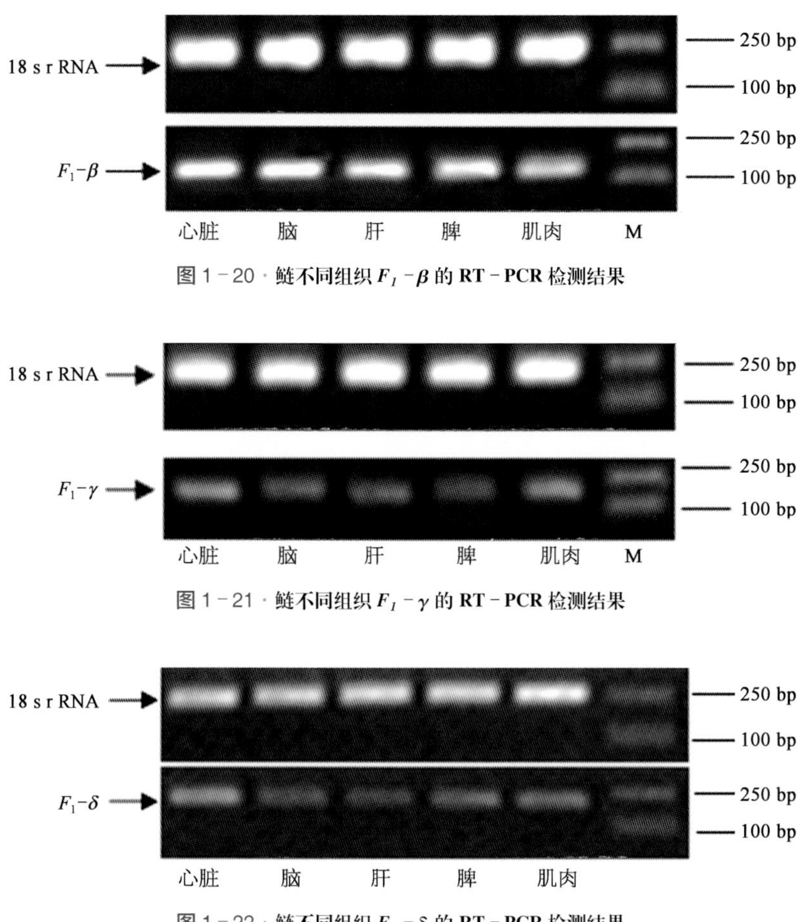


图 1-20 鲢不同组织 $F_1-\beta$ 的 RT-PCR 检测结果

图 1-21 鲢不同组织 $F_1-\gamma$ 的 RT-PCR 检测结果

图 1-22 鲢不同组织 $F_1-\delta$ 的 RT-PCR 检测结果

亚基基因表达升高,以提高 ATP 酶的活性,促使合成更多的能量 ATP 供机体正常生活。然而,一旦 ATP 的消耗显著超过再合成的能力,$\beta$ 亚基基因表达下降,无氧糖酵解就会发挥作用,有助于维持机体对 ATP 储量的需要水平,但 ATP 去磷酸化释放 $H^+$,再加上缺氧状态下乳酸的产生,酸中毒会不断加剧,从而抑制糖酵解的进行,最终机体因缺乏氧和能量的供给而窒息死亡(马毅和何晓顺,2001;Lluis 等,2005)。

鲢心脏和肝脏中 ATP-$F_1\beta$ 亚基基因 mRNA 的表达量分别在溶氧为 2.11 mg/L 和 3.37 mg/L 时达到最大($P<0.05$),随后急剧下降($P<0.05$)(图 1-23)。肝脏缺氧时主要表现为肝细胞及其线粒体肿胀甚至死亡,且与代谢功能相关的酶发生变化。心肌缺血的主要原因是低氧,低氧刺激的强度和持续时间,以及心脏对低氧的自身耐受性共同决定了低氧对心脏的损伤严重程度。已有研究发现,短周期间歇性低氧使男性老年人氧代谢能力和对运动的耐受性增强(Burtscher 等,2004)。Valle 等(2006)发现,严重冠心病患者间歇性低压低氧后,心肌灌注得到明显改善。此外,细胞 ATP 含量降低及高糖高脂诱

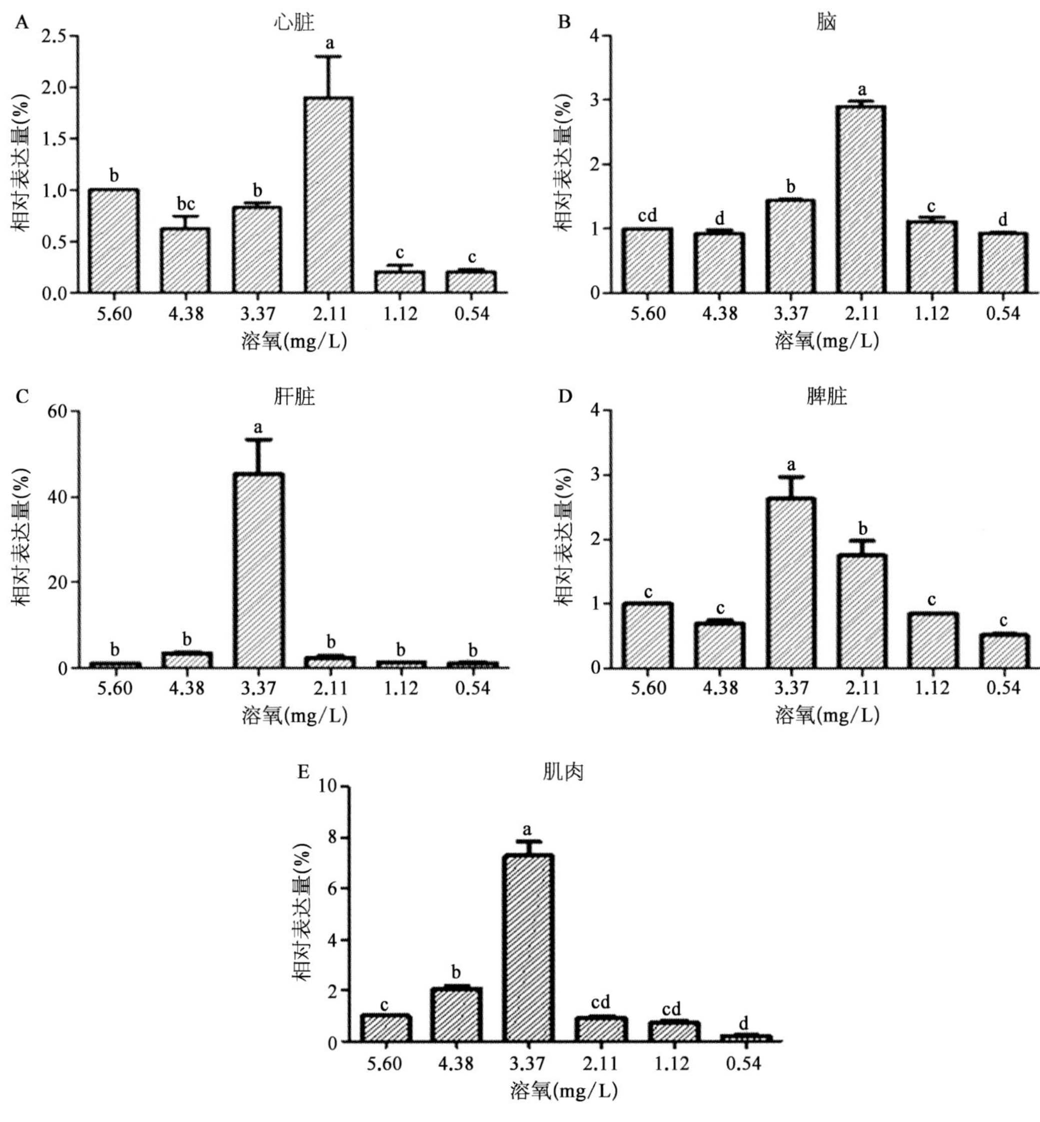


图 1-23 急性低氧胁迫过程中鲢组织中 $F_1$-β 表达量的变化

不同字母表示差异显著($P$<0.05),相同字母表示差异不显著($P$>0.05)

导的 β 细胞功能障碍均与 β 亚基基因表达下调有关(Köhnke 等,2007)。大鼠慢性间断低氧暴露后,可能是由于线粒体产生增生、数目增加、体积变大等适应性改变而导致心肌线粒体蛋白含量显著增加,也可能是各组织中 β 亚基基因表达先上调的原因(Doi 等,2003)。急性低氧可导致心肌线粒体呼吸功能受损、心肌能量代谢发生障碍,从而影响心肌的舒缩功能,最终导致鱼死亡(龙超良等,2004)。早期研究显示,非致死性低氧预处理的大鼠可降低对脑组织的损伤,后来发现在肝脏、肾脏等组织中也存在这种内源性保护现象(Schurr 等,1986;Heurteaux 等,1995)。因此,可以尝试对鲢进行适度的间断性低氧刺激训练,以增加鱼机体自身的耐低氧功能。

低氧胁迫过程中随着溶氧的降低,$\gamma$ 亚基在脑、肝脏和肌肉中的表达呈现先升高后降低的趋势(图 1-24),与 ATP 合成酶 $\beta$ 亚基的表达变化保持一致,研究得出 $F_1$ 两个亚基推动了 $\gamma$ 亚基的旋转,因而 $\gamma$ 亚基的运动可能与 $\beta$ 亚基的运动有关。ATP - $F_1\gamma$ 在肌肉中的变化比较大,当溶氧为 3.37 mg/L 时,$\gamma$ 亚基的表达显著升高($P<0.05$),之后急剧下降且低于基础水平(图 1-24)。研究表明,ATP 驱动 α 和 β 亚基的构象变化是通过 $\gamma/\alpha$ 和 $\gamma/\beta$ 作用位点向 γ 亚基传递的(Kinosita 等,2000)。在心脏中 γ 亚基的表达呈现逐渐

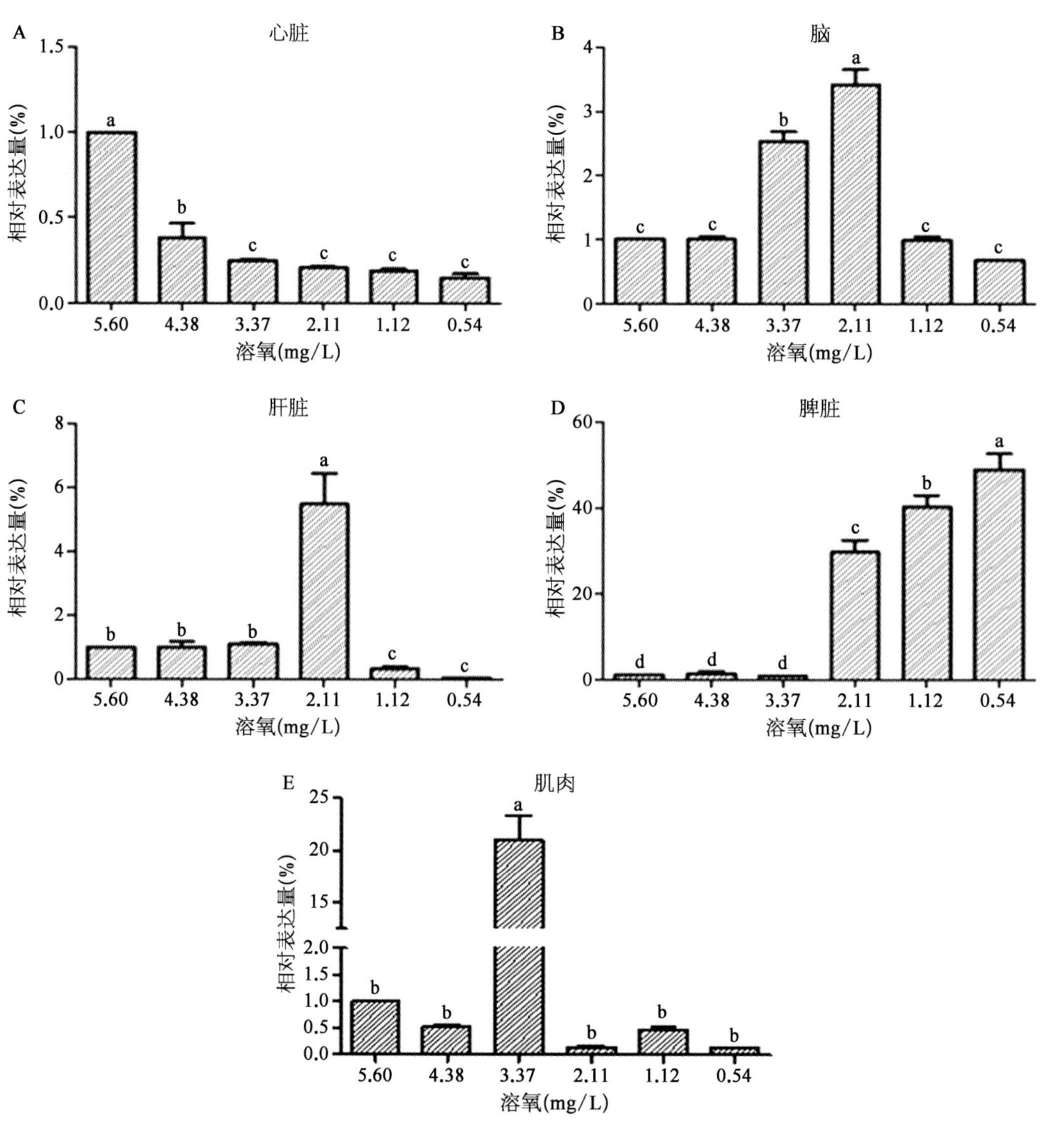


图 1-24 · 急性低氧胁迫过程中鲢组织中 $F_1-\gamma$ 表达量的变化

不同字母表示差异显著($P<0.05$),相同字母表示差异不显著($P>0.05$)

降低的趋势，这与 $\alpha$ 和 $\delta$ 亚基的表达保持一致；相反，在脾脏中，当溶氧低于 3.37 mg/L 时，$\gamma$ 亚基却呈现急剧上升的趋势（图 1－24）。前期有研究表明，菠菜叶绿体和嗜热芽孢杆菌 PS－3 菌株中的 $\gamma$ 亚基的 C 末端完全是可有可无的一部分；缺乏 $\gamma$ 亚基的酵母菌株生长极为缓慢，呈现出了次级负表型（Smith 和 Thorsness，2005；Hossain 等，2006）。如果 $\gamma$ 亚基消失，ATP 合成酶的 $F_0$ 部分呈现出质子流保持不变、不能合成 ATP、线粒体因此而永久地被解耦连等现象，导致细胞死亡（Mueller，2000）。因此，$\gamma$ 亚基是 ATP 合成酶的重要组成部分，并对其他亚基的催化活性起至关重要的作用。

急性低氧胁迫条件下，鲢心脏中线粒体 ATP 合成酶 $F_1-\delta$ 基因的表达显著低于对照组，但 $F_1-\delta$ 基因在脑、肝、脾和肌肉等组织中的表达水平呈先升高后降低的趋势，在脾脏中呈现波动现象（图 1－25）。心脏是机体全身组织的供氧中枢，也是低氧代谢产物乳酸的主要清除器官之一。溶氧降低首先对心脏产生影响，心脏跳动消耗较多的能量及其他因素的影响可能是该基因在心脏中表达量显著下降的原因。此外，脑也是主要有氧代谢器官，对氧需求量大，当溶氧降低至 3.37 mg/L 时，$F_1-\delta$ 基因在脑和脾中的表达迅速达到峰值，且在溶氧为 2.11 mg/L 时表达水平仍保持相对稳定（$P<0.05$），之后迅速降至基础水平（$P>0.05$）（图 1－25）。这可能是因为脑组织中氧和 ATP 储备少，因而对缺氧最敏感，停止供氧 6~9 min 即可导致脑组织不可逆损伤，最终导致脑死亡；而脾是鱼体血液循环系统中一个重要的部分，同时也是鱼体的主要免疫器官之一，是淋巴细胞迁移和受到抗原刺激后发生免疫应答、产生免疫效应分子的重要场所（柳君泽等，2002）。

肝为鱼体的重要器官，也是代谢功能最活跃的器官。当溶氧降至 2.11 mg/L 时，$F_1-\delta$ 的表达量达到最大值（$P<0.05$）（图 1－25）；鱼体游动需要能量且伴随着肌肉的收缩，而肌肉收缩的直接能源是由线粒体 ATP 分解提供的。肌肉中贮存的 ATP 是有限的，随着溶氧的降低，鲢肌肉线粒体 ATP 酶活性逐渐升高以维持 ATP 的供给平衡。当溶氧为 3.37 mg/L 时，肌肉中 $F_1-\delta$ 的表达水平达到最大（$P<0.05$），随后又急剧下降并恢复至基础水平（$P>0.05$）（图 1－25）。因此，急性低氧胁迫过程中，脑、肝脏、脾脏和肌肉组织中 $F_1-\delta$ 基因随着溶氧的变化而出现积极的自我调节现象，$F_1-\delta$ 基因表达水平上调；当超过其自我调节范围时，可能因为线粒体内膜的损伤而导致丧失自我调节能力，从而导致 $F_1-\delta$ 基因表达急剧下调，使得能量代谢产生紊乱以及能量合成受阻。急性低氧胁迫过程中，鲢脑、肝脏、脾脏和肌肉组织中 $F_1-\delta$ mRNA 的表达水平均与王春枝等对鲢线粒体 ATP 酶活性研究的变化结果相一致，组织中 ATP 酶活性达到峰值时均滞后于$F_1-\delta$ mRNA 的表达峰值，这可能是翻译蛋白的表达在 mRNA 转录之后所致（王春枝等，2014）。

综上可知，$F_1-\delta$ 的表达与 ATP 酶活性有关，具有促进作用。张春燕等（2011）研究

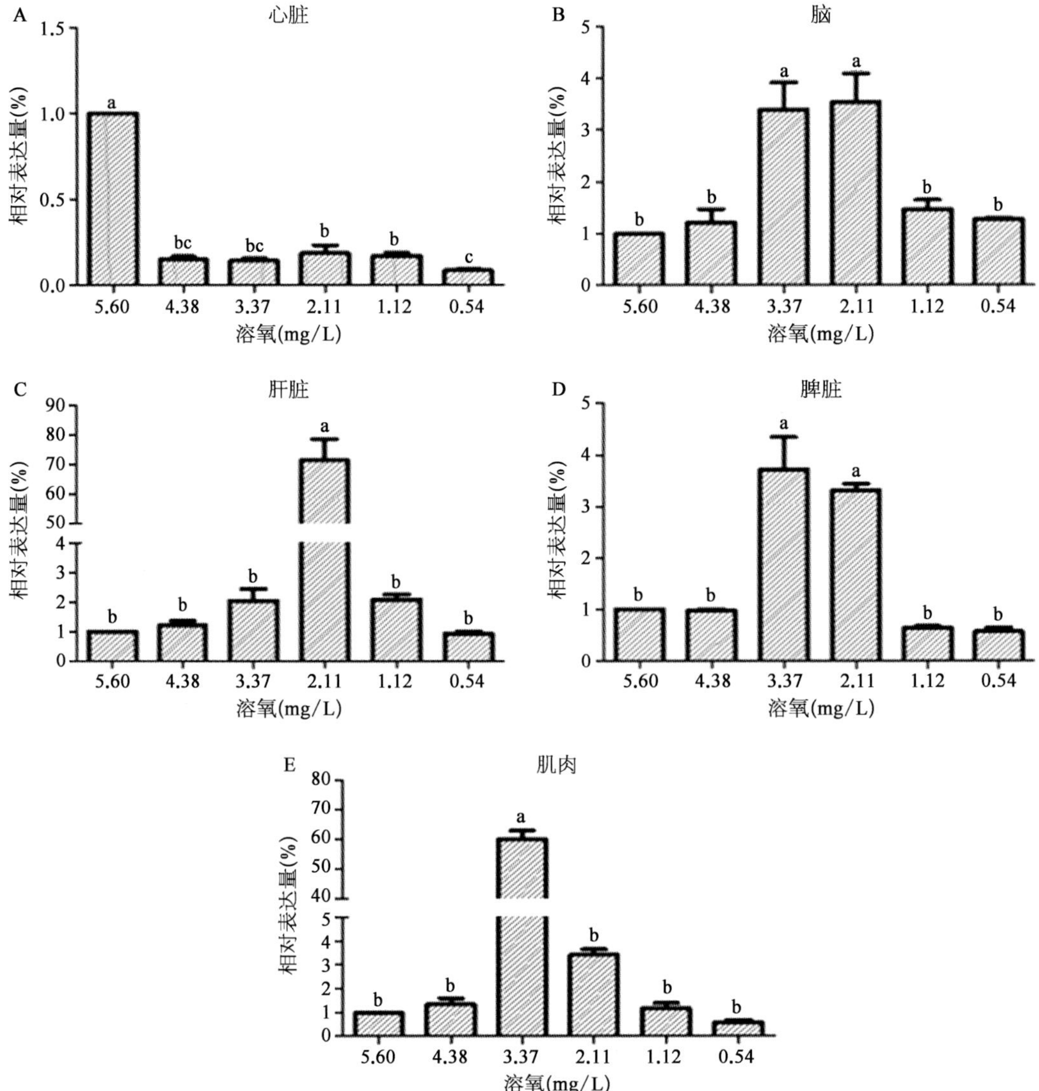


图 1－25 急性低氧胁迫过程中鲢组织中 $F_1-\delta$ 表达量的变化

不同字母表示差异显著($P<0.05$),相同字母表示差异不显著($P>0.05$)

也发现,缺氧时 $F_1-\delta$ 的低表达会影响线粒体 ATP 合成酶的活性,从而导致细胞的功能障碍。δ 亚基参与 $F_1$ 部分、$F_1$ 与 $F_0$ 连接部分的组成,研究显示,δ 亚基在质子通道中也起到了塞子的作用;它对于 ATP 酶 $F_1$ 部分的功能重组也是必需的(Engelbrecht 和 Junge,1990)。分离的 δ 亚基加入缺失 ATP 酶 $F_1$ 的脂膜上能阻止质子泄露,证明了 δ 亚基在质子传导中起作用。

② 低氧诱导因子 *HIF－1α* 基因:低氧诱导因子(hypoxia inducible factor－1,HIF－1)被认为是低氧信号通路中最重要的调控因子。HIF－1 是由氧依赖性 α 亚基(如 HIF－

1α、HIF－2α 和 HIF－3α）和组成性 β 亚基（HIF－1β）所组成的异质二聚体，其中 HIF－1α 被认为在调控氧平衡态的过程中扮演最主要的角色，在直接或间接调控低氧信号传导途径中起至关重要的作用（Loboda 等，2010）。

鲢 *HIF－1α* 基因的 cDNA 序列全长为 3 828 bp（GenBank ID：HM146310），包含 1 245 bp 的 5′端非编码区（5′UTR）、257 bp 的 3′端非编码区（3′UTR）和 2 325 bp 的开放阅读框，编码 774 个氨基酸（图 1－26）。*HIF－1α* 的分布具有组织特异性。在常氧状态下，该基因在斑马鱼脑、鳃以及性腺中均具有较高的表达水平（Diego 等，2007）。同为鲤科鱼类，在草鱼则是另外一种表达模式，其大量表达的组织为眼和肾脏，其余组织包括

```
ACGCGGGGGTACCGACTAGAAGCTGCACCGATTGGGTGCCAGACAAACGATTTGACCTTCAGCGAACCGGAGGGTTGATCTCTACCGTTCTGACGTTTTT   100
AACACACCACACCGGACTCGAATCGAATAATTTTATCGCGTTTGCTCGGTTTCTTTTAGAAACATTTTTATTTGTTAGCAAGAGGTGGCCACGTCCTTGA   200
TTTTCTGGCCTCGCGGTTTGGAAAAACCTAACACATACTGAGTGGTTTCACCCAGGAATGGATACTGGAGTTGTCACTGAAAAGAAAAGGGTGAGCTCGG   300
                                                        M  D  T  G  V  V  T  E  K  K  R  V  S  S
AGCGCAGGAAGGAGAAGTCCAGGGATGCAGCGCGATCTCGCAGGGGAAAGGAGTCCGAGGTGTTCTACGAGTTAGCGCACCAGCTTCCCCTGCCACACAA   400
  E  R  R  K  E  K  S  R  D  A  A  R  S  R  R  G  K  E  S  E  V  F  Y  E  L  A  H  Q  L  P  L  P  H  N
TGTCACTTCCCACCTGGACAAAGCCTCCATCATGAGGCTGACCATCAGCTATCTGCGCATGAGGAAGCTGCTCAGCTCTGATGACAACGACAAAGAGAAT   500
  V  T  S  H  L  D  K  A  S  I  M  R  L  T  I  S  Y  L  R  M  R  K  L  L  S  S  D  D  N  D  K  E  N
GGGCTGGAGAGTCAGTTGAACGGCTTTTATCTGAAGGCCCTGGATGGTTTCCTCATGGTCCTGTCTGAGGATGGAGACATGGTTTATCTCTCTGAGAATG   600
  G  L  E  S  Q  L  N  G  F  Y  L  K  A  L  D  G  F  L  M  V  L  S  E  D  G  D  M  V  Y  L  S  E  N
TCAGCAAGAGCATGGGCCTCACACAGTTTGATCTGACTGGTCACAGCGTCTTTGAATTCTCACACCCATGTGACCATGAGGAGTTGAGAGAGATGCTGGT   700
  V  S  K  S  M  G  L  T  Q  F  D  L  T  G  H  S  V  F  E  F  S  H  P  C  D  H  E  E  L  R  E  M  L  V
CCATAGGACAGTATCCAAAAAGACCAAGGAACAAAACACAGAGCGCAGCTTCTTCCTGCGTATGAAGTGCACACTCACTAGTAGAGGACGCACTGTCAAT   800
  H  R  T  V  S  K  K  T  K  E  Q  N  T  E  R  S  F  F  L  R  M  K  C  T  L  T  S  R  G  R  T  V  N
ATCAAGTCTGCTACGTGGAAGGTTCTTCACTGCGCTGGTCATGTCCGTGTGCAGGAGCGCAGCGAGGGTTCTGGAGACTCTGGCTTTAAAGAGCCCCCTC   900
  I  K  S  A  T  W  K  V  L  H  C  A  G  H  V  R  V  Q  E  R  S  E  G  S  G  D  S  G  F  K  E  P  P
TGACCTACCTTGTGCTCATCTGTGACCCCATTCCTCATCCCTCAAACATCGAGGTGCCTCTGGACAGCAAGACCTTCCTTAGCCGTCACACTCTGGACAT  1000
  L  T  Y  L  V  L  I  C  D  P  I  P  H  P  S  N  I  E  V  P  L  D  S  K  T  F  L  S  R  H  T  L  D  M
GAAGTTCTCGTACTGTGATGAAAGGATCACCGAGCTGATGGGATATGAGCCAGATGATCTGCTGAACAAGTCGGTGTACGAATACTATCATGCCCTGGAT  1100
  K  F  S  Y  C  D  E  R  I  T  E  L  M  G  Y  E  P  D  D  L  L  N  K  S  V  Y  E  Y  Y  H  A  L  D
TCAGATCACCTCACCAAGACACATCACAACTTGTTTGCAAAGGGCCAGGCTACCACAGGCCAGTACCGCATGATGGCTAAGAAAGGTGGTTTTGTGTGGG  1200
  S  D  H  L  T  K  T  H  H  N  L  F  A  K  G  Q  A  T  T  G  Q  Y  R  M  M  A  K  K  G  G  F  V  W
TGGAGACTCAGGCCACTGTTATCTACAATCCCAAGAATTCCCAGCCACAGTGCATTGTGTGCGTCAACTACGTTCTCAGTGGCATTGTGGAAGGGGACAT1300
  V  E  T  Q  A  T  V  I  Y  N  P  K  N  S  Q  P  Q  C  I  V  C  V  N  Y  V  L  S  G  I  V  E  G  D  I
TGTCCTGTCCCTGCAGCAGACCATGACAGAGCCCAAGGCTGTAGAGAAAGAGAGCCAGAAAATGGAAGATGAAGCCTCTGAGGTGGACATGCTCAAACTC  1400
  V  L  S  L  Q  Q  T  M  T  E  P  K  A  V  E  K  E  S  Q  K  M  E  D  E  A  S  E  V  D  M  L  K  L
TTCAAGCCAGAAAACCTGAAGTGTCCCATGGAGTGCTCTGACCTTTATGAGCAGCTGAAAGAGGAACCTGAGGCCCTCACTTTGTTGGCGCCTGCAGCAG  1500
  F  K  P  E  N  L  K  C  P  M  E  C  S  D  L  Y  E  Q  L  K  E  E  P  E  A  L  T  L  L  A  P  A  A
GAGACACCATCATCTCTCTGGACTTCAACAACTCAGACTCTGACATGCAGCTGGTGAAGGATGTGCCCTTCTACAATGATGTCATGCTGCCCTCCAGCAG  1600
  G  D  T  I  I  S  L  D  F  N  N  S  D  S  D  M  Q  L  V  K  D  V  P  F  Y  N  D  V  M  L  P  S  S  S
TGAGAAGCTGCCCATCAGTCTGTCTGCTCTAACACCCAGTGACCCCACCCCAGCTCTGTCCAAACTTGAGACCGGAGTGGAAGACTTCCCTTTCAGCTCT  1700
  E  K  L  P  I  S  L  S  A  L  T  P  S  D  P  T  P  A  L  S  K  L  E  T  G  V  E  D  F  P  F  S  S
GCCTCTGATCGTGTTCCAGACTCCGCAAACACACCCTCCACATCTGGACTCGGCTCCTCAGGGCCCAACAGCCCCATGGATTACTGTTTCCAAGTGGACT  1800
  A  S  D  R  V  P  D  S  A  N  T  P  S  T  S  G  L  G  S  S  G  P  N  S  P  M  D  Y  C  F  Q  V  D
CAGACATCAGTTCTGAATTCAAACTGGACCTGGTTGAAAAACTTTTTGCTATTGATACCGAAGCAAAGACCCCCTTTACCAACCAGGCCATAGAGGATCT  1900
  S  D  I  S  S  E  F  K  L  D  L  V  E  K  L  F  A  I  D  T  E  A  K  T  P  F  T  N  Q  A  I  E  D  L
CGACCTAGAGATGCGGGCTCCATACATCCCAATGGATGATGACTTCCAGCTGCGCATCCCCTCTCCACTGGATCCGCTCCCCTCCAGCTCTCTCTCTCAG  2000
  D  L  E  M  R  A  P  Y  I  P  M  D  D  D  F  Q  L  R  I  P  S  P  L  D  P  L  P  S  S  S  L  S  Q
ATTTCTGTCATGAGCTCCCTGTTCCAGCCCTTACCCTCCCCTGCATCTCCAGCCTCTTCCTCCAGCAGCGCAGTGAAGAAGGAGCCATCGTCACGGGCCC  2100
  I  S  V  M  S  S  L  F  Q  P  L  P  S  P  A  S  P  A  S  S  S  S  S  A  V  K  K  E  P  S  S  R  A
CTTCACCTTTGCATCTTCTGCAGGAGGTGTGCAGTGCTCCTGTCTCGCCCTTCAGCGGCAGTCGGGACACTTCCCCGCTCGATCCCCCACCCCACAGAG  2200
  P  S  P  L  H  L  L  Q  E  V  C  S  A  P  V  S  P  F  S  G  S  R  D  T  S  P  A  R  S  P  T  P  Q  S
CAACAATCAGCTCAATAACAGAGAGCTGTCTCCAAAGATGTTAGCCATCCAGAATGTCCAACGTAAGAGAAAGCTGGAGGAAGTGACATCACTTTCTGAG  2300
  N  N  Q  L  N  N  R  E  L  S  P  K  M  L  A  I  Q  N  V  Q  R  K  R  K  L  E  E  V  T  S  L  S  E
GCTGTTGGACTGGGTGCTTTGCTTCAGAGTGTGGACAGTGTTATAGAGCCTGGAAAAAGGGCAAAGGTTTTGGAAGTTAAAGGATCGAGTGTGCTCGGAA  2400
  A  V  G  L  G  A  L  L  Q  S  V  D  S  V  I  E  P  G  K  R  A  K  V  L  E  V  K  G  S  S  V  L  G
ACAGAACCATTCTTATACTGCCCTCTGATGTGGCCAGTCGTCTGTTGCCCAGTTCTATAGAGAGCAACGGCGGGCTGCCTCAGCTAACACGTTACGACTG  2500
  N  R  T  I  L  I  L  P  S  D  V  A  S  R  L  L  P  S  S  I  E  S  N  G  G  L  P  Q  L  T  R  Y  D  C
CGAAGTCAACGCTCCTGTGCAGGACCGCCATCATCTGCTCCAGGGAGAGGAGCTCCTGCGTGCTCTGGACCAAGTCAACTGAACTCCACTCTGTTTAGCG  2600
  E  V  N  A  P  V  Q  D  R  H  H  L  L  Q  G  E  E  L  L  R  A  L  D  Q  V  N  Z
ATTCTGGACATTGCATCCCTATCTCTCGCCCCTTGACCCCCACGATTCCTGAAATCTGCCTCCACTTGTCTCATTTTATTCCATGCCCTAATATTCTCTA  2700
TAAACCCCCAGTGTTTTAAAATTGTAATAGATGACCTGCACTTTCTCTTGATCCCGTCAATGATACAAAGAGGAGCCTAGAGGGAGTCCATCCATGCCAG  2800
TGTGTAGAGGGCCTGAGGACAGAGGAGCGTTATGTAACTTAACAGTGGCATCAACCAGACAAGAGTTAAGAGCCTTAATGTGAAATACACAACTTGCCCA  2900
GACACGCAGATGCGTACAATCTCCCACACTCCCTCTGGATTCCCTACTTTCACCTAAAAACCTCCCGTTGTGTTTTATCCCCCCCAAAGTGTGTGTATTG  3000
TAGCTACAGTCGCACAATAATCTATTTTCTTAAGACAGAATACCAGCAGTCCATGCAATATACAAAACCATTTTTACGAATATGTACTTTTAATGAAAGA  3100
TTGAACTATTTTTTTCTCTTCTCTCGGTTTTGTTGTGTAGCGGTTATGTAAGAGCTCTGTGTGTGCACTCATAGGCTCGATGGTTAAATGCTGTTGGATG  3200
TTTGTGAGTGTTGCTTTTCATTGCATTGATATTTCCTTGCATCACTTTCAGTTTTCTCTTGAACAGCACAGATGAATTGTAAAAGCCATTGAAAGTAATG  3300
GAGAATGTGCAAAAAAGGGAATTTTAAATCATGTTATGATGTTCTCATGATGGTTTTTGTCTCAAAGAGGTTAAAAAACAGATTTATAGTTTAATTATGC  3400
AATAGATTTTTATATTTTTAGTGGTCATTTTGTTTCTGTTTAGTTCTCTGTGGTAGATGCTTACGGTAATTCATGCTTATACGAAGTCATAGCTGGTAAC  3500
CATTTTCCTGCTTCATGAGCGATTTTAGATCACGCAAAGCTGATGTATCATTTATCCCAGTTTTACAAGTATTTATAATTGCATTAGAACATAAATGCTT  3600
AGTTTTAAGTAAGACAACATTTGTTTTCTTTATGCTTTCAGATGAATGTCCTGCAAGTATTTTATGACCTTTATCTTGTTTTTCAGTAGGAAAGACTTTT  3700
CTTTTTGTTATTGTAATCTTCTGTTCATTTATCTCTGCAGTCTCCAGTCTTCTCCTTTATTCTCTTAACACTAAATGTATTGTTTATTGCAAAAATCAGT  3800
AAAAGACAATTGTGGACCAAAAAAAAA                                                                          3828
```

图 1－26　鲢 *HIF－1α* 全长及编码的氨基酸序列

脑、鳃、心脏和肝脏的表达水平均较低，而在肌肉中几乎不表达（Law 等，2006）；黑鲈则几乎呈相反情况，其在肝脏、脑、心脏和肌肉中均有相对较高的表达量，在肾脏和脾脏中表达量较低（Genciana 等，2008）；鲢在心脏、脑、肌肉和鳃中的表达量较高，而在肝脏、肾脏和脾脏的表达量均较低（图 1－27）。由此可见，*HIF－1α* 组织分布的物种特异性非常明显，即使是亲缘关系较近的 3 种鲤科鱼类，其表达模式也有很大差异。

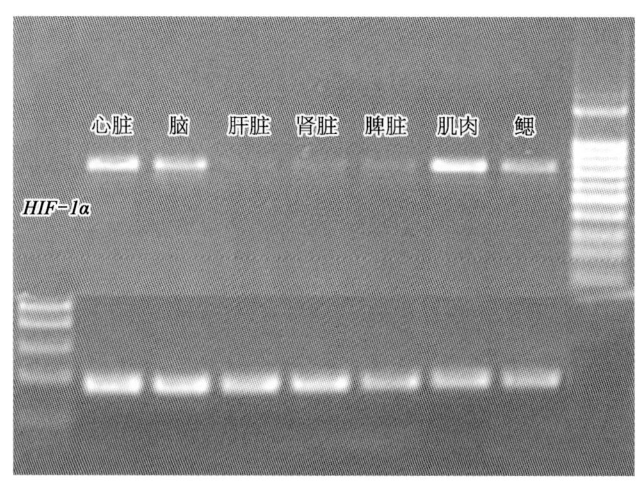


图 1－27 · 鲢 *HIF－1α* 的组织分布

在哺乳动物研究中发现，在胚胎发育早期，*HIF－1α* 的表达量相对较高，而随着妊娠过程的继续，其表达量逐渐减少（Madan 等，2002）。在鱼类中，*HIF－1α* 在斑马鱼整个胚胎发育过程中持续表达，但 *HIF－1α* 的表达仅限于特定的器官，如在孵化后 18～24 h 表达范围仅限于胚胎的腹侧，之后逐渐在脑、心脏上皮细胞和尾部静脉等部位开始表达（Diego 等，2007）。在小鼠的相关研究中也发现了 *HIF－1α* 在胚胎发育过程中的表达时期局限性（Jain 等，1998；Sipe 等，2004）。*HIF－1α* 在鲢胚胎发育过程中 2～4 细胞期的表达水平最高，桑葚胚期其次，随后在囊胚中期、原肠中期和神经胚期均降至基础水平（$P>0.05$），而在神经胚期之后的胚胎发育过程中表达量显著低于前期表达水平，在早期鱼苗中的表达量则达到最低水平（$P<0.05$）（图 1－28）。

*HIF－1α* 的表达受到所处环境中氧含量的影响，HIF－1α 蛋白在低氧状态下不会快速降解，而是维持稳态，揭示其所具备应对低氧应激的组织特异性调控机制（Stroka 等，2001）。在转录水平上，经过 4 h 的急性低氧胁迫，黑鲈肝脏中 *HIF－1α* mRNA 的表达量可以增加 3 倍左右，而在中度低氧胁迫下，其表达量在胁迫 48 h 增长了 3 倍（Genciana 等，2008）。对草鱼的研究发现，*HIF－1α* 在低氧下有不同的表达模式，在各组织低氧胁迫后，仅在鳃和肾脏中发现 *HIF－1α* 表达量增加的现象，且这种表达量的增加仅发生在

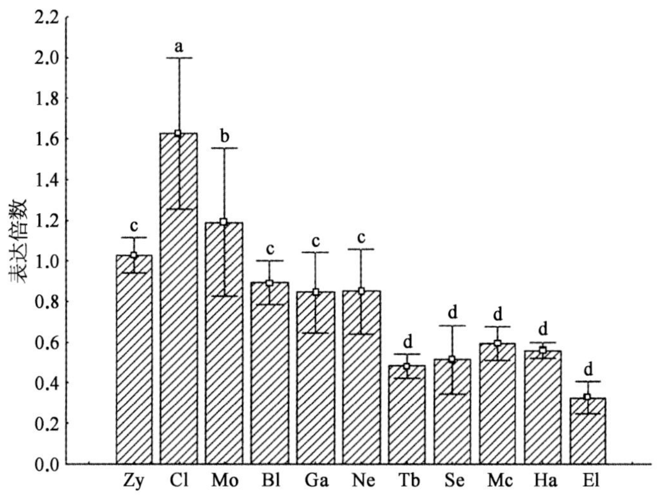


图 1－28 · 鲢 *HIF－1α* 胚胎发育过程中的表达变化

Zy. 受精卵；Cl. 开始卵裂（2－4 细胞）；Mo. 桑葚期；Bl. 囊胚中期；Ga. 原肠中期；Ne. 神经胚期；Tb. 尾芽期；Se. 肌节出现；Mc. 肌肉效应期；Ha. 出苗期；El. 早期鱼苗（孵化后 1 天）

短期低氧胁迫（4 h）（Law 等，2006）。对低氧耐受性强的石首鱼和鲤的研究中也发现了低氧胁迫可诱导 *HIF－1α* 表达（Rahman 和 Thomas，2007）。同样，在对虾的研究中，也有低氧胁迫诱导 *HIF－1α* 表达的报道。1.5 mg/L 氧浓度处理 24 h 后，对虾的肝胰腺中 *HIF－1α* 表达量增加 18 倍，鳃中表达量增加达 35 倍，肌肉中的表达量更是增加了 50 倍（Cota 等，2016）。在急性低氧胁迫过程中，鲢的鳃和肝脏中 *HIF－1α* 的表达均存在一定的显著变化（图 1－29）。在鳃中，低氧胁迫 3 h 后，*HIF－1α* 的表达量开始增加（$P<0.05$）；低氧胁迫 12 h 后，表达量达到最大值（15 倍）（$P<0.05$）（图 1－29A）。在肝脏中，低氧胁迫 9 h 内 *HIF－1α* 的表达量差异不显著（$P>0.05$），在低氧胁迫 9 h 后 *HIF－1α* 的表达量急剧上升，并在低氧胁迫 18 h 达到最高水平（$P<0.05$）（图 1－29B），表明 *HIF－1α*

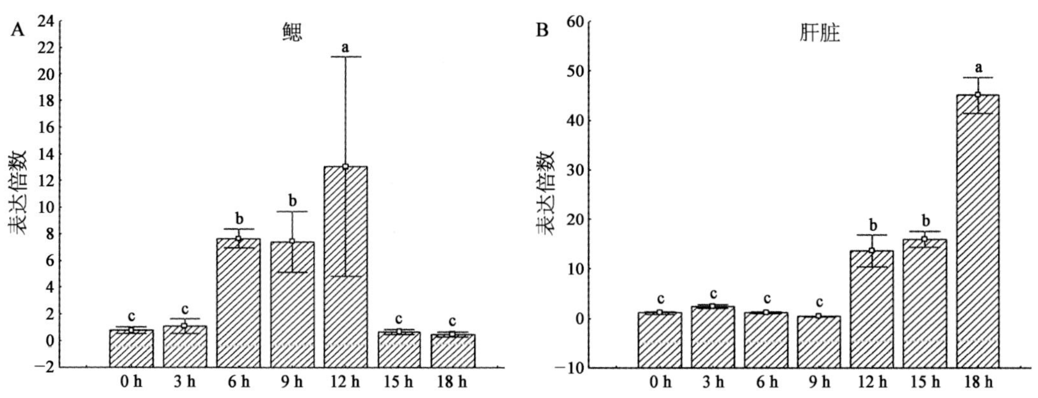


图 1－29 · 鲢急性低氧胁迫下 *HIF－1α* 在组织中的表达变化

在低氧耐受中起到的重要作用。

③ 脯氨酸羟化酶基因：脯氨酸羟化酶(Prolyl hydroxylase domain,PHD)是一种氧依赖性酶,可以调节红细胞形成、血管生成和心脏发育等过程,其活性与氧含量直接相关(Fujita等,2012)。在正常溶氧条件下,PHD可以将低氧诱导因子中的脯氨酸残基羟基化,而羟基化修饰的低氧诱导因子又可以与肿瘤抑制蛋白相结合,最终被 $E_3$ 泛素蛋白降解(Freedman等,2002;Aragones等,2009)。氧稳态对所有后生动物的发育、生存和正常功能至关重要。低氧会引起应激反应,甚至对机体造成损害(Piontkivska等,2011)。在生物体中,细胞通过氧受体和信号转导途径调节一些基因和蛋白质,以适应低氧胁迫。低氧诱导因子(HIF-1)和脯氨酸羟化酶(PHDs)被认为是动物对氧可用性降低的适应性反应的关键介质(Lahiri等,2006)。

鲢 *PHD1*、*PHD2* 和 *PHD3* 基因的 cDNA 序列全长分别为 2 981 bp、1 954 bp 和 1 847 bp,其开放阅读框长分别为 1 449 bp、1 080 bp 和 738 bp,分别编码 482 个、359 个和 245 个氨基酸;5′非翻译区(5′-UTR)分别为 225 bp、150 bp 和 75 bp,3′非翻译区(3′-UTR)分别为 1 307 bp、724 bp 和 1 034 bp,且在 *PHD1*、*PHD2* 和 *PHD3* 的 3′-UTR 末尾均发现加尾信号 AATAAA 及 polyA 尾(图 1-30~图 1-32)。

鲢 *PHD1*、*PHD2* 和 *PHD3* 在不同组织中均有表达,*PHD1* mRNA 表达量在肝脏和心脏中相较于其他组织均最高(图 1-33)。在小鼠的研究中发现,敲除小鼠 *PHD1/PHD3* 会导致其肝脏中 *HIF-2α* 稳定积累及 EPO 和红细胞压积值增加,而 *PHD1* 主要功能就是对低氧诱导因子蛋白的羟基化,表明 *PHD1* 在肝脏中发挥着重要作用(Takeda等,2007;Minamishima等,2009)。*PHD2* mRNA 表达水平在肌肉中最高,而 *PHD3* mRNA 表达水平在肝脏中最高(图 1-33)。人的 *PHD2* 和 *PHD3* 在心脏中高表达,其次是脑和肾脏。*PHD3* 首次发现于 1994 年,命名为平滑肌-20(smooth muscle-20,SM-20),在平滑肌、骨骼肌和心肌中高表达,在成纤维细胞中未检测到转录本(Wax等,1994;Lieb等,2002),这与鲢 *PHD3* 在心脏、肌肉和肠中表达水平相一致。*PHD2* 和 *PHD3* 两个基因在大多数组织中的表达量均有显著性差异。

在急性低氧胁迫下,*PHD1* 和 *PHD2* mRNA 在鲢心脏和鳃中的表达趋势一致,均在 2.5 mg/L 时显著下降($P<0.05$),而 *PHD3* mRNA 的表达水平则显著上调($P<0.05$)(图 1-34),这一结果与陈楠等(2017)对团头鲂进行缺氧处理后 *PHDs* 在心脏中的表达一致;而林星烨等(2020)对多鳞鱚的研究中发现,低氧处理后心脏和鳃中 *PHD1* 和 *PHD2* mRNA 的表达水平显著上调,*PHD3* 的表达量显著下降,导致这些结果的原因可能是由低氧处理时间不同或不同低氧条件下表达模式存在的物种差异所致,但均表明 *PHD1* 和 *PHD2* 在鱼类应对低氧胁迫时发挥的功能相似,但在不同鱼类中所发挥的功能并不完全一致,而亲缘关系相近的鱼类(如同为鲤科鱼类)*PHD1* 和 *PHD2* 在相同组织中所发挥的功能更一致。

```
1      GACGAGAAAACACCGGAAATTCATTACTATCGCGGCTGGTCTTTTATTGGACTTTATCATAGAGAGACTCTCGTA
76     AACCCTTAATCTGGAAATAAACAGCCATGGAAAATAGTTAATGGTTAATTCTGTATTAAACAACTAATAAACCGA
151    AGAAAAGCACCGTATTTGTGTTATACTGTGGAAGTTTACTGTCGAGCTTCGTGATAACAGCGCCGCTAGGCAGGC
226    ATGAGCAGAGCCGATTCTGCAGAAAATGAGGATTGGACGTGAGCTACGTGCACATCTAGGAGTAGACGACATGAC
1       M  S  R  A  D  S  A  E  N  E  D  W  T  *  A  T  C  T  S  R  S  R  R  H  D
301    ATGGAGAGACTGGAAAACACGGACCTTATAAATGCACGCGGACGCGAGAGTGTCTGTTCACCGCAAGAGAGAGTC
26      M  E  R  L  E  N  T  D  L  I  N  A  R  G  R  E  S  V  C  S  P  Q  E  R  V
376    ACCAGGGACTGTTGTGAGTCTCACATGGTGAGTACAATGGGTCTGAACGCGACCACGGCGGAGGAGCTGCTGGCT
51      T  R  D  C  C  E  S  H  M  V  S  T  M  G  L  N  A  T  T  A  E  E  L  L  A
451    GGACATGCGTCTAGATCTGGATCCGGGACCACGCTTTTGAAGGAGTTGAAGAGTGGGTTGCCTTTGTATAATGGT
76      G  H  A  S  R  S  G  S  G  T  T  L  L  K  E  L  K  S  G  L  P  L  Y  N  G
526    GGAGGAGAAGCTGTGTCCCCTTCACCTACAGCTGAAGGAAGTTACCATGATGTCCCTAAGCAGATGCAAAGCGGG
101     G  G  E  A  V  S  P  S  P  T  A  E  G  S  Y  H  D  V  P  K  Q  M  Q  S  G
601    TGTTTACATCTAAATGGACTGCTGGAGACTCCCCATGCTCACGGGGACAGGACTTCAAAAAGACTTTGTGGAGAT
126     C  L  H  L  N  G  L  L  E  T  P  H  A  H  G  D  R  T  S  K  R  L  C  G  D
676    GTGCGATTAAGACAACTCCAGCACCAGAGGAAAAAAGATGAGGAAAACAGAGACTGTGGTTGTCCCGGAATGGGA
151     V  R  L  R  Q  L  Q  H  Q  R  K  K  D  E  E  N  R  D  C  G  C  P  G  M  G
751    TCCGGATCGGGTCGCGAACCGGAAATGCCAAAGAGAATCCAGGCCACTACACTTGAATGCAAAAGGAGGAGGCTT
176     S  G  S  G  R  E  P  E  M  P  K  R  I  Q  A  T  T  L  E  C  K  R  R  R  L
826    GAAATGGGTCCTAAAACAGATTCTAGTAAAAGCACACAGGCTGTCGCTCCCCTTGCAGCCAATCACCAACACAAG
201     E  M  G  P  K  T  D  S  S  K  S  T  Q  A  V  A  P  L  A  A  N  H  Q  H  K
901    AACTGCAGCGTTCCCAGCTCCATGTCGTCCCCCAGTTGGGTCCATCACAATGGGCACAAAGCTGCTATGAACCAT
226     N  C  S  V  P  S  S  M  S  S  P  S  W  V  H  H  N  G  H  K  A  A  M  N  H
976    GCGGCCCCCGGGCAGGACGAGGTGCGGTCGGCGCCGCCTGCGGTGGCCACCAGTGCAGGATGGTCTCCAGAGCAC
251     A  A  P  G  Q  D  E  V  R  S  A  P  P  A  V  A  T  S  A  G  W  S  P  E  H
1051   ATGGCTCAGCAGTACATAGTTCCCTGTATGAAGTTCTATGGCATTTGCGTCAAAGATGTCTTCCTGGGTGATGGA
276     M  A  Q  Q  Y  I  V  P  C  M  K  F  Y  G  I  C  V  K  D  V  F  L  G  D  G
1126   TTGGGCGGTAGGATACTGGAGGAAGTGGAGACCCTAAATCGCAGTGGAAAGTTCAAAGGCGGCCAGTTGGTCATC
301     L  G  G  R  I  L  E  E  V  E  T  L  N  R  S  G  K  F  K  G  G  Q  L  V  I
1201   CAAAAGAGCATCCCCTCTAAGAACATCCGTGGAGACCAGATAGCCTGGGTTGAAGGCAACGAGCCGGGCTGCGAG
326     Q  K  S  I  P  S  K  N  I  R  G  D  Q  I  A  W  V  E  G  N  E  P  G  C  E
1276   AACATCGGAGGCCTCATGGCTCACATCGATGAGGCCATCATGCGCAGTGCGGCCAATGGACAGCTGGGGGATTAT
351     N  I  G  G  L  M  A  H  I  D  E  A  I  M  R  S  A  A  N  G  Q  L  G  D  Y
1351   GTCATCAATGGCCGCACAAAGGCCATGGTGGCATGTTACCCTGGCAACGGAACAGGATATGTGCGACATGTGGAC
376     V  I  N  G  R  T  K  A  M  V  A  C  Y  P  G  N  G  T  G  Y  V  R  H  V  D
1426   AATCCTAACGGCGACGGACGCTGCATAACCCGCATCTACTATCTGAACAAAAACTGGGAGGGGAAGGGGCAGGGA
401     N  P  N  G  D  G  R  C  I  T  R  I  Y  Y  L  N  K  N  W  E  G  K  G  Q  G
1501   GGTTTATTGCAGATCTACCCCGAGGGACGTAATGTTGTTGCCAACATCGAGCCTGTCTTTGACCGTCTGCTCATT
426     G  L  L  Q  I  Y  P  E  G  R  N  V  V  A  N  I  E  P  V  F  D  R  L  L  I
1576   TTCTGGTCAGATCGCCGGAATCCACATGAGGTGAAACCAGCTTTTGCCACCCGCTACGCCATCACCGTTTGGTAC
451     F  W  S  D  R  R  N  P  H  E  V  K  P  A  F  A  T  R  Y  A  I  T  V  W  Y
1651   TTTGATGCAAAAGAGCGGGCCGAAGCTAAGGAGAAGTACAGACGGAACACAGGACAGAAAGGAGTTAAAGTGCCC
476     F  D  A  K  E  R  A  E  A  K  E  K  Y  R  R  N  T  G  Q  K  G  V  K  V  P
1726   GTCACACAGAGCAGCAAAACCTGAAACTCAGGCAGTCGAGTGAACACTCAATTGTGTCCTGTTCATGTGTGTGGA
501     V  T  Q  S  S  K  T  *
1801   TGCCTGCGCTTCTGCGCGATTGGACGTTTTCAAGAGAAGATGCGAGAAGCCCAACAATCACGGCTCTTTCTGTGG
1876   CCTCAAACATCCAACAAGTTTGAATTGCTTGGGTGAACACAGGACTGTTTTTAAATGAACACCACGGTGTCTCAA
1951   ACTTGATGGTCGTGGCACTGAAAGGCTGGCAGGAATGGCCGATTATTCCTCATCCCGTGGAAAGTCAACAACAGA
2026   AACATCATGAATGGACTTCAGTTACTTTAGTATTTTGAGTAATTACTTAATTAAATAAGAATTACAATCTCTAAA
2101   CTCAACCTTCGCTTTTCACGACCCTACACTCCTGTGTGTAAGTGAGACTTTCTAGTGGCCTTTGTCATATCCTGT
2176   TCAGCCCCATGAATGTGTAACCAGCTTAACACTGACATCCGACTTACGCCAGTGCTCAGCTAGATCATGAAAACT
2251   GACATAAAATAACCTACAATCACATTATACATGAATGCTTCAGTGGACAGAATCCCTTACGATTGAGCCTGAGTC
2326   CTAGGAAACATTCAGGGTGAATTCACTCAGAACGAACAGCGCCCTCTGGAGGTGATCATTTTCACGGCCGACTTT
2401   GCTGCAAGAAGTATACTAATGTGGTAGCAACAGAAAAATTTGCGCAGAAAGCAAATTTGAATACCGCAGTTCCCC
2476   AGTTTTCCGGAGACTTTAGGGCCGTTCACGTAGGATGTATACTTGCGGTTCGTCTGTGCTATTTTTTAAATTGTC
2551   TTTGCTTTTGCGTCACATCTATTTTTAGAGTTTCGCTCCACGAGATGTAAACTGTAATTCAACTTTGATAAACTC
2626   GTCCAGAACGTGTCCTGTGTGAGCAGCCCCAACCTTTAATTTCTAATGCTTTTCTCAGACTGTATTGTACTTTCG
2701   GATGCAGAGATATTAAAGTTCTGGCTGATAATGATAATCGACAATTAATGTTTAATATTATTTTATGTTATAGCC
2776   GATAACTGATAAATTGACAATATTAAAATCTGATACTGTTTTGCAATAATAAATTTAAAATCAAATACTATAAAG
2851   TGAATTTAGTCATTTAAATGCTACATGTTAATTTAGGCACCATATCATAATGAACAGTATGAAAAATGATTACAT
2926   TTAACTGTTATTAAATTATTAGGGTTTTTAAAGAATTTTAAGTGTTGCAACAACGTTAATTAAATGTAAAAGTAC
3001   AGAAAATGAGCTATACAAATAAACATCCAATATCAAAAAAAAAAAAAAAAAAAAAA
```

图 1-30 · 鲢 ***PHD1*** 基因的全长 cDNA 序列及编码的氨基酸序列

此外,在脑中 *PHD1*、*PHD2* 和 *PHD3* mRNA 的表达量随着溶氧的降低而显著上调($P<0.05$),随后趋于稳定水平(图 1-34)。脑是控制动物行为和生理的中枢器官,机体会通过血液重新分配氧气来保护这些组织,*PHDs* 基因 mRNA 表达变化可以解释鱼类对低氧的响应机制。

在鳃中,持续低氧条件下鲢 *PHD1* 和 *PHD2* mRNA 表达水平低于基础水平,复氧后均能够恢复至基础水平(图 1-35)。张志伟(2011)对鲢低氧胁迫后发现 *HIF-1α* 在鳃中显著升高,而脯氨酸羟基化酶的主要功能就是对低氧诱导因子蛋白的羟基化,因此 *PHDs*

```
1     GCGGGAATGTGAGAGCGTCACGCTGCCCTCGGTCAAATGGAATGAAATCGGCAGCGGGGGGCCAGGATACAGTAT
76    TTCTTTCAATTTCGCTTGTGGATACATGTAACGTTAGTGAAGTTGCAGGCTGATACTGTAATACAGCGCTGAAAC
151   ATGGAGGGAAACTCAAGGGAAAGCGACCGTCTGGAGCGAGAGCGCCAGTACTGCGAGCTGTGCGGGAAAATGGAG
1      M  E  G  N  S  R  E  S  D  R  L  E  R  E  R  Q  Y  C  E  L  C  G  K  M  E
226   AACCTGATGAAGTGTGGACGGTGTCGCAGCTCGTTCTACTGCAGCAAAGAGCACCAGAGACAGGACTGGAAGAAG
26     N  L  M  K  C  G  R  C  R  S  S  F  Y  C  S  K  E  H  Q  R  Q  D  W  K  K
301   CACAAGCGGGTGTGCAAGGAGGCCGACAAGCAGCAGCAGCAGCAGCCGGCTGAAGAGAGCAGCGCCGTACAGTGC
51     H  K  R  V  C  K  E  A  D  K  Q  Q  Q  Q  Q  P  A  E  E  S  S  A  V  Q  C
376   AACACTTCAGAACAGTCGAACACTTCTCAGAGTAACTCTACTGTTACGTCACCCGGCGAAAGAATGCCAGATTTT
76     N  T  S  E  Q  S  N  T  S  Q  S  N  S  T  V  T  S  P  G  E  R  M  P  D  F
451   ATCAAGTCCGCTACGGGCCCTGACACCAAACCGACCGCGGACAGCTCGAAACCCAACGGACAGACGCGGTCCCCT
101    I  K  S  A  T  G  P  D  T  K  P  T  A  D  S  S  K  P  N  G  Q  T  R  S  P
526   CCTCAGAAACTGGCCACGGACTATATCGTACCCTGCATGAACAAGCACGGCATCTGTGTGGTCGACAACTTTCTA
126    P  Q  K  L  A  T  D  Y  I  V  P  C  M  N  K  H  G  I  C  V  V  D  N  F  L
601   GGTGACGAGATCGGACGCAGTATTCTGGAGGACGTGCGGGCGCTTTACTTGACCGGCGGCTTTACAGACGGACAG
151    G  D  E  I  G  R  S  I  L  E  D  V  R  A  L  Y  L  T  G  G  F  T  D  G  Q
676   CTGGTCAGTCAGAGGAGCGACTCGTCTAAGGACATTCGGGGGGATAAGATCACCTGGGTGGAGGGGAAGGAGCCG
176    L  V  S  Q  R  S  D  S  S  K  D  I  R  G  D  K  I  T  W  V  E  G  K  E  P
751   GGATGCGAGAGGATAGCGTTTCTCATGAGTCGCATGGACGATCTGATCCGACACTGTAACGGGAAACTGGGCAAC
201    G  C  E  R  I  A  F  L  M  S  R  M  D  D  L  I  R  H  C  N  G  K  L  G  N
826   TACAGGATCAATGGAAGGACGAAAGCAATGGTGGCGTGTTACCCTGGCGACGGGACAGGATATGTACGGCATGTG
226    Y  R  I  N  G  R  T  K  A  M  V  A  C  Y  P  G  D  G  T  G  Y  V  R  H  V
901   GATAACCCTAACGGAGATGGGAGATGTGTCACATGCATATATTACCTGAATAAAGACTGGGATGCCAAGGAACAC
251    D  N  P  N  G  D  G  R  C  V  T  C  I  Y  Y  L  N  K  D  W  D  A  K  E  H
976   GGTGGCCGTACGACGATAGTGCAACAGGCAACACCGCAGGTCGAAGACATTGAGCCCAAGTTTGACAGACTACTT
276    G  G  R  T  T  I  V  Q  Q  A  T  P  Q  V  E  D  I  E  P  K  F  D  R  L  L
1051  CTGTTTTGGTCAGACAGACGGAACCCACATGAGGTCCAGCCAGCCTATGCCACAAGATATGCTATAACGGTGTGG
301    L  F  W  S  D  R  R  N  P  H  E  V  Q  P  A  Y  A  T  R  Y  A  I  T  V  W
1126  TATTTTGACGCTGACGAGCGAGCTCGAGCTAAGGAGAAATATCTAACAGGTGCAGGTGAAAGGGGCGTAAAAGTG
326    Y  F  D  A  D  E  R  A  R  A  K  E  K  Y  L  T  G  A  G  E  R  G  V  K  V
1201  GAGCTAAACAAGCCATCAGAGCCCAGCTAGTGAACGAGGAATGAGTGAAGAGGAGTGTACATGGCTGGACCTCCA
351    E  L  N  K  P  S  E  P  S  *
1276  GAGCGCTGCTGAGAGATGATGAGCAGATGAAAGTCAGGAAGCGACTTTCTCTCATTCACCTCTCCATCTATCATC
1351  TATAAGGGGCTTCTCATAGGGACTCAGAATGTGATAGAGCTGTGAAAACAGGCGTGAATTAACATGCTTTGTGTT
1426  TCCTTTATGAAGAATGCTGGCTTACATGAGCATAGGATGGACGTAATGCTAAACTTAAGGGTGTGTGTGTGGACA
1501  GTTTTCTTCCCCGGTCCCACTTGTCAGCTTTTGTTATTGCATGTGTTAATAAAGGTACAGTTTTGTTTGGCAGCG
1576  CATACTCAAAAAACACATGCACAGAAAAGCCTTTTTTAAGGTTACAAGCTCTGTGCGATGTCCTATACGTGTTAT
1651  TCTGCTCATAAGCCACTGTAATTATTGGATTTGTGTTTTTGTATGGCTTGTAATTCCGCTTTCCAAGCTCTCCTA
1726  ATTGGAGCCACAAGGAACGTGCTTTATCATGGCTTGCACCTGTTGCTAAGTAACCGGGTGCATTGCTGGATTGTC
1801  TTTGCCAGTAATCAGCAATATGTCTGTTGTTGCAGACGTTATGTCTCTCCTGTCCTAAGCCAAACTTGACACCTC
1876  ATGTCTGTCTAACAGCTCTGAGTTTTAAATAAAAAAAAGCAGTTTTTCCCAAAAAAAAAAAAAAAAAAAAAAAAAA
1951  AAAA
```

图 1－31 · 鲢 *PHD2* 基因的全长 cDNA 序列及编码的氨基酸序列

```
1     CCACGACAGCCACCGACCTCTGCATTTGGCATTATTTATCTGTCTTTTAAAGGACGAGGCTGTGTTAGATATCAC
76    TTTATAACACTTTAGTTGATTTGAATGCACCAAGCTCAAGAAAAAATGCCATTTCTTCAGCTTGCACTGGACACG
1                              M  H  Q  A  Q  E  K  M  P  F  L  Q  L  A  L  D  T
151   CAGTTCGAGACTTTGGCTGTCAAGCAGGTAGTGCCAGCTCTGTTGGACCGAGGCTACTTTTACGTGGATAATTTT
18     Q  F  E  T  L  A  V  K  Q  V  V  P  A  L  L  D  R  G  Y  F  Y  V  D  N  F
226   CTGGGGGACATCGCGGGACACATGGTTTTGGGTCAGGTCAAACGTATGCATTACTGTGGGATTCTCAACGACGGG
43     L  G  D  I  A  G  H  M  V  L  G  Q  V  K  R  M  H  Y  C  G  I  L  N  D  G
301   CAGCTGGCCAGGCGAAGCAGTGGAGTTTGCAGGACAAACATCAGAGGGGATAAAATAACATGGGTTAACGGGACC
68     Q  L  A  R  R  S  S  G  V  C  R  T  N  I  R  G  D  K  I  T  W  V  N  G  T
376   GAGAGGGGCACGGAGGCTATCAATTTCTTATTAACACTCATAGACAAACTCATTTCTCTGTGTGTGGGTCAACTG
93     E  R  G  T  E  A  I  N  F  L  L  T  L  I  D  K  L  I  S  L  C  V  G  Q  L
451   GGCAAAAGCATTCATGCAAGGTCAAAGGCAATGGTGGCATGTTATCCAGGAAATGGAGCAGGATATGTGAAACAT
118    G  K  S  I  H  A  R  S  K  A  M  V  A  C  Y  P  G  N  G  A  G  Y  V  K  H
526   GTAGATAACCCTAATGCAGATGGCCGCTGCGTCACCTGTATTTACTATCTGAATAAAAACTGGAATGCCAAGGAG
143    V  D  N  P  N  A  D  G  R  C  V  T  C  I  Y  Y  L  N  K  N  W  N  A  K  E
601   CATGGCGGATTGCTAAGGATCTTTCCGGAAGGGAAATCTTACGTAGCTGACATCGAGCCTTTGTTTGATCGACTT
168    H  G  G  L  L  R  I  F  P  E  G  K  S  Y  V  A  D  I  E  P  L  F  D  R  L
676   CTGCTCGACCGCGCAAACCGGAGAAACCCTAAAGAAGTTCAACCGTCCTATGCTACAAGGTATGCAATCACTGTG
193    L  L  D  R  A  N  R  R  N  P  K  E  V  Q  P  S  Y  A  T  R  Y  A  I  T  V
751   TGGTACTTTGATTCAGAAGAAAGAGCTGAAGCAAAAAGAAAATTTAGAGATCTGACAGCCACCTCACAGAAAGAT
218    W  Y  F  D  S  E  E  R  A  E  A  K  R  K  F  R  D  L  T  A  T  S  Q  K  D
826   TCATCATCTTAACGTGTAAATACACTGGCCTGTCTCCTCTGAGAGGATTTCTTGTGTTTATCAACTTATTTCTTT
243    S  S  S  *
901   GCTTTTTCCCCCCTGTTTTTGAATTGCTTGTTGCACTAATGGTACCTCTCCCTCCACTTTGTATATGTGAATTAC
976   TTGGATTGAAAATGGTCCTTACAATCATTGAAGAGTCCTTTGAATAACACGCTGCTAATGTAAAGACAATTTTGT
1051  GGAAAGAAAAAAGTGATAATCTTAATATTGATTAATGTACTATTAGATGTTTATTGTAATTAAATTGTTCTTTAA
1126  AAAACCTTTTCAGAGCTATATTTAAAGAAAATAAACAAAAATTAATAGATGAGATAAGAAACATAACACTAGTTG
1201  TTTGTTTTTAGAAATGTCAACAAGCATTATAAATGTTTCTTTTCATGCTTGTCGCTTTTTTATATGCTGTTATTT
1276  GCTGTTATGTTTTTGGCACATATTGTATCATTCTTGGCTTCATGAGCACTTAAATAGAAAGAGAATTTGAAACTT
1351  GTCATTTGTCTTGAAGTTTTGTATGTACAGATGCTTTATTGTTTTTGAATGACAGTTTGATGTTAAATGAGACTT
1426  TCAAATAAGAGATGTTTATAAAAGTCATTCTGTGTTCACAAAATTGTTTTTTGAAAAGCACTTAGTCATGATATT
1501  ACTTTCTTTGTTCGATCCTAGTGTGGCTTAGTGTTTAATGAGAGAATTTAATCAGCTTGCATGCAGGTCAGCAAT
1576  GCTGCTCAGCCACATCCTTGGATCAATATTTGACAGTTGTTTCATAAAACGTACAGCTTTATAAAATGTTTCTTT
1651  AACAAAAGTTGTTCTGGAAAATAAACTCAAAATGTGTGAACAGTTTGTTAATGTAGCTACACAAATTGAGACTTG
1726  CAACTATTTGAAATGGCCAAATTAAACAATATGAACATATTGAAATGTTTTCAATAATTGTTTAATTGTTTGTAT
1801  TACATTGTTTTTTTCCAATAATAAAGTTTTTTTCTTTGGCCAAAAAAAAAAAAAAAAAAAAAAAAAAAAAAA
```

图 1－32 · 鲢 *PHD3* 基因的全长 cDNA 序列及编码的氨基酸序列

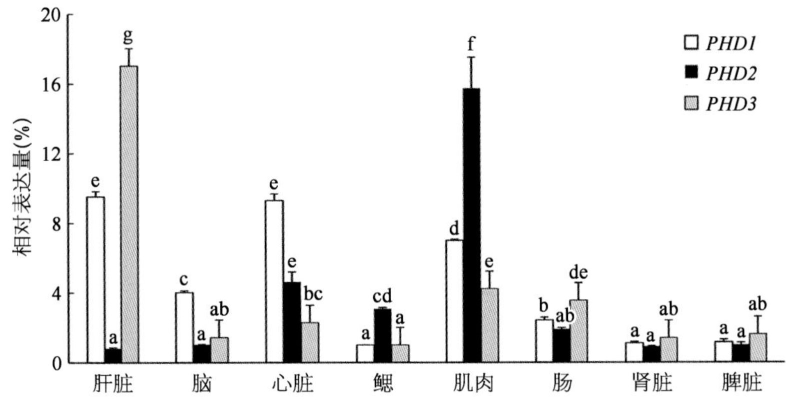


图 1－33　鲢 ***PHDs*** **基因在成鱼不同组织的表达**

相同上标字母表示差异不显著($P>0.05$),不同上标字母表示差异显著($P<0.05$)

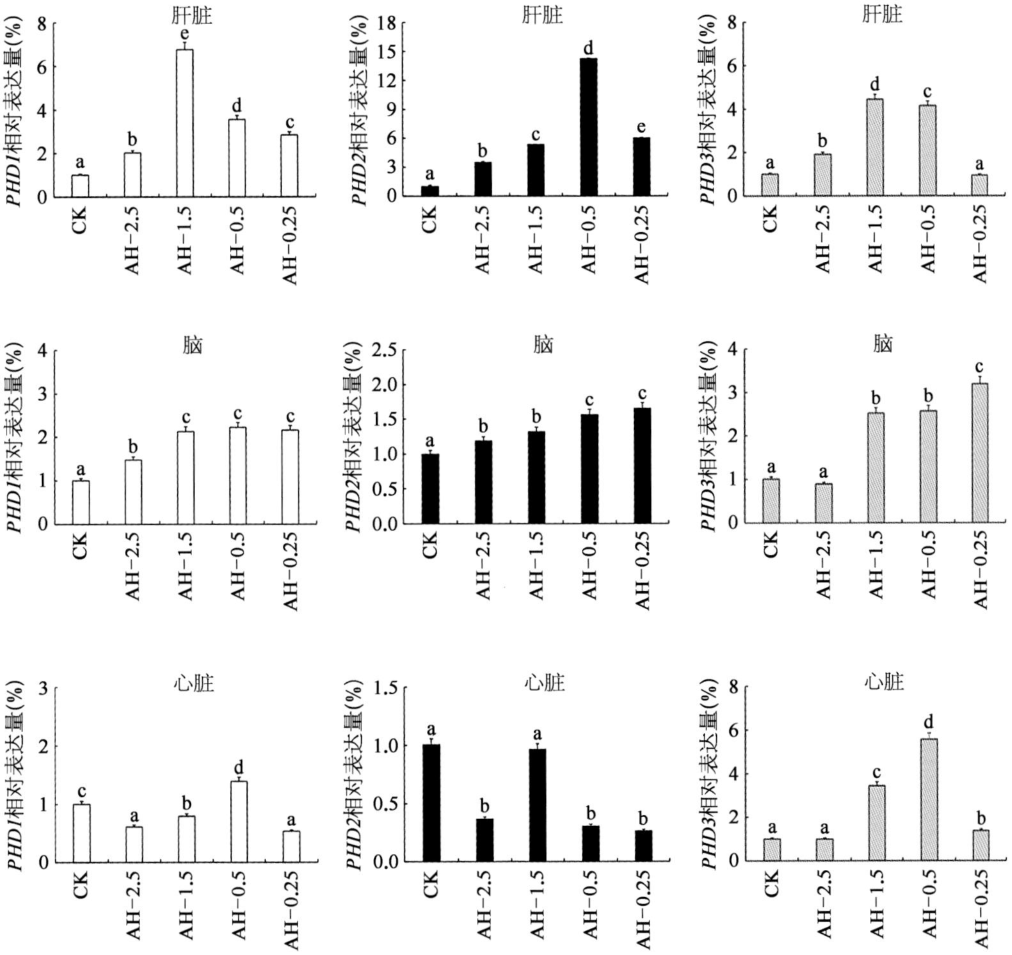

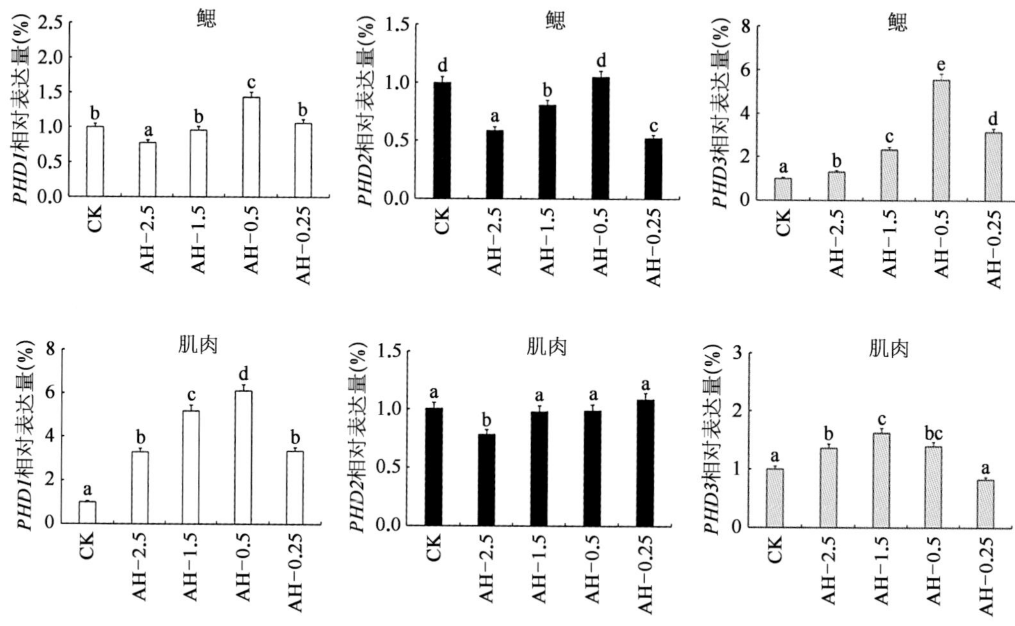


**图 1-34 急性低氧胁迫对鲢 *PHDs* 在不同组织中表达量的影响**

CK 表示常氧；AH-2.5、AH-1.5、AH-0.5、AH-0.25 分别表示在溶氧 2.5 mg/L、1.5 mg/L、0.5 mg/L、0.25 mg/L 低氧处理 0.5 h。同一柱状图中不同上标字母表示组间差异显著($P$<0.05)，相同字母表示组间差异不显著($P$>0.05)

与 *HIF-1α* 表达量相反，这与目前已知低氧感受机制相同(Piontkivska 等，2011)，表明鲢 *PHDs* 在低氧信号通路中发挥着十分重要的作用。在肝脏和脑中，持续低氧胁迫过程中 *PHD1*、*PHD2* 和 *PHD3* mRNA 表达量均显著高于基础水平($P$<0.05)，复氧后 mRNA 的表达水平降至基础水平，甚至低于基础水平(图 1-35)。这可能是由于鲢遭受低氧胁迫后，低氧诱导因子抑制因子及脯氨酸羟基化酶的活性减弱，导致低氧诱导因子出现大量积累，促进了鲢 *PHDs* 的表达，复氧后 *PHDs* 作为氧受体对低氧诱导因子的羟基化作用恢复，大量积累的低氧诱导因子被清除，*PHDs* 基因的表达水平下降；在心脏中，*PHD1* 和 *PHD2* mRNA 表达量始终低于基础水平，而复氧后也未恢复至基础水平(图 1-35)，这说明持续低氧应激会对心脏组织造成严重的损伤。

④ 低氧诱导因子抑制因子基因：低氧胁迫的主要转录反应是由低氧诱导因子介导的。低氧诱导因子是一种二聚体转录因子，在应对低氧胁迫和适应低氧条件时调节基因的表达变化中发挥重要作用(Loboda 等，2010)。低氧诱导因子抑制因子(factor inhibiting hypoxia inducible factor 1，FIH-1)作为氧传感器，能够响应组织中氧气的变化，并在相对低氧条件下被激活，在功能上与脯氨酸羟化酶相似，均能调控低氧诱导因子，抑制 *HIFs* 与转录辅助因子 p300/CBP 的结合，从而抑制其转录激活活性(Mahon 等，2001；Lando 等，2002)。鲢 *FIH-1* 的 cDNA 全长序列为 2 096 bp，包括 150 bp 的 5′非翻译区(5′-

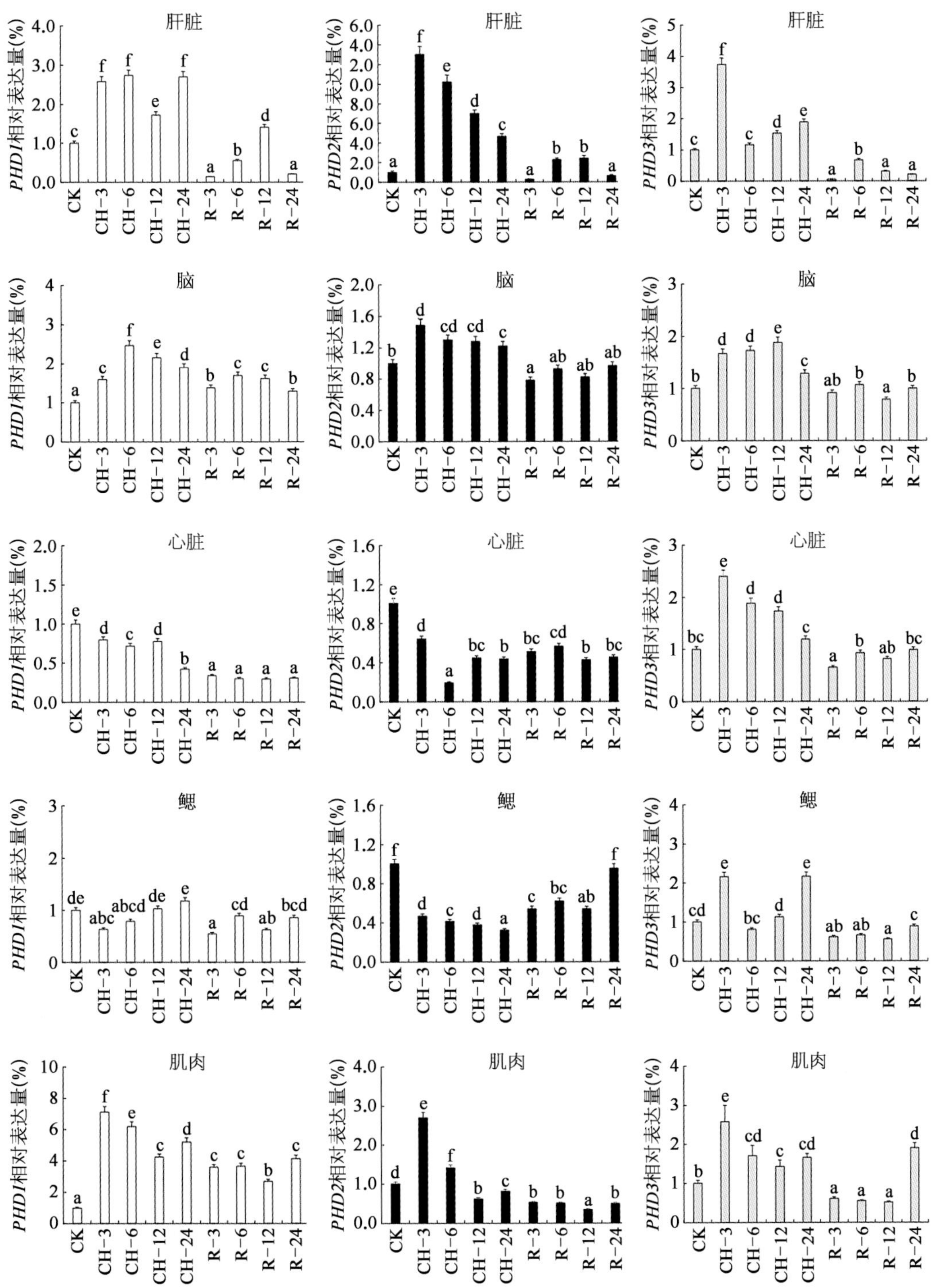


图 1-35 · 低氧-复氧胁迫对鲢 *PHDs* 表达量的影响

CK 表示常氧;CH-3、CH-6、CH-12、CH-24 分别表示在溶氧 2.5 mg/L 下处理 3 h、6 h、12 h、24 h，R-3、R-6、R-12、R-24 分别表示在溶氧 2.5 mg/L 下处理 24 h 后再恢复常氧 3 h、6 h、12 h、24 h

UTR)、1 071 bp 的开放阅读框和 875 bp 的 3′非翻译区(3′-UTR),编码 356 个氨基酸,且在 3′-UTR 末尾发现加尾信号(AATAAA)和一个 polyA 尾(图 1-36)。

```
1       ATTTCATTTGTTCGTGCTTCGGCGGGGAGTGTGGAAGCAGAGGAGCGGTTCTCGCGCTCGCTGCTCCTCTTTCAG
76      CTCAACGGCTGTGCCGTCTAACCTCTCGCAGCTTCATTGTAAAGTAACAGCAATCCTCTGGCGCACTCGAAGGAC
151     ATGGCAGCCGCGACTGTGGCTGAAGCGGACCCAGCGGAGACCGATGGAGCTGCCGCCGCCTCCTTCACGGATCTA
1        M  A  A  A  T  V  A  E  A  D  P  A  E  T  D  G  A  A  A  A  S  F  T  D  L
226     CGCGACCCAGGCTGGAATGAATCGCAGCTTCGACAATATACTTTCCCAACCCGACCGATACCGCGACTATCCCAT
26       R  D  P  G  W  N  E  S  Q  L  R  Q  Y  T  F  P  T  R  P  I  P  R  L  S  H
301     ACGGATCCGCGTGCCGAGATTCTCATCAATAACGAGGAGCCTGTTGTATTAACAGACACCAGTTTAGTATATCCA
51       T  D  P  R  A  E  I  L  I  N  N  E  E  P  V  V  L  T  D  T  S  L  V  Y  P
376     GCTCTAAAATGGGACATACCCTACTTGCAAGAGAACATTGGAAATGGGGACTTCTCTGTTTACACAGCAGAAAAT
76       A  L  K  W  D  I  P  Y  L  Q  E  N  I  G  N  G  D  F  S  V  Y  T  A  E  N
451     CACAAATTCTTGTATTATGATGAGAAGAAAATGGCAAACTTTAAAGACTTTGTACCCAAATCTCATCGAATAGAG
101      H  K  F  L  Y  Y  D  E  K  K  M  A  N  F  K  D  F  V  P  K  S  H  R  I  E
526     ATGAAATTTTCTGAGTTTGTGGACAAGATGCATCAAACAGAAGAACAAGGTGGAACAGAAAGAGTGTACTTGCAA
126      M  K  F  S  E  F  V  D  K  M  H  Q  T  E  E  Q  G  G  T  E  R  V  Y  L  Q
601     CAAACACTGAACGATACAGTAGGACAAAAAATTGTGGTGGATTTCCTTGGATTCAATTGGAACTGGATTAATAAA
151      Q  T  L  N  D  T  V  G  Q  K  I  V  V  D  F  L  G  F  N  W  N  W  I  N  K
676     CAGCAAGCTAAACGAAACTGGGGACCCTTGACCTCAAATTTGCTGCTCATAGGCATGGAAGGCAATGTGACACCA
176      Q  Q  A  K  R  N  W  G  P  L  T  S  N  L  L  L  I  G  M  E  G  N  V  T  P
751     GCACACTATGATGAGCAACAGAATTTCTTTGCACAAATCAAAGGACATAAGAGATGCATCCTCTTTCCTCCGGAT
201      A  H  Y  D  E  Q  Q  N  F  F  A  Q  I  K  G  H  K  R  C  I  L  F  P  P  D
826     CAGTTTGACTGCCTCTATCCTTACCCAGTTCATCATCCATGTGACAGACAGAGTCAGGTTGATTTTGAAAATCCT
226      Q  F  D  C  L  Y  P  Y  P  V  H  H  P  C  D  R  Q  S  Q  V  D  F  E  N  P
901     GATTATGACAAGTTTCCTAATTTCAAAAATGCTGTTGGATACGAGGCTGTTGTGGGACCAGGTGATGTCTTATAC
251      D  Y  D  K  F  P  N  F  K  N  A  V  G  Y  E  A  V  V  G  P  G  D  V  L  Y
976     ATCCCCATGTATTGGTGGCATCACATCGAGTCCCTGTTAAATGGAGGAGTGACCATCACAGTGAACTTCTGGTAC
276      I  P  M  Y  W  W  H  H  I  E  S  L  L  N  G  G  V  T  I  T  V  N  F  W  Y
1051    AAGGGGACACCCACTCCAAAGAGGATAGAGTACCCTTTGAAAGCTCATCAGAAGGTGGCCATAATGAGGAACATA
301      K  G  T  P  T  P  K  R  I  E  Y  P  L  K  A  H  Q  K  V  A  I  M  R  N  I
1126     GAGAAGATGTTGGGAGAGGCCTTAGGGGACCCACATGAGGTTGGTCCATTGCTGAACATGATGATTAAAGGCAGA
326      E  K  M  L  G  E  A  L  G  D  P  H  E  V  G  P  L  L  N  M  M  I  K  G  R
1201    TATGATCATGGACTGAGTTAATGGCCTGAGCTGAAGCTTCTTTAGTGTGCTGCTAAGACGGTCTGTTTATATGTA
333      Y  D  H  G  L  S  *
1276    TGTGTGGATTTGGGTATATGCTTGTGTATACATTCAGACTGTTGAAAAACCAGAGTGCATGACAGGAGGTTGCCA
1351    GAATAAAGACTTCCGCCTTTTGTCTGCTTTCATTTACTGCACCCATTATTGCTAGTTTTGTGTTGGTGTAAGAAG
1426    AAACCACTTGTGAGAAATTGATTTGATCTCCCCTTAAAAAGAGTCCTTAAATCTATATGTGCAGCATTACATGCT
1501    AAAAATTAGACTAATGCATTAGCAGAGCCTGTAAAGCACTTTTACACCACCCAGAGCGCCTGTTGTCAGGTTTTG
1576    TCCCATGTTGGGAAAAGAAGGTGCCATATGTCATGACTTAACTCCTGTGGTTCTGAGTCCGCAAAGTGAAACTGG
1651    CAGAGTGCCTCAATCATATCCACAAAAGAGGATGATTTACAACTTGAAATCTACCTTTGGTAGATCTACCAACTG
1726    TTGATGTTATCATTATTAATGGTGTTTTGTGTTTGCTTTTGAATTTGATCTCATGACTTCAGTGTTTCAGTCACA
1801    CTGTTTTTAAAACAAGAGATTTCTCATCCTTTCGTAGCCGACTCACTGAATTAAATTTTGCATTTGTATATGCA
1876    TTTTTAATTTTTTTCTTTCTTTTTTAGATGTGTACATTTTAAGGAAAATGTTTTAGTTTCTTGGTGGTCTATTTT
1951    TTTAATGTAACATTATATGGTACCATTTCAGTAAGGATTGTAATTCAGAACAAAACTACACTTGCCAAGTGTTAA
2026    CTGTCTCCATGAATTGTAAGGAAATAAAAGATTTTGAATGGTTAAAAAAAAAAAAAAAAAAAAAAAAAAAAA
```

图 1-36 · 鲢 *FIH-1* 基因的全长 cDNA 序列及编码的氨基酸序列

实时荧光定量 PCR 检测 *FIH-1* 在鲢组织中的表达特征发现,*FIH-1* mRNA 在肌肉、肠、肾脏和脾脏中高表达,其次在脑中 *FIH-1* mRNA 表达量显著高于肝脏和鳃,而心脏中 *FIH-1* mRNA 表达量相对较低(图 1-37)。然而,Geng 等(2014)在斑点叉尾鮰中检测发现 *FIH-1* mRNA 在脾脏中高表达,Li 等(2017)在鳙和团头鲂中发现其在脾脏、头肾和体肾中的表达量较高,这些结果表明 *FIH-1* mRNA 在不同鱼类的组织中表达模式不尽相同。

检测溶氧分别在 2.5 mg/L、1.5 mg/L、0.5 mg/L 和 0.25 mg/L 条件下低氧胁迫 0.5 h 后 *FIH-1* 在鲢组织中的表达特征发现,除脑外,其他 4 个组织(肝脏、鳃、心脏和肌肉)中的表达趋势相对一致,均表现为先升高后下降的趋势,且均在溶氧为 0.5 mg/L 时 *FIH-1* 表达水平达到最大($P<0.05$);脑中 *FIH-1* 在溶氧 2.5 mg/L 时表达显著上升($P<0.05$),之后一直维持高表达($P<0.05$)(图 1-38),造成这一结果的原因可能是由于脑是机体最

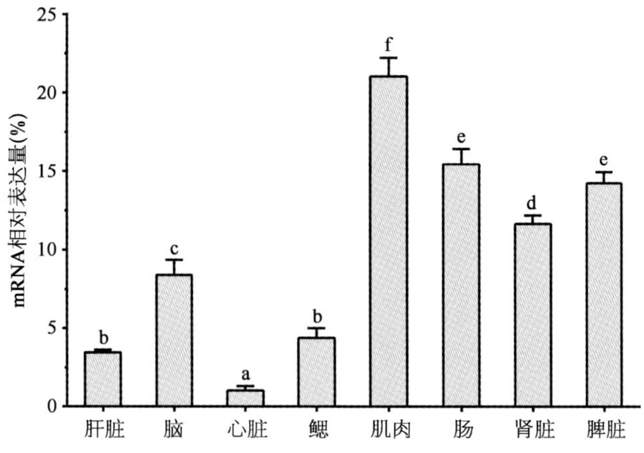


**图 1－37 · 鲢 *FIH－1* 基因在成鱼不同组织的表达**

相同上标字母表示差异不显著($P$>0.05)，不同上标字母表示差异显著($P$<0.05)

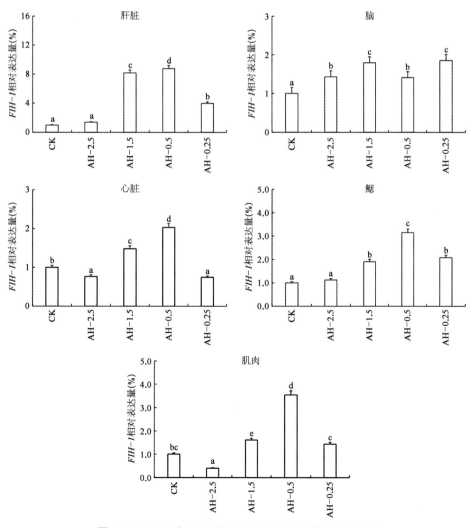

**图 1－38 · 急性低氧胁迫对鲢 *FIH－1* 在不同组织中表达量的影响**

CK 表示常氧；AH－2.5、AH－1.5、AH－0.5、AH－0.25 分别表示在溶氧 2.5 mg/L、1.5 mg/L、0.5 mg/L、0.25 mg/L 下低氧处理 0.5 h。同一柱状图中不同上标字母表示组间差异显著($P$<0.05)，相同字母表示组间差异不显著($P$>0.05)

重要的器官之一，机体会通过血液重新分配氧气来保护这些组织。*FIH－1* 可以作为低氧环境下的氧传感器，在应对低氧过程中发挥重要作用。

在溶氧 2.5 mg/L 的条件下持续低氧 24 h 后复氧，*FIH－1* mRNA 表达水平呈现波动性变化，表明 *FIH－1* 在耐低氧过程中发挥重要作用（图 1－39）。在肝脏、脑、心脏、鳃和肌肉中，持续低氧条件下，*FIH－1* mRNA 表达水平显著上调（$P<0.05$），复氧后逐渐恢复至基础水平。其中，鳃和肌肉中 *FIH－1* mRNA 表达水平在复氧后能够快速恢复至基础水平，可能是由于鳃和肌肉暴露在水体中，对溶氧变化较为敏感，*FIH－1* 作为氧感受器能够快速地响应，保护机体免受损害。

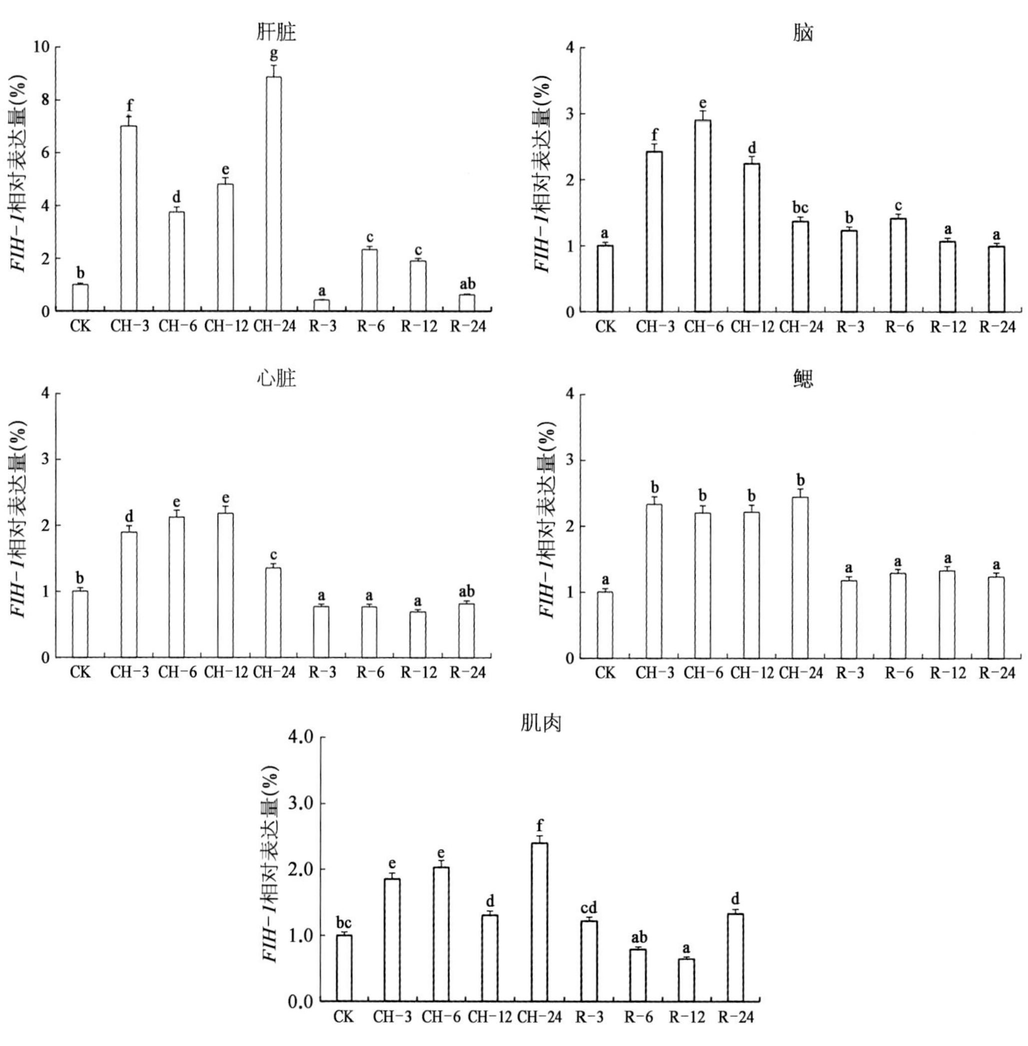


**图 1－39 · 低氧复氧胁迫对鲢 *FIH－1* 表达量的影响**

CK 表示常氧；CH－3、CH－6、CH－12、CH－24 分别表示在溶氧 2.5 mg/L 下处理 3 h、6 h、12 h、24 h；R－3、R－6、R－12、R－24 分别表示在溶氧 2.5 mg/L 处理 24 h 后再恢复到正常溶氧后 3 h、6 h、12 h、24 h。同一柱状图中不同上标字母表示组间差异显著（$P<0.05$），相同字母表示组间差异不显著（$P>0.05$）

⑤ 超氧化物歧化酶基因：活性氧(reactive oxygen species,ROS)是分子氧在还原过程中的一系列中间产物,是生物体内与氧代谢有关的含氧自由基和易形成自由基的过氧化物的总称,在细胞分化和增殖中扮演重要的角色(Klein 等,2003)。过量的 ROS 积累可导致氧化应激、细胞功能紊乱,最终导致细胞凋亡或者坏死。正常情况下,ROS 的生成和消除处于一个平衡状态,生命体有一套完整的防御系统应对 ROS 的过量积累,包括抑制 ROS 的生成以及加速对其的清除(马淇等,2012)。超氧化物歧化酶(superoxide dismutase,SOD)直接以超氧阴离子为作用底物,被认为是生物体抗氧化的第一道屏障,可对抗与阻断氧自由基对细胞造成的损害,及时修复受损细胞(董亮等,2013)。

鲢两种超氧化物歧化酶基因(*Cu/Zn*－*SOD* 和 *Mn*－*SOD*)的 cDNA 全长序列分别为 753 bp(GenBank ID：HM469964)和 1 008 bp(GenBank ID：HM769945),开放阅读框分别为 465 bp 和 675 bp,分别编码 154 个和 224 个氨基酸(图 1－40 和图 1－41)。

```
ACAAGTTCACGGTTTGCAATTCAAATCAACATGGTGAATAAGGCTGTTTGTGTGCTAAAAGGCGACGGGCAAGTGACCGGAACCGTTTATTTCGAGCAAG
                                 M  V  N  K  A  V  C  V  L  K  G  D  G  Q  V  T  G  T  V  Y  F  E  Q
AGGCTGAAAAGTCTCCAGTGAAGCTCTCGGGTGAAATCACTGGCCTTACTGCAGGAAAACATGGCTTCCATGTCCATGCTTTTGGAGACAACACAAACGG
E  A  E  K  S  P  V  K  L  S  G  E  I  T  G  L  T  A  G  K  H  G  F  H  V  H  A  F  G  D  N  T  N  G
CTGCATCAGTGCAGGTCCGCACTTCAACCCTTACAGTAAAAATCACGGTGGACCAACCGATAGTGAAAGACACGTCGGAGACCTTGGTAATGTGACAGCT
  C  I  S  A  G  P  H  F  N  P  Y  S  K  N  H  G  G  P  T  D  S  E  R  H  V  G  D  L  G  N  V  T  A
GGTGAAAATGGGGTTGCAAAAATTGACATTGTGGACAAAATGCTGACCCTGTCAGGGCCAGACTCCATCATTGGGAGGACCATGGTGATCCATGAGAAGG
 G  E  N  G  V  A  K  I  D  I  V  D  K  M  L  T  L  S  G  P  D  S  I  I  G  R  T  M  V  I  H  E  K
AGGATGACTTGGGGAAGGGAAACAATGAAGAAAGTCTTAAAACTGGCAACGCCGGAGGTCGTCTGGCCTGTGGTGTTATAGGCATCGCTCAGTAGTGTCC
E  D  D  L  G  K  G  N  N  E  E  S  L  K  T  G  N  A  G  G  R  L  A  C  G  V  I  G  I  A  Q  Z
TGCTCTAATCAAAGAGGCAGCTTGGAAATATTAGTGACCAATGTGGATCCCTCCGTAAGCACTTAGTAAACTGATGAATACATCTCTATTTTTGGCAAGT
TAATGTTTAAAGAATTGTACTTTAGCCACGTGAAGCCGTTTCTCTGGTACATTTCTTCTCATAGCTGCAAAGTAATGTTCATTTCCTCTGATTTCTGCTT
TATTCAATAAACATTGATCAGGCTGAAAAAAAAAAAAAAAAAAAAAAAAAAAA
```

图 1－40 · 鲢 *Cu/Zn*－*SOD* 的 cDNA 全长序列及氨基酸序列

箭头所指为荧光定量 PCR 反应中使用的引物序列;阴影部分为 *Cu/Zn*－*SOD* 的特征片段

```
AATGGAGCGAGTTTAGGTCTGTTCAGTGCATGTGTTGTTATATGACGGAGTAGAGCATGCTGTGCAGAGTCGGATATATCCGCAGGTGCGCTGCCACCTT
                                                      M  L  C  R  V  G  Y  I  R  R  C  A  A  T  L
GAACCCCATTTTGGGTGCTTTGGCTTCTAGACAGAAGCACACACTTCCTGACCTCCCGTATGACTATGGTGCACTTGAGCCTCACATCTGTGCTGAGATT
  N  P  I  L  G  A  L  A  S  R  Q  K  H  T  L  P  D  L  P  Y  D  Y  G  A  L  E  P  H  I  C  A  E  I
ATGCAGCTGCACCACAGCAAGCACCATGCAACATATGTCAACAATCTCAATGTCACTGAGGAAAAATATCAAGAGGCACTGGCCAAGGGTGATGTGACGA
M  Q  L  H  H  S  K  H  H  A  T  Y  V  N  N  L  N  V  T  E  E  K  Y  Q  E  A  L  A  K  G  D  V  T
CCCAAGTCTCCCTTCAGCCTGCATTGAAATTTAACGGTGGTGGTCGTATTAATCATACCATATTCTGGACAAATCTGTCACCGAATGGTGGAGGAGAGCC
T  Q  V  S  L  Q  P  A  L  K  F  N  G  G  G  R  I  N  H  T  I  F  W  T  N  L  S  P  N  G  G  G  E  P
ACAGGGTGAGCTGTTGGAGGCCATTAAGCGTGACTTTGGCTCATTTCAGAAGATGAAGGAGAAGATGTCAGCTGCCACAGTGGCCGTTCAGGGCTCAGGC
  Q  G  E  L  L  E  A  I  K  R  D  F  G  S  F  Q  K  M  K  E  K  M  S  A  A  T  V  A  V  Q  G  S  G
TGGGGCTGGTTGGGCTTTAATAAGGACAGTGGAAGACTGAGAATTGCTGCTTGCGCTAACCAAGACCCTTTGCAGGGCACTACAGGTCTCGTCCCACTAC
 W  G  W  L  G  F  N  K  D  S  G  R  L  R  I  A  A  C  A  N  Q  D  P  L  Q  G  T  T  G  L  V  P  L
TTGGGATAGATGTCTGGGAGCATGCATACTATCTCCAGTACAAGAACGTTAGACCGGACTACGTCAAGGCCATCTGGAATGTTGTGAACTGGGAGAATGT
L  G  I  D  V  W  E  H  A  Y  Y  L  Q  Y  K  N  V  R  P  D  Y  V  K  A  I  W  N  V  V  N  W  E  N  V
CAACGAGCGTTTCCAAGCTGCCAAGAAATAAATTGCACCACACTTGGGGGCGAAAAAAGGAACACAGTGTCCATTTATACCTTCGAAGCGCACATAATCA
  N  E  R  F  Q  A  A  K  K  *
GACCACATTACAACCGGCAAACTCAACTGAGACTCTAGAGATGCTTTATGGTTCTTGACAAGCTCATTTTCCATGCAGAATTGTGCACTGTAACTCGTAG
CTTGCATTTTTGTTGAGTCGAAATCGAGAATATGTACATTTATGTTATCAGTACATGCAAATTAAAAGATTGAAAAGACAAAAAAAAAAAAAAAAAAAAA
AAAAAAA
```

图 1－41 · 鲢 *Mn*－*SOD* cDNA 全长序列及氨基酸序列

箭头所指为荧光定量 PCR 反应中使用的引物序列;阴影部分为 *Mn*－*SOD* 特征片段

鲢 *Cu/Zn*－*SOD* 和 *Mn*－*SOD* 基因在各个组织均有表达,并没有呈现出组织表达的局限性,这是由于 *Cu/Zn*－*SOD* 和 *Mn*－*SOD* 的表达可以在各种功能细胞中完成。但是,这两个基因在不同组织间的表达模式具有差异，*Cu/Zn - SOD* 在肝脏和脾脏中大量表达，而 *Mn - SOD* 则在鳃中表达量最高。对两个基因的表达情况比较发现，除了肾脏外，在其余各组织中两个基因 mRNA 表达水平均呈现显著性差异（$P<0.05$），且鲢肝脏、脾脏和血液中 *Cu/Zn - SOD* mRNA 的表达显著高于 *Mn - SOD*（$P<0.05$），而在心脏、脑、肌肉和鳃中 *Mn - SOD* mRNA 的表达却显著高于 *Cu/Zn - SOD*（$P<0.05$）（图 1 - 42）。这与 Cho 等（2006）对石鲷和 Parka 等（2009）对太平洋牡蛎的研究结果相似。在石鲷中，*Cu/Zn - SOD* 在肝脏、脾脏和肾脏中的表达量要明显高于其他组织；在太平洋牡蛎中，*Mn - SOD* 在鳃的表达量最高。然而，也有不同的组织表达模式的报道，在朝鲜鳉（*Hemibarbus mylodon*）中，*Mn - SOD* 在心脏中的表达量是最高的，其次是脑、鳃和肌肉，并认为，其表达量的高低是由各组织的能量需求水平以及氧化应激承受能力决定的（Cho 等，2009）。

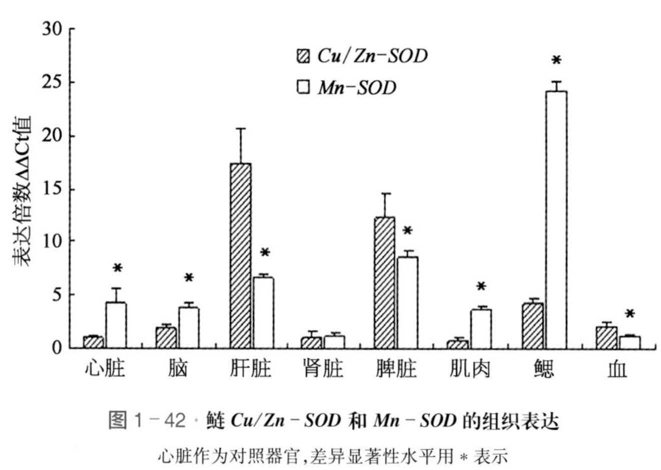


图 1 - 42 鲢 *Cu/Zn - SOD* 和 *Mn - SOD* 的组织表达

心脏作为对照器官，差异显著性水平用 * 表示

硬骨鱼类的胚胎发育过程需要充足的氧供给，而这一关键部分所提供的营养并不能由卵黄直接提供，因此，硬骨鱼类的胚胎已经进化到能够适应不同的环境氧浓度（Margaret 等，2008）。这些适应性进化包括提高维持细胞内能量平衡稳态的能力以及维持细胞间的细胞分化，取决于 ROS 在细胞分裂和分化的过程中起到的作用。在胚胎发育过程中，ROS 的生成和消除是否处于平衡状态对整个胚胎发育起到至关重要的作用（Kadomura 等，2006）。*SOD* 基因的表达具有母源效应，受精卵中 *SOD* 基因主要来源于卵母细胞，而在整个胚胎发育过程中表达水平会逐渐降低。Hong 等（2006）研究了家蚕受精后 *SOD* 的表达水平，*Cu/Zn - SOD* mRNA 表达水平上调，暗示了其在胚胎发育过程中扮演重要角色；此外，在牛的胚胎发育过程中也发现了 *Mn - SOD* 在桑葚胚期和囊胚期大量表达（Lequarre 等，2001）。在早期胚胎发育过程中，鲢 *Cu/Zn - SOD* 和 *Mn - SOD* mRNA 的表达水平在 2~4 细胞期和桑葚期较高（$P<0.05$），随后 *Cu/Zn - SOD* 在囊胚中

期大幅降落并一直持续较低的表达水平，而 *Mn－SOD* 在桑葚期后逐渐降低，在原肠中期和神经胚期均降至基础水平（$P>0.05$），神经胚期之后的胚胎发育过程中 *Mn－SOD* 的 mRNA 表达量显著低于前期表达水平，在出苗期达到最低水平（$P<0.05$）（图 1－43）。这一结果表明，ROS 的产生主要是在细胞分裂时期，而在细胞分化和器官形成阶段，胚胎细胞承受的氧化应激则相对较低。此外，也可能是由于鲢受精卵的特性或早期发育过程所处的外界环境所致。鲢的卵为漂浮性卵，受精之后，受精卵会大量吸水膨胀，这一过程势必会导致对胚胎产生应激，打破细胞原有的 ROS 稳态，因此两种 *SOD* 基因均在受精后表达量上调。

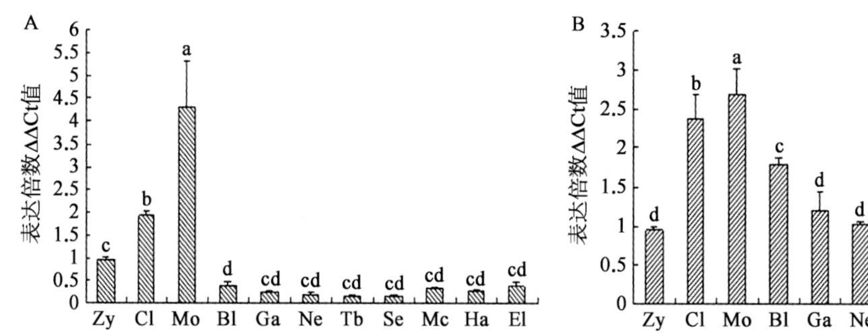


图 1－43 鲢 *Cu/Zn－SOD*(A)和 *Mn－SOD*(B)在胚胎发育过程中的表达变化

Zy. 受精卵；Cl. 开始卵裂（2~4 细胞）；Mo. 桑葚期；Bl. 囊胚中期；Ga. 原肠中期；Ne. 神经胚期；Tb. 尾芽期；Se. 肌节出现；Mc. 肌肉效应期；Ha. 出苗期；El. 早期鱼苗（孵化后 1 天）

急性低氧胁迫过程中，鲢肝脏和鳃中 *Cu/Zn－SOD* 和 *Mn－SOD* mRNA 的表达水平均在 3 h 显著上调（$P<0.05$）（图 1－44），这可能是由于低氧胁迫诱导细胞内 ROS 的增加，抗氧化酶防御系统在短时间内被激活，SOD 作为生物体抗氧化的第一道屏障，需要通过上调表达量来维持细胞内的氧化应激平衡状态。随着低氧胁迫的加剧，肝脏中 *Cu/Zn－SOD* 和 *Mn－SOD* mRNA 的表达水平持续降低（$P<0.05$），且低于基础水平（图 1－44A 和 B）。Daisuke 等（2008）认为，长期低氧胁迫可诱发小鼠多种肾脏疾病，并认为在低氧胁迫下 *Cu/Zn－SOD* 的表达被抑制可能是主要的诱因。此外，也有研究认为，急性低氧胁迫会抑制细胞的有氧代谢，机体的能量供应链被破坏，进而影响 RNA 的转录以及翻译等各个生命过程。在低氧胁迫后期，鲢肝脏中 *SOD* mRNA 的表达被抑制，导致肝脏细胞中 ROS 的大量积累，细胞内氧化平衡状态被打破，从而加速了肝细胞功能的紊乱甚至丧失。在鳃中 *Cu/Zn－SOD* 的表达量持续增加，而 *Mn－SOD* 在低氧胁迫 3 h 后持续下降（$P<0.05$），至 9 h 恢复至基础水平（$P>0.05$），随后再持续增加（$P<0.05$），在低氧胁迫过程中鳃中 *SOD* 基因的表达水平整体保持着持续上升的状态。已有研究证明，细胞类型的差异以及对氧气需求量的不同可能引起不同细胞类型的不同低氧应答反应（Stroka 等，

2001)。鳃是鱼类的呼吸器官,对于低氧耐受性差的鱼类来说,其功能的稳定尤为重要,能够保护细胞免受氧化应激损伤。

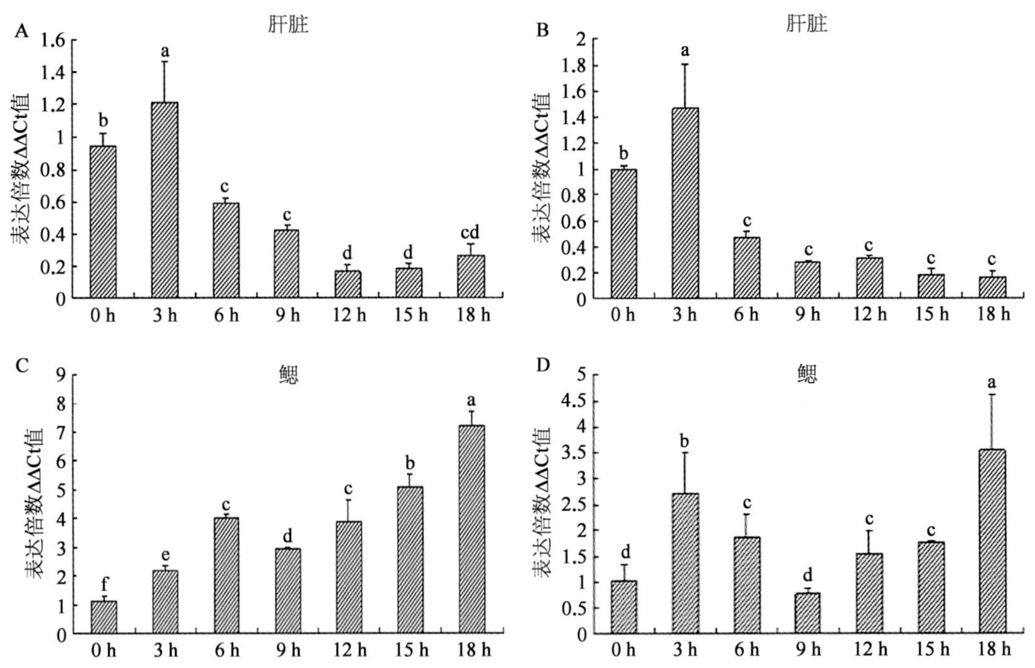


图 1-44 急性低氧胁迫下鲢 *Cu/Zn-SOD* 和 *Mn-SOD* mRNA 在肝脏和鳃中的表达变化

A. *Cu/Zn-SOD* 在肝脏中的表达;B. *Mn-SOD* 在肝脏中的表达;C. *Cu/Zn-SOD* 在鳃中的表达;D. *Mn-SOD* 在鳃中的表达

⑥ 热休克蛋白基因:热休克蛋白(heat shock proteins,HSPs)是广泛存在于真核和原核细胞中的一类非常保守的蛋白质。按同源性及分子量大小可分为 3 个家族:HSP90(85~90 kDa)、HSP70(68~73 kDa)和小分子热休克蛋白 sHSPs(16~47 kDa)。其中 HSP70 家族是最重要的,也是功能最复杂的一类蛋白,它主要以“分子伴侣”的形式协助新生多肽的折叠、转运以及变性蛋白的修复和重折叠等,主要参与应激保护、改善细胞的生存能力以及提高对环境胁迫或伤害的耐受能力(Basu 等,2002;张杰和田波,2003)。

鲢 *HSP70* 基因的 cDNA 序列全长为 2 339 bp(GenBank ID: KC188995),包括 67 bp 的 5′端非编码区(5′UTR)、340 bp 的 3′端非编码区(3′UTR)和 1 932 bp 的开放阅读框(ORF),编码 643 个氨基酸(图 1-45)。鲢 *HSP70* 基因在心脏和脑中的表达量较高,而在肝脏、肌肉、肾脏、脾脏中的表达量较低(图 1-46)。

在低氧胁迫过程中,*HSP70* mRNA 在心脏、肝脏和肾脏中的表达趋势一致,均在低氧胁迫 4 h 显著上调,后又在低氧胁迫 6 h 时 mRNA 的表达量下调且与低氧胁迫 2 h 无显著差异,随后又逐渐上调(图 1-47);在脑中,*HSP70* mRNA 表达水平在低氧胁迫 2 h 显著

```
1                                                                     M  S  S  A  K  G  V  A  T  G  I  D  L
1    acagtaatttgtggacatttagaacaattctgattgttctttttgtgttttatacagtaaccaaacATGTCATCAGCAAAAGGAGTAGCTACTGGGATTGACCT
14   G  T  T  Y  S  C  V  G  V  F  Q  H  G  K  V  E  I  I  A  N  D  Q  G  N  R  T  T  P  S  Y  V  A  F  T  D
106  GGGCACCACCTACTCCTGTGTGGGGGTGTTTCAGCATGGAAAGGTGGAGATCATCGCCAATGACCAGGGGAACAGAACAACACCCAGCTATGTTGCCTTCACAGA
49   T  E  R  L  I  G  D  A  A  K  N  Q  V  A  M  N  P  N  N  T  V  F  D  A  K  R  L  I  G  R  K  F  D  D  P
211  CACAGAGAGGCTCATTGGAGATGCAGCTAAAAACCAGGTGGCCATGAACCCCAACAACACTGTGTTTGATGCTAAGAGGCTGATTGGCAGGAAGTTTGATGACCC
84   V  V  Q  S  D  M  K  H  W  S  F  K  V  V  S  D  G  G  K  P  K  V  Q  V  E  Y  K  G  E  N  K  T  F  Y  P
316  AGTTGTGCAGTCTGACATGAAGCACTGGTCCTTCAAAGTCGTCAGTGATGGAGGAAAACCAAAGGTTCAAGTCGAATACAAAGGAGAAAACAAGACATTTTATCC
119  E  E  I  S  S  M  V  L  V  K  M  K  E  I  A  E  A  Y  L  G  Q  K  V  T  N  A  V  I  T  V  P  A  Y  F  N
421  TGAAGAAATTTCCTCTATGGTCCTGGTGAAGATGAAGGAGATTGCTGAAGCTTATCTGGGGCAGAAGGTGACAAATGCAGTTATCACAGTTCCTGCCTATTTCAA
154  D  S  Q  R  Q  A  T  K  D  A  G  V  I  A  G  L  N  V  L  R  I  I  N  E  P  T  A  A  A  I  A  Y  G  L  D
526  TGACTCCCAGAGGCAAGCCACTAAAGACGCCGGAGTAATCGCCGGGCTCAATGTCCTCAGAATCATCAACGAGCCCACAGCTGCAGCCATCGCCTACGGCCTTGA
189  K  G  K  A  A  E  R  N  V  L  I  F  D  L  G  G  G  T  F  D  V  S  I  L  T  I  E  D  G  I  F  E  V  K  A
631  CAAAGGCAAAGCAGCAGAACGCAACGTCCTGATCTTTGACCTGGGTGGAGGCACCTTTGACGTGTCCATCCTGACCATTGAAGATGGCATCTTTGAGGTGAAGGC
224  T  A  G  D  T  H  L  G  G  E  D  F  D  N  R  M  V  N  H  F  V  E  E  F  K  R  K  H  K  K  D  I  S  Q  N
736  CACAGCCGGAGACACTCATCTGGGCGGTGAGGACTTTGACAACCGCATGGTGAATCACTTTGTAGAAGAATTCAAGAGGAAGCACAAGAAGGACATCAGTCAGAA
259  K  R  A  L  R  R  L  R  T  A  C  E  R  A  K  R  T  L  S  S  S  S  Q  A  S  L  E  I  D  S  L  Y  E  G  I
841  CAAGAGGGCACTGAGGAGGCTGCGTACAGCGTGTGAGCGAGCCAAGAGAACCCTCTCCTCCAGCTCTCAGGCCAGCCTTGAGATCGACTCGCTGTACGAGGGCAT
294  D  F  Y  T  S  I  T  R  A  R  F  E  E  M  C  S  D  L  F  R  G  T  L  E  P  V  E  E  A  L  R  D  A  K  M
946  CGACTTCTACACGTCCATCACCAGAGCGCGCTTTGAAGAGATGTGCTCAGACCTCTTCAGGGGAACACTTGAGCCTGTGGAAGAAGCCTTGAGAGACGCCAAGAT
329  D  K  S  Q  I  H  D  I  V  L  V  G  G  S  T  R  I  P  K  I  Q  K  L  L  Q  D  F  F  N  G  R  D  L  N  K
1051 GGACAAGTCTCAGATCCATGACATCGTTCTGGTTGGTGGATCAACAAGAATCCCAAAGATCCAGAAGCTTCTGCAGGATTTCTTCAACGGCAGGGACTTGAACAA
364  S  I  N  L  D  E  A  V  A  Y  G  A  A  V  Q  A  A  I  L  M  G  D  T  S  G  N  V  Q  D  L  L  L  L  D  V
1156 GAGCATCAACCTAGATGAGGCAGTGGCTTATGGTGCAGCGGTGCAAGCCGCCATCCTCATGGGTGACACATCTGGAAATGTCCAGGACCTGCTGCTGCTGGATGT
399  A  P  L  S  L  G  I  E  T  A  G  G  V  M  T  A  L  I  K  R  N  T  T  I  P  T  K  Q  T  Q  T  F  T  T  Y
1261 GGCTCCACTGTCCCTGGGCATTGAAACCGCCGGTGGAGTCATGACGGCCCTCATCAAACGTAACACCACCATCCCCACCAAACAGACCCAGACCTTCACCACCTA

434  S  D  N  Q  P  G  V  L  I  Q  V  Y  E  G  E  R  A  M  T  K  D  N  N  L  L  G  K  F  E  L  T  G  I  P  P
1366 CTCTGACAACCAGCCCGGTGTCCTGATCCAGGTGTATGAGGGAGAGAGGGCCATGACAAAAGACAACAACCTGCTGGGTAAATTTGAGCTCACAGGAATTCCACC
469  A  P  R  G  V  P  Q  I  E  V  T  F  D  I  D  A  N  G  I  L  N  V  P  V  V  D  K  S  T  G  K  E  N  K  I
1471 TGCACCACGTGGAGTCCCGCAGATTGAAGTGACCTTTGACATCGACGCCAACGGAATCCTAAATGTGCCCGTGGTGGACAAAAGCACTGGAAAAGAGAACAAGAT
504  T  I  T  N  D  K  G  R  L  S  K  E  E  I  E  R  M  V  Q  E  A  D  K  Y  K  A  E  D  D  Q  Q  R  E  K  I
1576 CACCATCACCAATGACAAGGGCAGACTGAGCAAAGAGGAGATTGAGAGAATGGTGCAGGAAGCAGATAAGTACAAAGCTGAAGATGATCAGCAAAGAGAGAAGAT
539  A  A  K  N  S  L  E  S  Y  A  F  N  M  K  N  S  V  E  D  E  N  L  K  G  K  I  S  E  D  D  K  K  K  V  V
1681 TGCTGCCAAAAACTCCCTGGAGTCTTACGCCTTCAACATGAAGAACAGTGTGGAAGATGAGAACCTGAAAGGCAAGATCAGCGAAGATGACAAGAAGAAAGTTGT
574  E  K  C  N  Q  T  I  S  W  L  E  N  N  Q  L  A  D  K  E  E  Y  E  H  Q  L  K  E  L  E  K  V  C  N  P  I
1786 TGAGAAGTGCAACCAGACTATCAGCTGGCTAGAGAACAACCAGCTGGCTGATAAGGAGGAGTATGAACATCAGCTGAAGGAGCTGGAGAAAGTCTGCAACCCAAT
609  I  I  K  L  Y  Q  G  G  M  P  A  G  G  C  G  A  Q  A  R  G  G  S  G  A  A  S  Q  G  P  T  I  E  E  V  D
1891 CATCATTAAGCTTTATCAGGGAGGGATGCCAGCTGGAGGCTGTGGAGCTCAGGCACGTGGAGGATCAGGGGCCGCTTCCCAGGGACCAACTATTGAAGAGGTGGA
644  *
1996 TTAAagcaccttatgaactgaatggtgcagggactgatatcagtcttttctctttggttcttccatttttttttcagaccacgctacattatgattcctcttttt
2101 ttacccccctgatgctcacaaactccatctgttcttgaaaacattttgctactaaaaaaagtgttaaacttgacatttagtcaacatgttttgacttttaaaaat
2206 aagcttgagaagaggagatacatttttttattttcatgttttcttacagttacatgttgataaatgttgtgtaaaactatgtaaataaaatgtttaatatttattc
2311 caaaaaaaaaaaaaaaaaaaaaaaaaaaaaa
```

图 1－45 · 鲢 *HSP70* cDNA 全长序列及编码的氨基酸序列

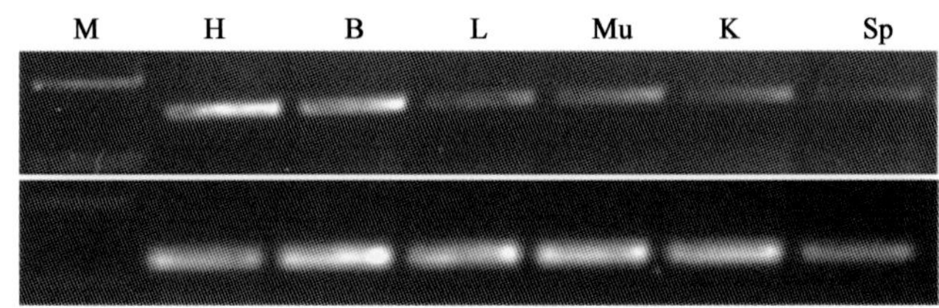


图 1－46 · *HSP70* mRNA 在鲢成体组织中的分布

M. Marker；H. 心脏；B. 脑；L. 肝脏；Mu. 肌肉；K. 肾脏；Sp. 脾脏

下调，随后上调（图 1－47）；在脾脏中，低氧胁迫 4 h 后*HSP70* mRNA 表达才出现明显上调（$P<0.05$），低氧胁迫 10 h 达到最大值（$P<0.05$）（图 1－47）；在肌肉中，低氧胁迫 8 h 内 *HSP70* mRNA 的表达水平没有明显变化（$P<0.05$），低氧胁迫 10 h 表达水平显著上调（$P<0.01$）（图 1－47）。Prentice 等（2010）研究发现，在低氧条件下，13℃时鲫的脑和心脏中 *HSP70a* mRNA 表达显著增加，而 8℃时却没有增加，而鲤在经历 42 天的低氧（0.5 mg/L）胁迫后，造成肝脏细胞的 DNA 严重损伤，上调了抗凋亡相关基因和蛋白（Bcl－2、HSP70、p27）；Scott 等（2003）发现，西部锦龟在缺氧 12 h 脑中 *HSP72* 的表达水

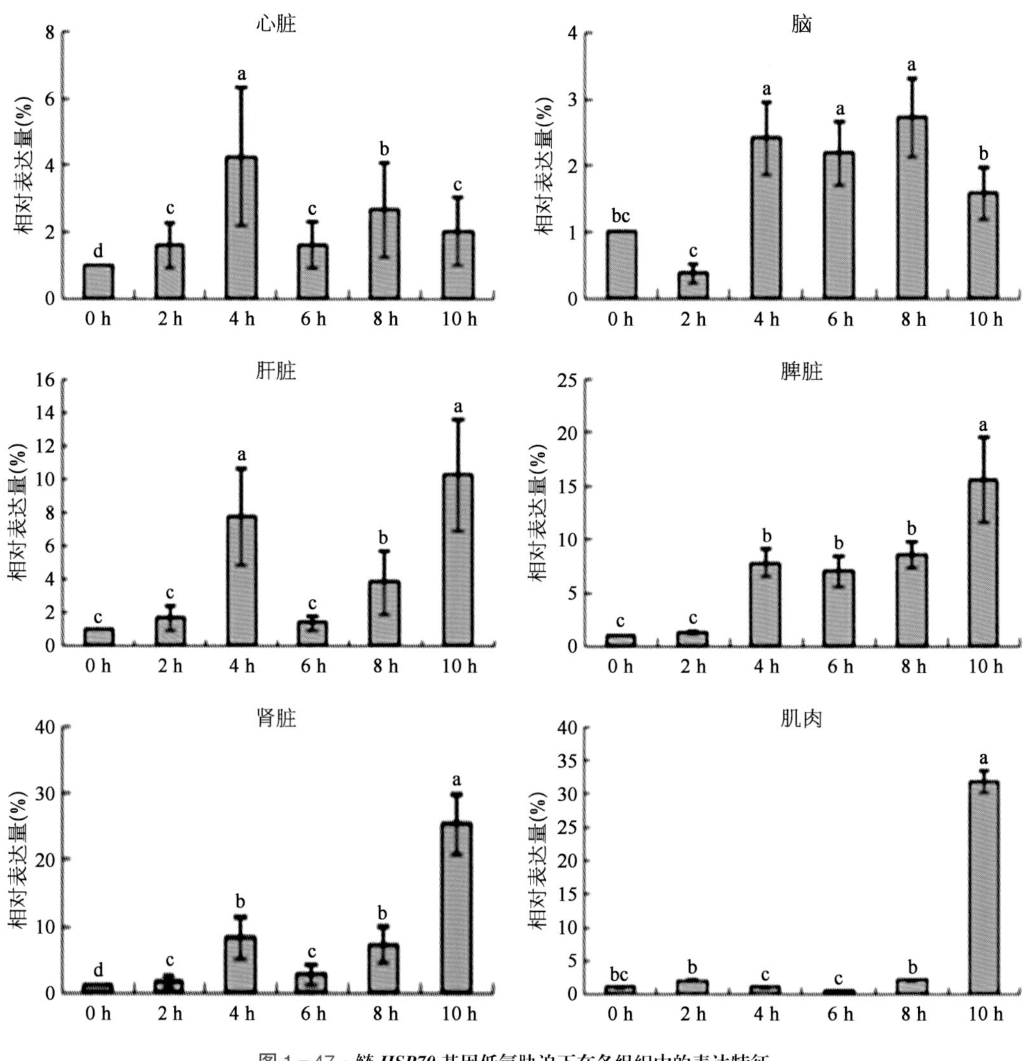


图 1-47 鲢 ***HSP70*** 基因低氧胁迫下在各组织中的表达特征

0 h、2 h、4 h、6 h、8 h、10 h 分别为低氧条件下处理的时间

平没有增加,而低氧 30 h 脑中 *HSP72* 的表达量为正常情况下的 3 倍;罗非鱼幼鱼在缺氧情况下,脑、肌肉中 *HSP70* 表达量明显升高,但在肝脏和肾脏中没有明显变化(Delaney 和 Klesius,2004)。在整个低氧胁迫过程中,鲢 *HSP70* 基因的表达均呈现不同程度的上调,表明 HSP70 的合成可以对不同组织的损伤起保护作用。

⑦ 转铁蛋白:转铁蛋白(transferrin,Tf)是 1945 年在人血清中首次发现的一种非血红素结合铁蛋白,其主要生理功能为结合、运输三价铁离子,承担对铁的吸收、贮存、利用及在各部位之间的转运,具有抗菌、杀菌的功能,是维持细胞生长和增殖所必需的生长因子,是一种参与多种生命过程的重要功能蛋白(Oppenheimer, 2001; Liu 等, 2003)。通过对转铁蛋白核酸序列分析发现,在转铁蛋白的增强子区域,发现一个 32

个碱基大小的低氧应答元件(hypoxia-responsive element),其中包含了两个 HIF-1 结合位点(HIF-1 binding sites,HBSs),而且在不同氧浓度下的表达模式证明低氧诱导因子-1 的调控也是通过结合这两个 HBSs 实现的(Andreas 等,1997)。鲢 *Tf* 基因 cDNA 序列全长为 2 365 bp(GenBank ID: HM622146),其中包括 31 bp 的 5′非编码区(5′UTR)、309 bp 的 3′非编码区(3′UTR)和 2 025 bp 的开放阅读框(ORF),编码 674 个氨基酸(图 1-48)。

鲢 *Tf* 仅在肝脏和脾脏中表达,且在肝脏中表达量最高,在脾脏中表达量较低,在心脏、脑、肾脏、肌肉、鳃和血液中均未检测到 *Tf* 基因的表达(图 1-49A)。王娜等(2010)研究发现,*Tf* 基因在草鱼肝脏中表达量最高,其次是脾和肠,在脑、鳃中也有痕量表达,在肌肉、肾脏和心脏中不表达。Sudha 等(2004)通过 Northern 杂交验证了 *Tf* 基因在成熟斑马鱼中的组织特异性表达方式。*Tf* 基因在斑马鱼肝脏中大量表达,在心脏和肠中表达量较低,而在脑、眼、鳃、肌肉、精巢和卵巢中均不表达。蔡忠华等(2005)对真鲷进行 *Tf* 组织特异性表达模型研究中发现,其 *Tf* 基因可被诱导在全身表达,而正常情况下仅在肝脏和脑中表达。*Tf* 基因仅在鲢肝脏和脾脏中表达,暗示鲢 *Tf* 基因可能参与机体组织的免疫防卫等过程。

在胚胎阶段,*Tf* 基因是由位于内胚层的卵黄囊合成的,且卵黄囊中的 *Tf* 基因含量甚至比成体肝脏的含量还要高几倍(Ekblow 和 Thesleff, 1985)。据此推测,在肝脏分化形成之前,卵黄囊合成了胚胎细胞生长所需的 *Tf* 基因。在胚胎发育过程中,鲢的 *Tf* 基因在原肠中期才开始表达,在尾芽期达到最高峰,之后逐渐降低(图 1-49B)。这在对斑马鱼胚胎表达模式的研究中也有类似的发现:采用 Northern 杂交的方法,可在受精后 20 h 初次检测到 *Tf* 基因的表达,在之后一直增加直到受精后 24 h,然后在 24~48 h 之间迅速减少(Tetsuhiro 等,2001)。使用整胚原位杂交技术发现,在受精后 7 h,*Tf* 基因就开始由卵黄多核体合成,即囊胚期的表胚层。因此,随着体细胞的大量增多,卵黄囊细胞在整胚中所占比例减少,从而表现出在 24~48 h 表达量减少的现象。*Tf* 基因在鲢胚胎受精后至囊胚中期细胞分裂和增殖的过程中并未起到显著作用,而在原肠中期开始器官分化和形态建成开始形成的过程中发挥作用。

⑧ 葡萄糖转运蛋白基因:葡萄糖转运蛋白 1(glucose transporter 1,GLUT1)是参与葡萄糖运输和分解的重要因子,也是最先开始研究的葡萄糖转运体,对维持机体生命活动有重要作用(Sivridis 等,2002)。在环境刺激、激素调节等作用下,机体会通过调节 *GLUT1* 基因的表达水平来维持血糖供应,其表达受低氧诱导因子 1($HIF-1\alpha$)、$c-Myc$ 等转录因子的调控,也可以调控细胞凋亡和 B 淋巴细胞发育等(邱萤等,2016)。鲢 *GLUT1* 基因 cDNA 序列全长为 2 104 bp,其中包括 5′非编码区(5′UTR)75 bp、3′非编码区(3′UTR)

```
GGCTGCCAGAAATCCCAGGTGAAAGCCTAATATGAACATCCTGCTAATCTCATTGCTGGGC
                                M  N  I  L  L  I  S  L  L  G
TGCCTTGTTGTGGCATGGCCCTCAGCCAGTGCTCAAAAAGTCAAATGGTGTGTGAAAACA
 C  L  V  V  A  W  P  S  A  S  A  Q  K  V  K  W  C  V  K  T
CAGAGTGAGCTGAAAAAATGTGAACACCTTGCCAGCAAATCACCAGATCTTGAGTGTCAT
 Q  S  E  L  K  K  C  E  H  L  A  S  K  S  P  D  L  E  C  H
CTCCGGTCTTCTGTAACTGAGTGCATAAAGAGCATAGAGAAAGGTGATGCAGATGCTGTA
 L  R  S  S  V  T  E  C  I  K  S  I  E  K  G  D  A  D  A  V
ACTGCAGATGGAGAACATGTTTACTTAGGTGGACTCCATCCTTACAAACTTCGTCCTATC
 T  A  D  G  E  H  V  Y  L  G  G  L  H  P  Y  K  L  R  P  I
ATTGCAGAGAAATCTAAAGAAGAATGCTGTTATGCTGTGGCTGTGGTAAAGAAGGACACT
 I  A  E  K  S  K  E  E  C  C  Y  A  V  A  V  V  K  K  D  T
AACTTCAACATCAATGAACTTCGTGGAAAGACTTCCTGCCACAGTTGTTATCAAAGTTCT
 N  F  N  I  N  E  L  R  G  K  T  S  C  H  S  C  Y  Q  S  S
GTAGGCTGGAATATACCCATTGGAAGACTGATTGCTGAAAAGAAGATTACCTGGGACGGT
 V  G  W  N  I  P  I  G  R  L  I  A  E  K  K  I  T  W  D  G
CCTGATGATATGTCTCTTGAGAAGGCTGTGTCACAGTTCTTCTCAAGCAGTTGCATTCCT
 P  D  D  M  S  L  E  K  A  V  S  Q  F  F  S  S  S  C  I  P
GGAATATCAAAAGCCACTTACCCAAACCTCTGTCAGTCTTGCCAGGGTGACTGCATCTGC
 G  I  S  K  A  T  Y  P  N  L  C  Q  S  C  Q  G  D  C  I  C
CCATCCTTTTTACCTTGTTTAATAGCCTTCCAGTGCTTGAAAAATGGTAAAGGACAAGTT
 P  S  F  L  P  C  L  I  A  F  Q  C  L  K  N  G  K  G  Q  V
GCCTTTGTTTGCCACGATGCAATCCCAGTGAGTGAGAGACAGGACTACCAGCTGTTGTGC
 A  F  V  C  H  D  A  I  P  V  S  E  R  Q  D  Y  Q  L  L  C
ATTAACGGCAGTAGGAAAAGTGTTGAGGAGTACAAGGACTGCCACCTTGGCAAAAAGCCG
 I  N  G  S  R  K  S  V  E  E  Y  K  D  C  H  L  G  K  K  P
GCCCGTGCTATCATCGGCCGCATGGATGCTGATTCACAGCACATTTATAAAGTCCTTAAA
 A  R  A  I  I  G  R  M  D  A  D  S  Q  H  I  Y  K  V  L  K
CAGATTCCGCATTCAGATCTTTTCTCTTCTAAAACTTTTGGGGGAGAAGACCTGATATTC
 Q  I  P  H  S  D  L  F  S  S  K  T  F  G  G  E  D  L  I  F
TCAGACTCTGCATCTGGCCTGGTGGAGCTCCCTAAAACCACAGACTCCTTCCTCTACCTG
 S  D  S  A  S  G  L  V  E  L  P  K  T  T  D  S  F  L  Y  L
AAAGAAGATTATTATAAGTCCATGCGTGCCCTTAAAGATGGGAACCCCGCAGTACCGGGT
 K  E  D  Y  Y  K  S  M  R  A  L  K  D  G  N  P  A  V  P  G
CTGGGCCGTAAAATTAATTGGTGTGTTATTAGCCACCAAGAACAGCAGAAGTGTGACAAA
 L  G  R  K  I  N  W  C  V  I  S  H  Q  E  Q  Q  K  C  D  K
TTAACTTCATGTATGCCTCTTATGGAGTGCACAAGGCAATCATCTGTGGAAGAATGCATC
 L  T  S  C  M  P  L  M  E  C  T  R  Q  S  S  V  E  E  C  I
GATAAAGTCAAGCGCAGAGAAGCAGATTTCTTTGCAGCTGATGGTGGCCAGGTATATATT
 D  K  V  K  R  R  E  A  D  F  F  A  A  D  G  G  Q  V  Y  I
GCTCAAAAATGCGGTCTAGTTCCAGCTATGGTTGAGCAGTATGATCAAAAATACTGTTCC
 A  Q  K  C  G  L  V  P  A  M  V  E  Q  Y  D  Q  K  Y  C  S
AGTGGTGGAGAGGCCACAGAGTCCACAGAGGCCTACTTTGTCGTGGCGGTTGTGCGTAAG
 S  G  G  E  A  T  E  S  T  E  A  Y  F  V  V  A  V  V  R  K
GACTCGGGTGTAACCTGGAATAAACTGCAAGGGAGAAAGTCCTGCCACACTGGCCTGAAC
 D  S  G  V  T  W  N  K  L  Q  G  R  K  S  C  H  T  G  L  N
CGCAACGCTGGTTGGAAAGTCCCAGATGCAGCCATATGCGGCAATAAAACTGGCTGTACC
 R  N  A  G  W  K  V  P  D  A  A  I  C  G  N  K  T  G  C  T
CTATACAATTACTTCAGTGAAGGCTGTGCTCCTGGTGCTGATCCTGCATCAAACATGTGT
 L  Y  N  Y  F  S  E  G  C  A  P  G  A  D  P  A  S  N  M  C
AAACTGTGTAAAGGAAGTGGGAAGGCGGTGGGAGATGAGGGCAAGTGCAAAGCCTCTTCT
 K  L  C  K  G  S  G  K  A  V  G  D  E  G  K  C  K  A  S  S
GAGGAGATGTATTATGGCTATGATGGGGCTTTCAGGTGTCTTGCAGAAAAAGCTGGTGAA
 E  E  M  Y  Y  G  Y  D  G  A  F  R  C  L  A  E  K  A  G  E
GTTGCTTTTATCAAGCACAGTATTGTTGGAGATTACACAGATGGTAAAGGACCGGACTGG
 V  A  F  I  K  H  S  I  V  G  D  Y  T  D  G  K  G  P  D  W
GCTAAGGATCTAAAGTCAGGCGACTTTGAGCTGATCTGCCCAGGATCACCAGACCAAACA
 A  K  D  L  K  S  G  D  F  E  L  I  C  P  G  S  P  D  Q  T
TTCAAACACTCTGAATTTGCTCAATGTAATCTTGCCAAAGTGCCGGCTCATGTTGTGGTC
 F  K  H  S  E  F  A  Q  C  N  L  A  K  V  P  A  H  V  V  V
ACTCGGGAAGATGTAAGCAGTGATGTGGTGTCCCGTCTGAAGGAGGCTCAAGGCTCTTGT
 T  R  E  D  V  S  S  D  V  V  S  R  L  K  E  A  Q  G  S  C
CCAGACCTGTTCAAGTCAGTGGGTGGTAGAAACCTCCTTTTCTCTGATTCCACTAAATGC
 P  D  L  F  K  S  V  G  G  R  N  L  L  F  S  D  S  T  K  C
CTTCAAGAAATTGCTAAACCTCAGGAACTCCTGACTAAAGAGTACATAGCCATGATTGAA
 L  Q  E  I  A  K  P  Q  E  L  L  T  K  E  Y  I  A  M  I  E
AGGACCTACACGACTGGCCAGGGTGAACCAGATCTGTTGAAGGCATGCACTTTGGATAAC
 R  T  Y  T  T  G  Q  G  E  P  D  L  L  K  A  C  T  L  D  N
TGCATAGTAGATTGAGTTCCTAACAGAAATACACATCAAATTCATGCCATATGAGCTTTG
 C  I  V  D  -
TCTGACATGTTTTCCCCAACTAAGATTCTACATCTCTGAATTACTCTATTTCTCATTATA
AGTTAACAGTATGAGGAAACATGATATTCATATGTTGCAGTAGTGTCAGTACAAATGCAT
ATGATCAAACACAAGGGCAGCATTGCTGTTAAATCTCACTCAAGAACAGAGATGGATGTG
ATTAGGTTTTTTTTTTATTACAGCAGGGGTTAAAATAAAAAATGTTTTCCATCGAAAAAA
AAAAAAAAAAAAAAAAAAAAAAAA
```

图 1－48 · 鲢 *Tf* 基因 cDNA 全长序列及编码的氨基酸序列

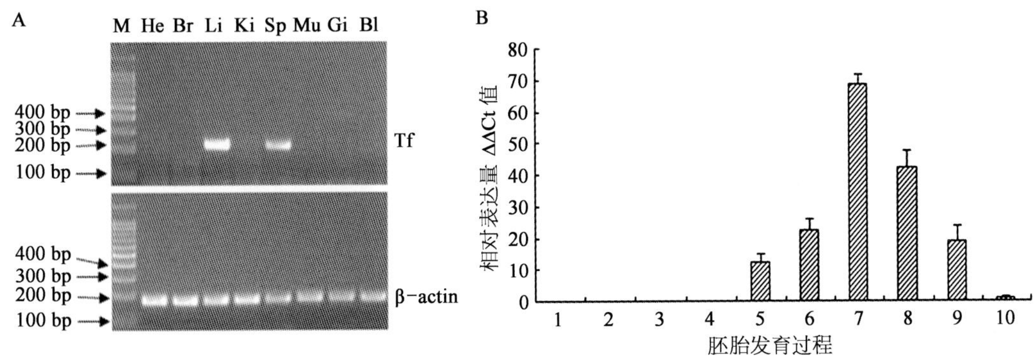


图 1-49　*Tf* 在鲢组织中的表达(A);*Tf* 在鲢胚胎发育过程中的实时定量检测(B)

M. Marker;He. 心;Br. 脑;Li. 肝;Ki. 肾;Sp. 脾;Mu. 肌肉;Gi. 鳃;Bl. 血

1. 受精卵;2. 开始卵裂(2~4 细胞);3. 桑葚期;4. 囊胚中期;5. 原肠中期;6. 神经胚期;7. 尾芽期;8. 肌节出现;9. 肌肉效应期;10. 出苗期

556 bp 和开放阅读框(ORF)1 473 bp,编码 490 个氨基酸(图 1-50)。

鲢 *GLUT1* 在不同组织中的表达特征具有广泛性,在鳃组织中的 mRNA 表达水平最高(图 1-51)。这一结果与 Martínez-Quintana 等(2014)对凡纳滨对虾的研究结果相似。*GLUT1* 基因在凡纳滨对虾成体鳃组织中表达量最高。何鹏等(2019)发现,*GLUT1* 基因在斑节对虾的鳃和肝胰腺中高表达。陈世喜(2016)在卵形鲳鲹中的研究也有类似的发现。这可能是由于鳃作为鱼类与外界环境沟通的第一道屏障,在气体交换、渗透压调节和离子转运中均发挥着作用,需要 *GLUT1* 的高表达来维持糖代谢提供能量。同样,*GLUT1* 是大脑通过血脑屏障最重要的能量载体(王玉珠等,2014;Ruben 和 Boado,2001)。在哺乳动物中,*GLUT1* 基因主要在大脑和胎盘中高表达(Ohtsuki 等,2006);在草鱼的研究中也发现,*GLUT1* 基因在脑表达量较高,这与鲢 *GLUT1* 基因的研究结果一致(Zhang 等,2003)。鲢 *GLUT1* 基因除在鳃中高表达外,在脾脏和脑中的 mRNA 表达水平也较高(图 1-51),表明 *GLUT1* 在葡萄糖穿过内皮和上皮屏障的转运中起特殊的作用。

*GLUT1* 的表达变化对维持机体在低氧环境中的正常生命活动具有十分重要的作用。在鲢肝脏和脑中,*GLUT1* mRNA 表达量在浮头时达到最大值,随着氧浓度的降低,*GLUT1* mRNA 表达量也随之降低,但仍高于基础水平($P<0.05$)(图 1-52)。*GLUT1* 是红细胞和血脑屏障等上皮细胞的主要葡萄糖转运蛋白,肝脏也是主要的糖酵解组织,通过葡萄糖的运输和氧化在葡萄糖稳态中起关键作用(Chen 等,2015;Wang 等,2019)。有研究表明,有氧糖酵解的异常活跃会消耗大量的葡萄糖,而 *GLUT1* 功能异常的突变也会影响葡萄糖的正常吸收(Roy 等,2017)。因此,机体需要增加或者减少 *GLUT1* 基因的表达来维持低氧胁迫时机体对葡萄糖的吸收,保持血糖代谢的正常水平来提供能量(Manolescu 等,2009)。鳃中 *GLUT1* mRNA 表达量在浮头时差异不显著($P>0.05$),在半窒息时达到

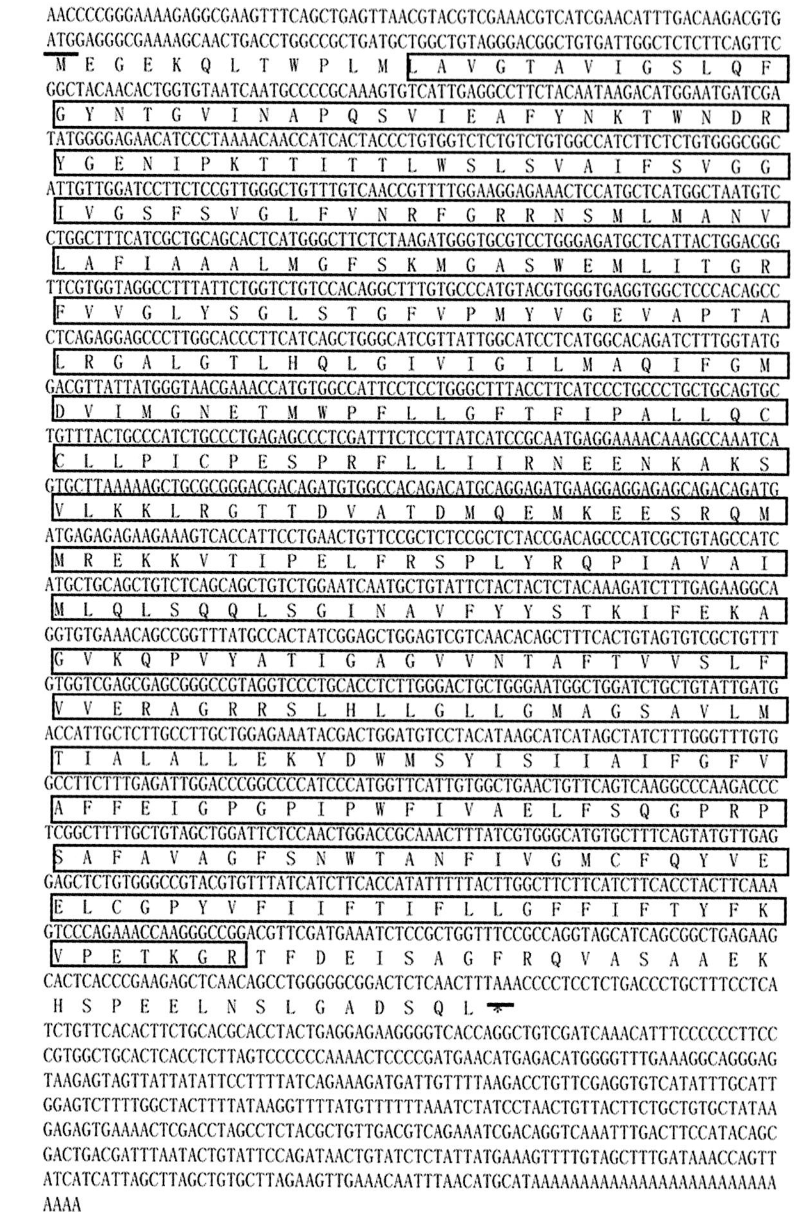

图 1-50 · 鲢 *GLUT1* cDNA 全长序列及编码的氨基酸序列

下划线表示起始密码子(ATG)和终止密码子(TAA);方框表示 MFS 超家族结构域

最大值($P$<0.05),随后急剧降低且低于基础水平($P$<0.05)(图 1-52)。*GLUT1* 基因在窒息时表达水平受到抑制,可能是由于低氧胁迫时间过长致鳃组织结构受到严重损伤,从而使得 *GLUT1* 的表达下调。

⑨ 细胞骨架蛋白相关基因:细胞骨架作为支持细胞的主要框架,对保护细胞起着重要作用。当动物体处于不利环境中时,外界的环境胁迫因子会对细胞产生损伤,并进一

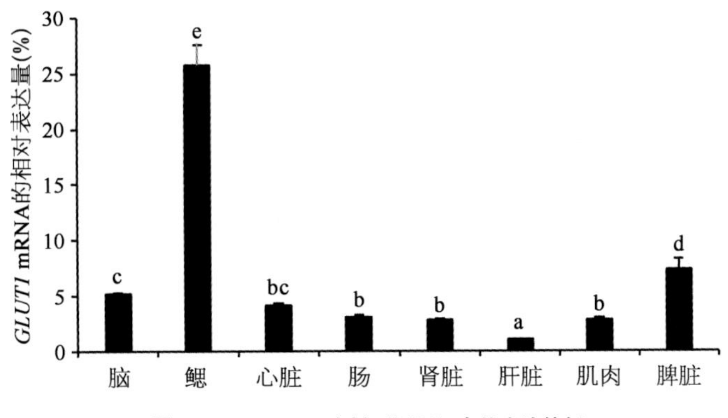


图 1－51 · *GLUT1* 在鲢不同组织中的表达特征

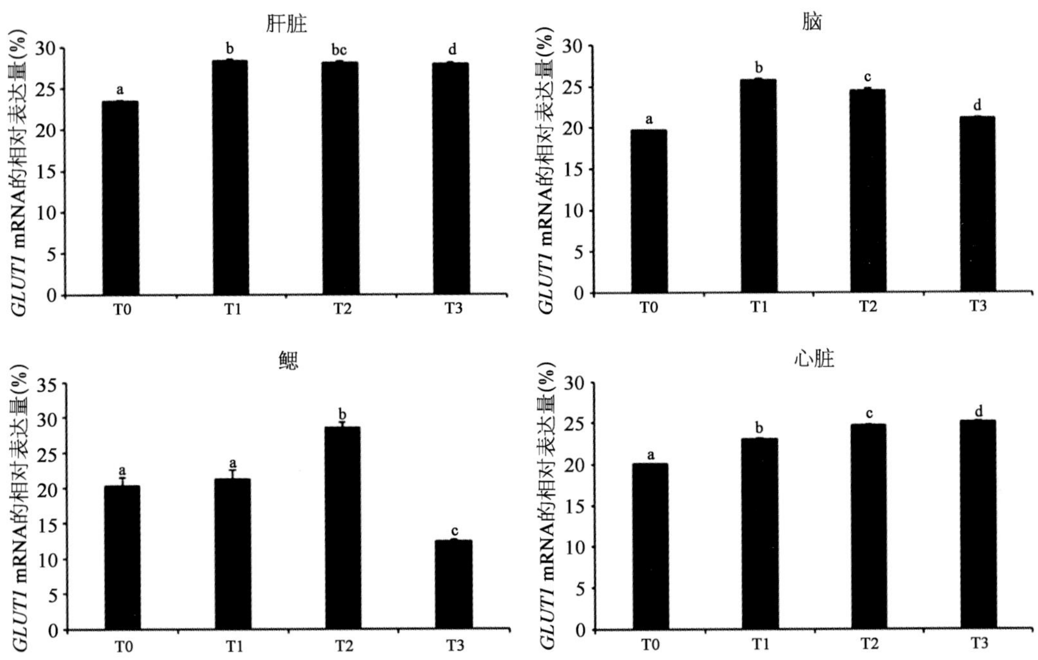


图 1－52 · 鲢各组织 *GLUT1* 在不同氧浓度胁迫后 mRNA 表达水平变化

T0 表示常氧组，T1 表示浮头组，T2 表示半窒息组，T3 表示窒息组。同一柱状图中相同上标字母表示差异不显著（$P>0.05$），不同上标字母表示差异显著（$P<0.05$）

步影响生物体组织器官的正常生理活动。骨架蛋白的基本结构主要由微管（microtube，直径约 24 nm）、微丝（microfilament，直径为 5～8 nm）、中间纤维或中间丝（intermediate filament，直径为 7～12 nm），以及比微丝更细且无规则的微梁格（micro trabecular lattice system，直径<6 nm）组成（翟中和，2000；赵霞等，2008）。微管存在于除极少数细胞（如红细胞）以外的真核细胞中，主要由 α 微管蛋白（α－tubulin）和 β 微管蛋白（β－tubulin）装配而成的长管状细胞器结构（李健农和蒋建东，2003）。微管蛋白作为细胞骨架的重要组分，不仅在维持细胞形态、保持细胞内部结构的有序性中起重要作用，而且与细胞内的物

质运输、细胞的分化发育以及细胞分裂繁殖等生命活动密切相关(徐忠东和吴琴,1999;李健农和蒋建东,2003)。微丝又称为肌动蛋白纤维(actin filament),主要存在于真核生物细胞中,是由肌动蛋白(actin)组成的直径为 7 nm 的骨架纤维。在一般细胞中肌动蛋白含量占细胞内总蛋白含量的 1%~2%,而在活动旺盛的细胞中占 20%~30%,是含量丰富的细胞骨架蛋白之一,在细胞迁移、胞质分裂和囊泡运输过程中起重要作用(顾晶,2013)。鲢微管蛋白基因(*α-tubulin*)和肌动蛋白基因(*α-actin*)的 cDNA 序列全长分别为 1 565 bp(GenBank ID: JX274221)和 1 399 bp(GenBank ID: JX274220),其开放阅读框分别为 1 356 bp 和 1 134 bp,分别编码 451 个和 377 个氨基酸(图 1-53 和图 1-54)。

```
ACATGGGGTATCCACGAAGACTAAATCAAAATGCGTGAGTGCATCTCCATCCATGTTGGC
                              M  R  E  C  I  S  I  H  V  G
CAGGCCGGAGTACAGATTGGCAATGCATGCTGGGAGTTGTATTGCCTGGAGCATGGCATC
 Q  A  G  V  Q  I  G  N  A  C  W  E  L  Y  C  L  E  H  G  I
CAGCCTGATGGCAATATGCCAAGTGATAAGACCATTGGTGGTGGGGATGACTCCTTCAAC
 Q  P  D  G  N  M  P  S  D  K  T  I  G  G  G  D  D  S  F  N
ACTTTCTTCAGTGAGACTGGCTCTGGGAAGCATGTGCCACGAGCTGTGTTTGTGGATCTG
 T  F  F  S  E  T  G  S  G  K  H  V  P  R  A  V  F  V  D  L
GAGCCTGCAGTCATTGATGAGGTAAGGTCTGGAACTTACAGGCAACTGTTTCATCCGGAG
 E  P  A  V  I  D  E  V  R  S  G  T  Y  R  Q  L  F  H  P  E
CAGCTCATCTCTGGGAAGGAAGATGCAGCCAATAACTACGCCCGAGGCCATTACACTGTT
 Q  L  I  S  G  K  E  D  A  A  N  N  Y  A  R  G  H  Y  T  V
GGCAAGGAGATTATTGATATGGTGCTGGAGCGTGTCCGCAAATTGACAGACCAGTGCACC
 G  K  E  I  I  D  M  V  L  E  R  V  R  K  L  T  D  Q  C  T
GGTCTCCAGGGTTTCCTGATTTTCCACAGTTTTGGTGGAGGCACTGGCTCTGGGTTCACG
 G  L  Q  G  F  L  I  F  H  S  F  G  G  G  T  G  S  G  F  T
TCCCTGCTGATGGAGCGTCTCTCGGTCGACTACGGCAAGAAGTCGAAGCTTGAGTTTGCC
 S  L  L  M  E  R  L  S  V  D  Y  G  K  K  S  K  L  E  F  A
ATCTATCCAGCTCCTCAAGTGTCCACAGCGGTGGTTGAGCCCTACAACTCCGAGCACTCC
 I  Y  P  A  P  Q  V  S  T  A  V  V  E  P  Y  N  S  E  H  S
GACTGTGCCTTCATGGTGGACAACGAGGCCATCTACGATATCTGCCGTAGAAACCTTGAC
 D  C  A  F  M  V  D  N  E  A  I  Y  D  I  C  R  R  N  L  D
ATTGAGCGTCCCACCTACACAAACCTCAACAGGCTCATTGGGCAGATTGTGTCCTCCATC
 I  E  R  P  T  Y  T  N  L  N  R  L  I  G  Q  I  V  S  S  I
ACAGCCTCTCTCAGGTTTGATGGAGCCCTCAATGTCGATCTCACTGAGTTCCAGACCAAC
 T  A  S  L  R  F  D  G  A  L  N  V  D  L  T  E  F  Q  T  N
TTGGTGCCTTATCCTCGTATCCACTTCCCACTGGCTACCTATGCCCCAGTGATCTCTGCA
 L  V  P  Y  P  R  I  H  F  P  L  A  T  Y  A  P  V  I  S  A
GAGAAGGCTTACCATGAGCAGCTCTCTGTGGCCGAGATCACTAATGCTTGCTTCGAGCCA
 E  K  A  Y  H  E  Q  L  S  V  A  E  I  T  N  A  C  F  E  P
GCCAATCAGATGGTGAAATGCGACCCACGTCACGGCAAGTACATGGCTTGCTGCCTGCTG
 A  N  Q  M  V  K  C  D  P  R  H  G  K  Y  M  A  C  C  L  L
TACCGTGGTGACGTGGTGCCCAAAGATGTGAACGCTGCAATCGCCACCATCAAGACCAAG
 Y  R  G  D  V  V  P  K  D  V  N  A  A  I  A  T  I  K  T  K
CGCACCATCCAGTTTGTGGACTGGTGTCCCACTGGTTTCAAGGTCGGCATCAACTACCAG
 R  T  I  Q  F  V  D  W  C  P  T  G  F  K  V  G  I  N  Y  Q
CCTCCCACTGTGGTTCCAGGTGGTGATCTGGCTAAAGTGCAGAGGGCCGTGTGCATGCTG
 P  P  T  V  V  P  G  G  D  L  A  K  V  Q  R  A  V  C  M  L
AGCAACACCACAGCTATTGCTGAGGCCTGGGCTCGTCTCGATCATAAGTTCGATCTGATG
 S  N  T  T  A  I  A  E  A  W  A  R  L  D  H  K  F  D  L  M
TATGCCAAGCGTGCCTTTGTGCACTGGTATGTGGGTGAGGGTATGGAGGAGGGCGAGTTC
 Y  A  K  R  A  F  V  H  W  Y  V  G  E  G  M  E  E  G  E  F
TCAGAGGCCAGAGAGGACATGGCTGCCCTGGAGAAAGATTACGAGGAGGTTGGTGTCGAC
 S  E  A  R  E  D  M  A  A  L  E  K  D  Y  E  E  V  G  V  D
TCCATCGAGGGTGAGGGAGAAGAGGAGGGCGAGGAGTATTAAATGGCAGAAAGAAGTGTG
 S  I  E  G  E  G  E  E  E  G  E  E  Y  -
ACATTTAGGAACCATGAAATGGAAAAATTCAAGCAGTGAAAATTAAACCTCTCAACCAAT
GAAAATGATGTTGTTACAGTTATTTTGGACATCTGAAATAAACCTCCTTTCAAACTAAAA
AAAAAAAAAAAAAAAAAAAA
```

图 1-53 鲢 *α-tubulin* 基因 cDNA 全长序列及编码的氨基酸序列

```
ACATGGGGACTCTCTTTTTTTCTACCGCTCTGGAGGGAGCAAGTTTTCCAGGCCTCTTGTG
CAAGCTCTCCTGGCTGTCTAAGCAAACATGTGCGACGAGGAAGAGACCACCGCTCTGGTG
                           M  C  D  E  E  E  T  T  A  L  V
TGCGACAATGGCTCAGGTCTGGTGAAGGCTGGTTTTGCCGGTGACGACGCTCCCAGGGCT
 C  D  N  G  S  G  L  V  K  A  G  F  A  G  D  D  A  P  R  A
GTGTTTCCCTCCATTGTGGGCCGACCCCGCCATCAGGGTGTGATGGTCGGTATGGGTCAG
 V  F  P  S  I  V  G  R  P  R  H  Q  G  V  M  V  G  M  G  Q
AAAGACAGCTATGTGGGAGATGAGGCTCAGAGTAAGAGGGGTATCCTCACTCTGAAATAT
 K  D  S  Y  V  G  D  E  A  Q  S  K  R  G  I  L  T  L  K  Y
CCCATCGAGCACGGCATCATCACCAACTGGGATGACATGGAGAAGATCTGGCACCACACT
 P  I  E  H  G  I  I  T  N  W  D  D  M  E  K  I  W  H  H  T
TTCTACAATGAGCTCCGTGTGGCCCCTGAGGAACACCCTGTTCTCTTGACTGAGGCTCCT
 F  Y  N  E  L  R  V  A  P  E  E  H  P  V  L  L  T  E  A  P
CTGAATCCTAAGGCCAACAGAGAGAAGATGACCCAGATCATGTTTGAGACCTTCAACGTT
 L  N  P  K  A  N  R  E  K  M  T  Q  I  M  F  E  T  F  N  V
CCGGCTATGTATGTGGCCATCCAGGCTGTGTTCTCCCTGTACGCCTCTGGCCGTACCACA
 P  A  M  Y  V  A  I  Q  A  V  F  S  L  Y  A  S  G  R  T  T
GGTATTGTGCTGGACGCTGGTGATGGTGTGACCCACAATGTGCCCGTATATGAGGGTTAC
 G  I  V  L  D  A  G  D  G  V  T  H  N  V  P  V  Y  E  G  Y
GCCCTTCCACATGCCATCATGAGACTGGATTTGGCCGGCAGAGACCTGACTGACTACCTG
 A  L  P  H  A  I  M  R  L  D  L  A  G  R  D  L  T  D  Y  L
ACGAAAATCCTGACTGAGAGAGGCTACTCGTTCGTCACCACTGCCGAGAGGGAGATTGTT
 T  K  I  L  T  E  R  G  Y  S  F  V  T  T  A  E  R  E  I  V
CGTGACATTAAGGAGAAGTTGTGCTACGTGGCTCTTGATTTTGAGAATGAGATGGCCACC
 R  D  I  K  E  K  L  C  Y  V  A  L  D  F  E  N  E  M  A  T
GCCGCCTCCTCCTCATCTCTGGAGAAGTCCTACGAGTTGCCCGACGGTCAGGTCATCACC
 A  A  S  S  S  S  L  E  K  S  Y  E  L  P  D  G  Q  V  I  T
ATTGGTAACGAGAGGTTCCGTTGTCCCGAGACCCTCTTCCAGCCCTCTTTCATTGGTATG
 I  G  N  E  R  F  R  C  P  E  T  L  F  Q  P  S  F  I  G  M
GAGTCTGCTGGTATCCATGAGACCACTTACAACGGCATTATGAAGTGCGATATTGACATT
 E  S  A  G  I  H  E  T  T  Y  N  G  I  M  K  C  D  I  D  I
CGTAAGGACTTGTACGCCAACAACGTACTGTCTGGCGGTACCACCATGTACCCTGGTATC
 R  K  D  L  Y  A  N  N  V  L  S  G  G  T  T  M  Y  P  G  I
GGTGACAGGATGCAGAAAGAGATCACAGCTTTGGCTCCCAGCACCATGAAGATCAAGATG
 G  D  R  M  Q  K  E  I  T  A  L  A  P  S  T  M  K  I  K  M
ATTGCCCCTCCTGAGCGTAAATACTCTGTCTGGATCGGTGGCTCCATCCTGGCTTCCCTC
 I  A  P  P  E  R  K  Y  S  V  W  I  G  G  S  I  L  A  S  L
TCCACCTTCCAGCAGATGTGGATCAGCAAAGACGAGTATGAGGAGGCCGGACCCTCCATT
 S  T  F  Q  Q  M  W  I  S  K  D  E  Y  E  E  A  G  P  S  I
GTCCACAGGAAGTGCTTCTAAATCCCTCCTCTTCTCATTCTCCTCCGTCCTGGACTCTCC
 V  H  R  K  C  F  -
TTGTAGTCTTTGCACCATGTCATGCCCTGTGTTTGTACTGCTGACATTTGTTTCAAATTC
CCCTGTACAACAATTCACGTCTACAGCCACAATAAATTGTTCAATAAATACAAAAAAAAA
AAAAAAAAAAAAAAAAAA
```

图 1－54 · 鲢 *α－actin* 基因 cDNA 全长序列及编码的氨基酸序列

RT－PCR 检测结果表明，鲢 *α－tubulin* 在脑和肝脏中表达量相对较高，在心脏和肌肉中表达量较低，而在肾脏、脾脏和鳃中几乎不表达（图 1－55）；鲢 *α－actin* 在肌肉、心脏、脑、肾脏、肝脏、鳃、脾脏等组织中都有表达，并且 *α－actin* 几乎在各个受检组织中表达量均较高（图 1－56）。

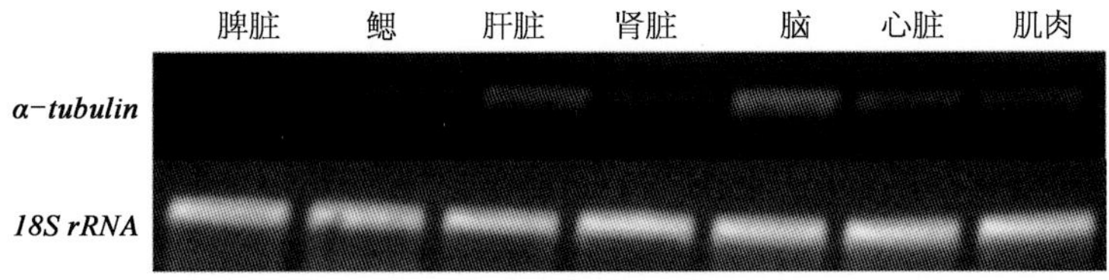


图 1－55 · 鲢 *α－tubulin* 的组织分布

在急性低氧胁迫下，鲢肌肉中 *α－tubulin* mRNA 表达水平呈先上升后下降的趋势，在低氧胁迫 4 h 后 mRNA 表达水平显著上调且达到最大值（$P<0.05$），以后随着低氧胁迫的

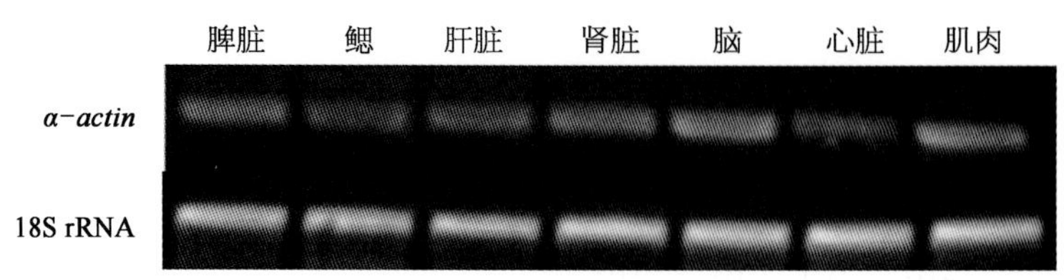


图 1－56 鲢 *α－actin* 的组织分布

加剧，*α－tubulin* mRNA 表达水平逐渐下调（$P$<0.05），低氧胁迫 10 h 恢复至基础水平（$P$>0.05）（图 1－57），说明肌肉中 *α－tubulin* 基因响应低氧胁迫，但持续时间较短，可能与鱼体损伤状态有关。邝勇和黄跃生（2007）对原代培养 wistar 大鼠乳鼠心肌细胞模型中 *α－tubulin* 进行了检测，发现在缺氧后，心肌细胞微管的念珠状结构消失，*α－tubulin* mRNA 表达量持续增加；郑霁等（2006）也发现低氧处理 SD 大鼠乳鼠心肌细胞，细胞的微管结构发生变化，且在 12 h 内微管的缺氧性受损程度与低氧时间相关。这些结果与鲢低氧处理后在肌肉中的表达情况不同，可能是由于物种进化中所产生的低氧应激机能差异所致。

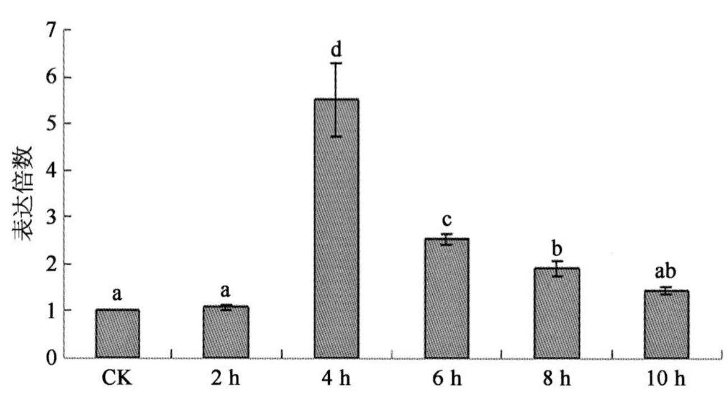


图 1－57 急性低氧胁迫下鲢 *α－tubulin* 在肌肉中的表达变化

鲢 *α－actin* 在各组织中广泛表达，低氧胁迫条件下肌肉、心脏和脑中 *α－actin* 的 mRNA 表达水平变化趋势一致，均在低氧胁迫 4 h 后显著下调（$P$<0.05），且随着低氧胁迫时间的延长，mRNA 表达水平无显著变化（$P$>0.05）（图 1－58）。Zhou 等（2003）对血管平滑肌肌动蛋白研究表明，低氧会抑制 α－平滑肌肌动蛋白的表达，这与鲢中的结果一致；Ton 等（2003）对低氧胁迫下斑马鱼胚胎中基因的表达进行了研究，发现在整个胚胎发育期间，与肌肉收缩相关基因的表达受到了抑制；Gracey 等（2001）对虾虎鱼低氧处理后也发现，在骨骼肌中与肌肉收缩的相关基因呈下调表达；Abdelwahid 等（2015）发现，胚胎小鼠缺乏心脏 *α－actin* 基因可导致心肌细胞结构紊乱和过度凋亡。在整个低氧胁迫过程中，鲢 *α－actin* 基因的表达均呈现不同程度的下调，表明低氧对机体组织会造成一定的损伤。

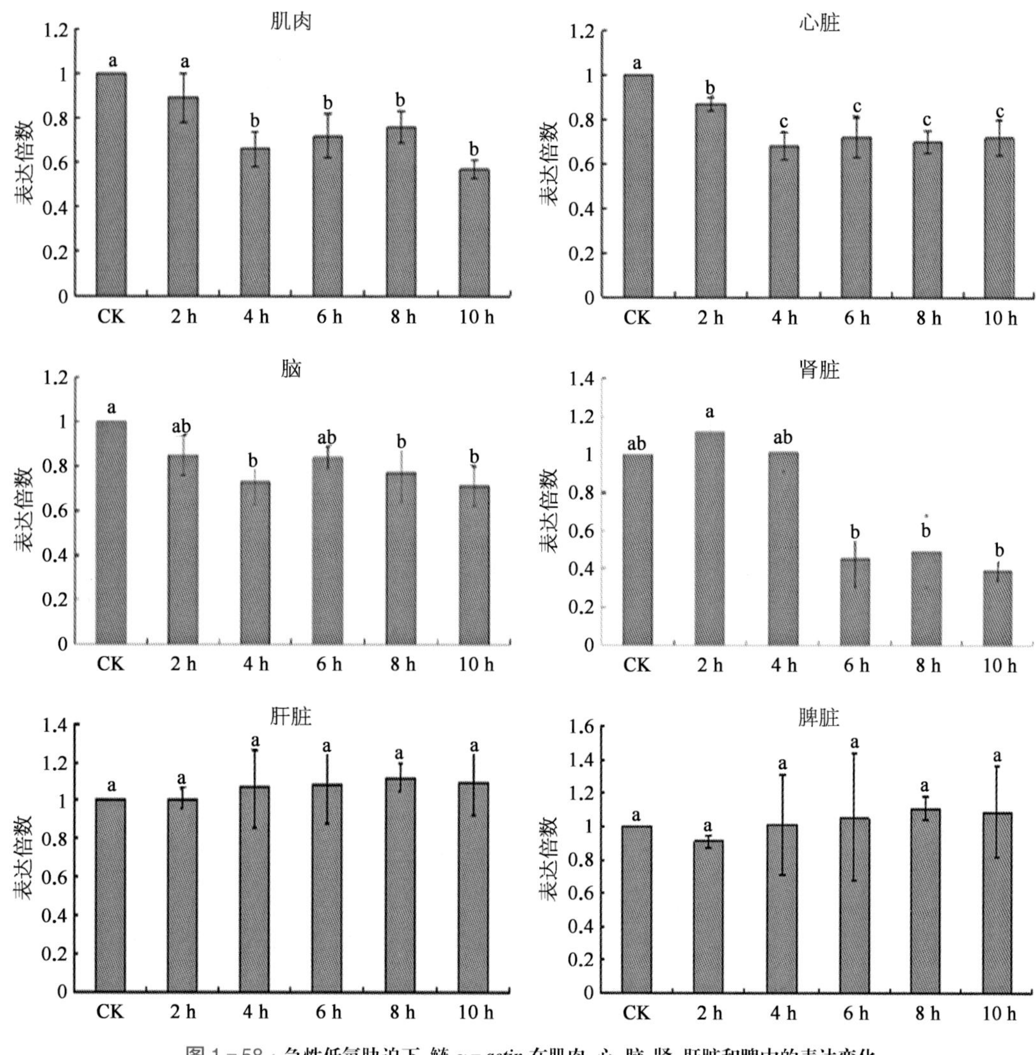


图 1－58 急性低氧胁迫下，鲢 *α－actin* 在肌肉、心、脑、肾、肝脏和脾中的表达变化

⑩ 胰岛素样生长因子（IGFs）及其结合蛋白（IGFBPs）基因：胰岛素样生长因子（insulin-like growth factor，IGFs）系统是一类具有广泛生物学活性的细胞因子。目前认为，IGFs 信号系统主要由三部分组成，包括配体（insulin-like growth factor ligand，IGF－L）、受体（insulin-like growth factor receptor，IGF－R）及其结合蛋白（insulin-like growth factor binding protein，IGFBPs）（Carrick 等，2001；章力等，2005）。IGF－Ⅰ是与胰岛素密切相关的生长因子，最基本的生理功能是参与合成代谢，对鱼体的生长发育起着重要的调节作用（Jones 和 Clemmons，1995；张峰，2008）。IGFs 生物学活性受到其结合蛋白（insulin-like growth factor binding protein，IGFBP）的调节，其主要功能是运载 IGF－Ⅰ、调节血液中游离的 IGF－Ⅰ含量、延长 IGF－Ⅰ的半衰期；同时能通过调节 IGF－Ⅰ和 IGF－

ⅠR 的相互作用来调节 IGF－Ⅰ的生物学效应(樊汶樵,2007)。IGFBPs 不仅有依赖 IGFs 的行为,还具有与其细胞表面受体结合或进入细胞核内不依赖 IGFs 的独立作用。鲢 *IGF－I* 基因的开放阅读框(ORF)长 486 bp,编码了 161 个氨基酸(图 1－59)。鲢 *IGFBP－1* 基因的 cDNA 序列全长为 1 081 bp(GenBank ID: JX163932);开放阅读框长 789 bp,编码 262 个氨基酸残基;5′端非编码区长度为 73 bp,3′端非编码区长度为 219 bp(图 1－60)。

```
ATGTCTAGCGGTCATTTCTTCCAGGGGCATTGGTGTGATGTCTTTAAGTGTACC
 M  S  S  G  H  F  F  Q  G  H  W  C  D  V  F  K  C  T
ATGCGCTGTCTCTCGTGCACCCACACCCTCTCACTGGTGCTGTGCGTCCTCGCG
 M  R  C  L  S  C  T  H  T  L  S  L  V  L  C  V  L  A
TTGACTCCCGCGACACTGGAGGCGGGTCCGGAGACGCTGTGCGGGGCGGAGCTT
 L  T  P  A  T  L  E  A  G  P  E  T  L  C  G  A  E  L
GTAGGCACGCTGCAGTTTGTGTGTGGAGACAGGGGCTTTTATTTCAGCAAACCA
 V  G  T  L  Q  F  V  C  G  D  R  G  F  Y  F  S  K  P
ACAGGATATGGGCCTAGTTCAAGACGGTCGCACAACCGCGGCTTTGTGGACGAA
 T  G  Y  G  P  S  S  R  R  S  H  N  R  G  F  V  D  E
TGCTGCTTTCAGAGCTGCGAACTGCGGCGCCTTGAGATGTACTGTGCACCCGTG
 C  C  F  Q  S  C  E  L  R  R  L  E  M  Y  C  A  P  V
AAAACCGGCAAAACTCCACGATCCCTACGAGCGCAACGGCACACAGATATCACC
 K  T  G  K  T  P  R  S  L  R  A  Q  R  H  T  D  I  T  R
AGGACAGCAAAGAAACCTATATCTGGACATAGCCACTCTTCCTGTAAGGAGGTT
 T  A  K  K  P  I  S  G  H  S  H  S  S  C  K  E  V  H
CATCAGAAGAACTCAAGCCGAGGAAACACAGGGGGCAGAAACTATCGCATGTAG
 Q  K  N  S  S  R  G  N  T  G  G  R  N  Y  R  M  *
```

图 1－59 · 鲢 ***IGF－I*** **cDNA 全长序列及编码的氨基酸序列**

```
ACATGGGGAACTCCTCATTTCACTTCAGCCGATATTTATTTATTTATCTATTTATTCTGAG
CCTTACTTTGGGATGAACAGACTGCTTCTGAACTTTTTCTGGGTGGCAGCATTCAGCGCA
             M  N  R  L  L  L  N  F  F  W  V  A  A  F  S  A
CTCCTTTCAGCGCCGGGGCTCCGGGCTTCCCCAGTGGTTGGGCAGGAACCTATCCGCTGC
 L  L  S  A  P  G  L  R  A  S  P  V  V  G  Q  E  P  I  R  C
GCCCCGTGCTCCCCGGAGCGGCTGGCCGAGTGTCCCGCGGTGGATGCCGGCTGTGAGGAG
 A  P  C  S  P  E  R  L  A  E  C  P  A  V  D  A  G  C  E  E
GTGCTTCGAGAGCCGGGCTGCGGCTGCTGCCTCGCCTGTGCGTTGAAGAGAGGTGACCCG
 V  L  R  E  P  G  C  G  C  C  L  A  C  A  L  K  R  G  D  P
TGCGGGATCTACACTGCGCCCTGCGGCTCGGGGCTCCGCTGCTTGCCGAAACCTGGAGAA
 C  G  I  Y  T  A  P  C  G  S  G  L  R  C  L  P  K  P  G  E
GCCCGACCCCTGCACGCTCTCACCCGAGGACAGGCGGTGTGCACTGAGACCCCCGAGCCT
 A  R  P  L  H  A  L  T  R  G  Q  A  V  C  T  E  T  P  E  P
GATCAGAGCCAAAGCGACACAACGCCAGATCATCCTGAGTCTAACAACGGGGCAATGTCC
 D  Q  S  Q  S  D  T  T  P  D  H  P  E  S  N  N  G  A  M  S
GTGAATGAAGGCAGCTCAGCGGTCTTCGTGCCCGGGCACGGCAAGCCCTTCGACCCGCGG
 V  N  E  G  S  S  A  V  F  V  P  G  H  G  K  P  F  D  P  R
GTCATCACTGCTAAAGAGAGCATGAAGGCCAAAGTCAACGCAATACGCAAGAAACTGGTG
 V  I  T  A  K  E  S  M  K  A  K  V  N  A  I  R  K  K  L  V
GAGCAGGGCCCTTGTCATATTGAACTGCAGACAGCCCTTGACAAGATCACTAAATCACAG
 E  Q  G  P  C  H  I  E  L  Q  T  A  L  D  K  I  T  K  S  Q
CAGAAACTGGGAGACAAAATGACCAGATTCTACCTTCCCAATTGTGACAAACACGGTCTA
 Q  K  L  G  D  K  M  T  R  F  Y  L  P  N  C  D  K  H  G  L
TACAAAGTCAAACAGTGTGAATCGTCTCTGGATGGTCAGAGGGGGAAGTGTTGGTGTGTG
 Y  K  V  K  Q  C  E  S  S  L  D  G  Q  R  G  K  C  W  C  V
TCATCCTGGAATGGGAAGAAGATTCCTGGATCAAGTGACCTGCCAGCAGATGCCGAGTGT
 S  S  W  N  G  K  K  I  P  G  S  S  D  L  P  A  D  A  E  C
CCCGAGGAACTCAACCACTGATCTGTCACACACACACACACACACACACACACACACATG
 P  E  E  L  N  H  -
CACACACACACACACATGCACACACGTAATACCACTGAATTTTATCATTATATTTTTTAA
AAATATCTTAGTATTTATTTATTGTTAGTGGTGATATTTAATTCAGGTACACTGTTTTTG
ATTGGTAAATTCCCTGAACTCTCCAAAAAAAAAAAAAAAAAAAAAAAAAAAAAAAAAAAA
```

图 1－60 · 鲢 ***IGFBP－1*** **cDNA 全长序列以及编码的氨基酸序列**

RT－PCR 检测结果显示,鲢 *IGFBP－1* mRNA 在不同组织中的表达特征具有广泛性,且在肝脏和心脏中表达量最高，在肌肉中表达量次之，在脑中的表达量较低（图 1－61），即肝脏是 *IGFBP－1* 的重要表达场所。

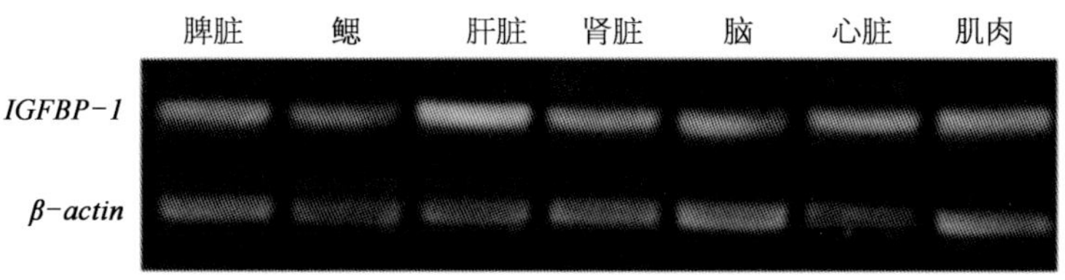


图 1－61 · 鲢 *IGFBP－1* 的组织分布

*IGF－Ⅰ* 和 *IGFBP－1* 在不同组织之间呈现低氧应答的多样化。IGFs 是重要的神经营养因子，能够保护神经系统，参与低氧诱导的神经细胞损伤和凋亡。研究表明，当中枢神经受损时，*IGF－Ⅰ* 和 *IGFBP－1* 大量表达（Sugawara 等，2000；Wang 等，2004）。鲢在低氧胁迫后 6 h 刺激了脑组织中 *IGF－Ⅰ* 和 *IGFBP－1* 基因的表达，但随着低氧处理时间的延长，抑制了 *IGF－Ⅰ* 和 *IGFBP－1* 基因的表达（图 1－62 和图 1－63）。短时间低氧胁迫会刺激 *IGF－Ⅰ* 和 *IGFBP－1* 基因的表达，参与低氧神经元损伤的过程（Wang 等，2004；Chen 等，2005）。此外，在低氧胁迫下，鲢 *IGFBP－1* mRNA 在肝脏中的表达呈先升高后降低的趋势，且在低氧 6 h 表达量达到最大（图 1－62），而低氧胁迫下 *IGF－Ⅰ* 在肝脏中表达差异不显著（图 1－63）。这些结果表现出明显的组织特异性，可见鲢抵抗低氧的策

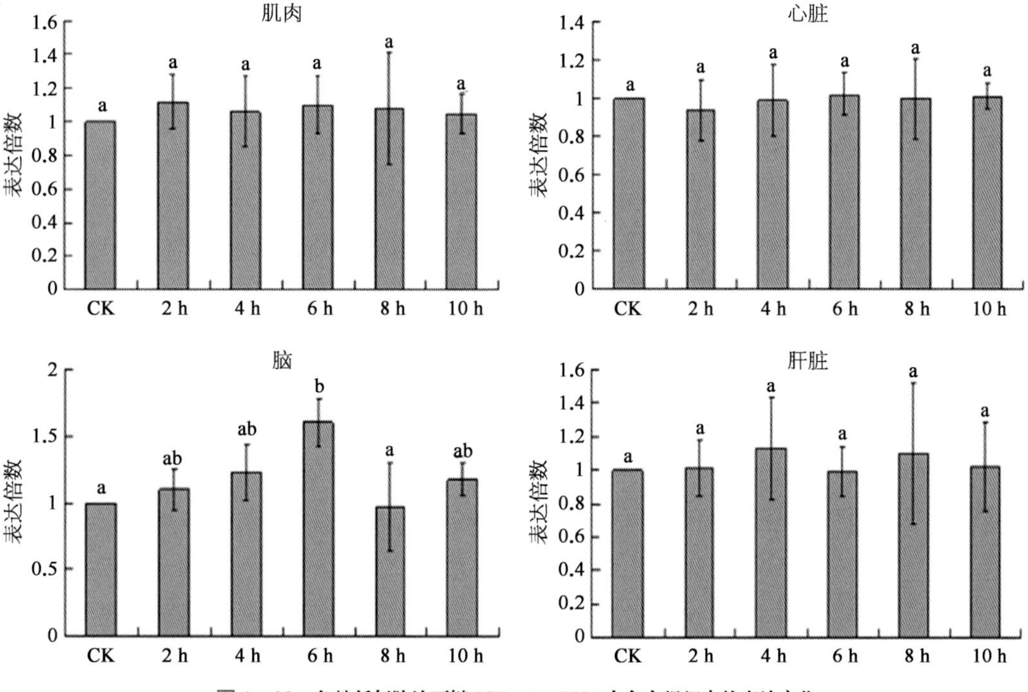


图 1－62 · 急性低氧胁迫下鲢 *IGF－Ⅰ* mRNA 在各个组织中的表达变化

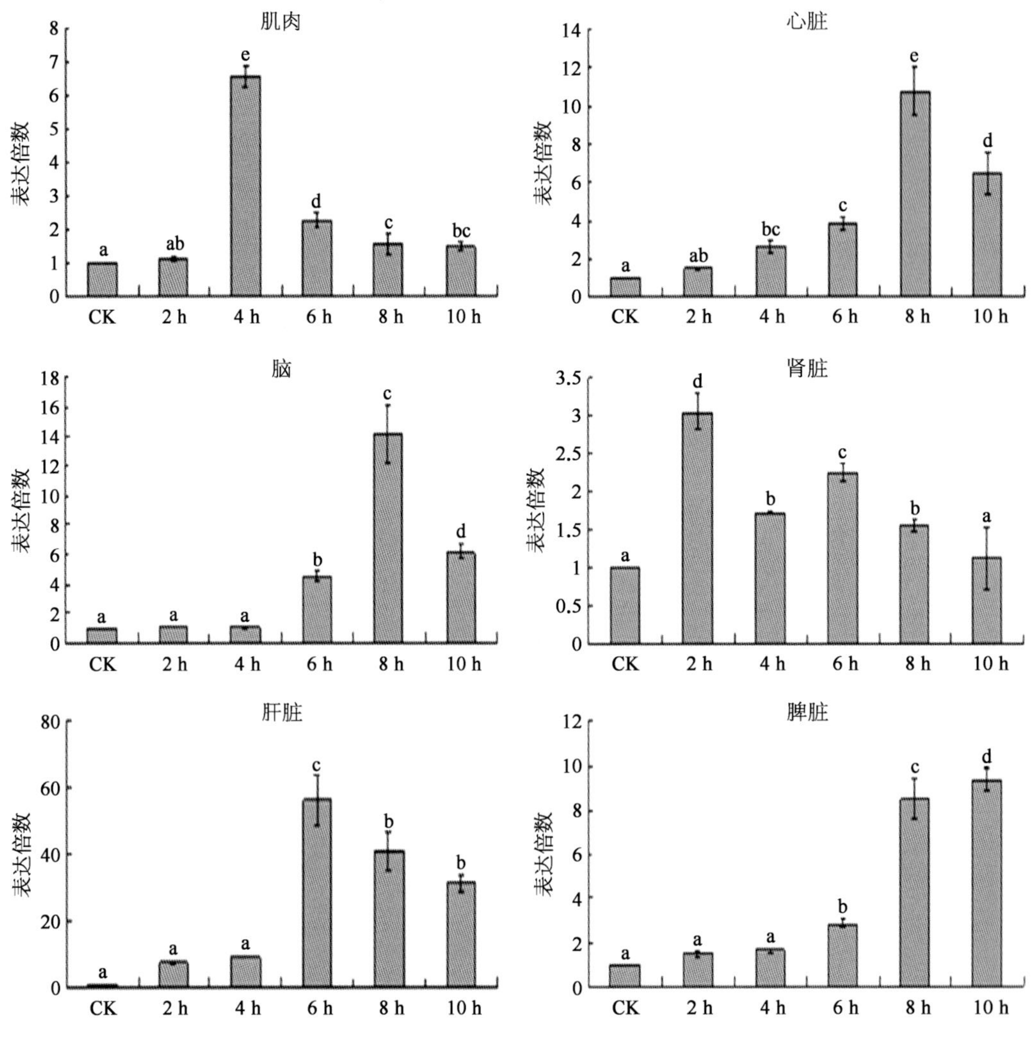


图 1-63 急性低氧胁迫下鲢 *IGFBP-1* mRNA 在各个组织中的表达变化

CK. 对照组;2 h、4 h、6 h、8 h、10 h 分别为低氧条件下处理的时间。同一柱状图中不同上标字母表示组间差异显著($P<0.05$),相同字母表示组间差异不显著($P>0.05$)

略是多样化的。

综上所述,鲢主要通过两种方式应对低氧胁迫,即氧化应激和低氧适应。氧化应激途径又分为细胞损伤和抵御损伤(图 1-64)。在细胞损伤过程中,发挥功能的基因主要有细胞周期调控与细胞凋亡基因: *CyclinA*、*CyclinB*、*CyclinD*、*CyclinE*、*Chk1*、*Cdc25A*;细胞骨架相关基因: *α-actin*、*α-tubulin*、*TUB84*、*TUBA2*。在抵御损伤过程中,主要有 *HSP70* 作为分子伴侣参与细胞保护,以及 *SOD* 清除氧自由基,修复受损细胞。在低氧适应过程中,*PHDs* 与 *FIH-1* 作为氧感受器共同调控 *HIF-1α*;在低氧条件下,*PHD* 和 *FIH-1* 的活性被抑制,*HIF-1α* 的降解终止并开始累积,随之 *HIF-1α* 开始与 *HIF-1β* 共同形成

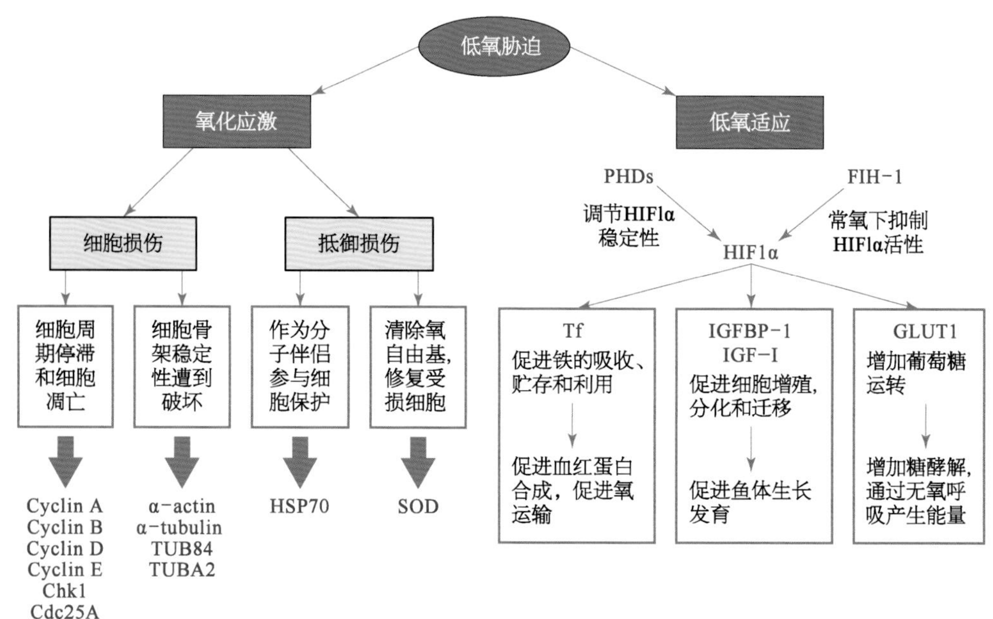


图 1-64 · 低氧胁迫下鲢基因响应示意

异质二聚体,激活低氧信号通路下游基因上的低氧反应元件(hypoxia response element, HRE),并进一步调控这些基因的表达。*Tf* 主要功能为促进铁的吸收、贮存和利用,从而促进血红蛋白合成,促进氧气的运输;*IGFBP-1* 与 *IGF-1* 的主要功能为促进细胞增殖、分化和转移,对鱼体生长发育有重要作用;*GLUT1* 是缺氧诱导的代谢基因,可以促进葡萄糖的摄取,增加糖酵解,通过无氧呼吸产生能量。对鲢低氧相关基因进行研究,有助于探究鲢耐缺氧适应机制,为培育出耐低氧新品种提供理论基础。

## 1.2 鲢遗传改良研究

### 1.2.1 · 群体选育

群体选育是从一个混合群体中,以体型好、生长速度快或抗病抗逆能力强等为选择指标,选出符合要求的一定数量亲本,混合编组进行催产,所得后代生长过程中按一定的标准进行选优去劣,如此持续进行选育,直至选出符合预期要求、生产性状整齐一致且优于原有种群特性的群体。用群体选育的方法来固定遗传性状存在近交系数高、进展缓慢、所需时间长等缺陷。

自1957年,国家级天津市换新水产良种场(宁河县境内)以长江水系的1 000尾鲢鱼苗为基础群体。以生长速度快、繁殖力高、形态学性状稳定作为选育目标,采用群体选育,经过40多年6代人工选育,培育出具有养殖成活率高、生长速度快和耐寒能力强等优良特性的新品种津鲢(全国水产技术推广总站,2012)。

#### (1) 津鲢生长性状

2010年,利用江苏省邗江长江四大家鱼原种场的长江鲢鱼苗,与天津市换新水产良种场选育的$F_6$代津鲢进行同塘生长对比试验。试验前,将长江鲢和津鲢分别暂养于相同条件下的3个网箱中,由于试验鱼因规格不同,因此,采用不同密度养殖,使两组基本接近。待长江鲢和津鲢长至个体重0.71~0.93 g时,采用长江鲢剪尾鳍下叶、津鲢剪尾鳍上叶的方法标记试验鱼进行同密度(216尾/667 $m^2$)生长对比试验。试验在天津市鑫三角水产养殖公司相邻的3个鲤种池进行,饲养管理基本一致。10月份时,津鲢和长江鲢的平均体重达到了127.26~127.76 g。3个池塘中的津鲢体重相比长江鲢分别提高了10.37%、10.38%和12.66%。津鲢苗种比长江鲢苗种成活率高20%~40%(付连君,2011a和2011b)。

#### (2) 津鲢繁殖力

选取10尾津鲢亲本进行繁殖力测定,其中4龄4尾、5龄3尾、6龄3尾,平均体重分别为4.71 kg、9.08 kg和8.52 kg。4龄、5龄和6龄鱼的平均体长分别为60.13 cm、75.07 cm和75.1 cm。津鲢4龄鱼的绝对怀卵量平均为$(8.34\pm1.94)\times10^5$粒,比长江鲢高34.1%;相对怀卵量平均为$(176.18\pm33.6)$粒/g体重,比长江鲢高59.3%。5龄鱼的绝对怀卵量平均为$(17.21\pm2.73)\times10^5$粒,比长江鲢高157.2%;相对怀卵量平均为$(189.99\pm18.22)$粒/g体重,比长江鲢高68.9%。6龄鱼的绝对怀卵量平均为$(11.28\pm5.09)\times10^5$粒,比长江鲢高30.7%;相对怀卵量平均为$(129.07\pm44.62)$粒/g体重,比长江鲢高7.9%(金万昆等,2009)。

### 1.2.2 · 雌核发育选育

雌核生殖指卵子只依靠雌性原核进行发育的一种特殊的生殖方式。20世纪初,Chourrout(1982)最先在蛙胚胎中发现了雌核生殖的现象。鱼类中也有一些自然群体几乎由雌性组成,如亚马孙花鳉(*Poecilia formosa*)、墨西哥莫氏鳉(*Poecilia mexicana*)、银鲫(*Carassius auratus gibelio*)、彭泽鲫(*Carassius auratus*)等,这些天然全雌群体以天然雌核生殖的方式繁殖（楼允东，1999；Gui 和 Zhou，2010）。天然雌核生殖鱼类的配子形成机制相当复杂，其卵子发育基本上不发生第一次成熟分裂或成熟分裂后不排出第二极体，并且胚胎第一次卵裂为核内有丝分裂等来维持其倍性。此外，天然雌核生殖鱼类卵子在近缘种甚至远缘种精子的激活下启动发育，但并未发生雌、雄原核的融合，精子只起激活作用，后代均为母系遗传，形成单性的雌性群体（吴仲庆，1991）。基于天然雌核生殖研究，科研人员探索出鱼类人工诱导雌核生殖技术。目前，人工雌核生殖已成为鱼类遗传改良的有效途径，在鱼类种质提纯复壮、良种选育等方面发挥着重要作用。

中国水产科学研究院长江水产研究所采用雌核发育技术成功选育出长丰鲢新品种。

### （1）鲢雌核发育技术研究

对性成熟的鲢雌性亲本采用人工催产获得卵子，再与遗传失活的鲤精子“受精”。因精子经紫外灯照射灭活，此激活卵为单倍体，一般不能发育成正常鱼苗，为此必须对激活卵进行二倍化处理。处理的温度和时间是影响雌核发育鲢诱导率高低的关键。研究发现，一般常温（20～27℃）正常“受精”后 2～3 min 开始处理，在水温 4～8℃下处理持续时间 10～30 min 均可获得雌核发育鲢二倍体，其最适条件：在常温下“受精”后 3 min，经低温生物培养箱（水温 5～8℃）持续处理 10～20 min，可获得 17.6%～24.7%异源雌核发育鲢二倍体；高温（39～40℃）处理时，处理时间一般为 2～3 min。在低温域的低限 1～3℃和高温域的高限 39～40℃，处理时间均不可太长，不可超过 10 min。处理温度过高或过低，或处理时间长于 10 min，都会引起胚胎溶解，最终导致死亡。鲢人工雌核发育的诱导率高低受精子处理强度、激活卵初始处理时间以及处理的温度和时间等多因素的影响，而卵的质量是诸因素的前提，卵质不好往往导致诱导失败。

### （2）雌核发育鲢的生长性能

以长江鲢母本为原始选育材料，经雌核发育诱导、群体选育获得雌核发育一代鲢（$GYS_1$）和雌核发育二代鲢（$GYS_2$），对第二代雌核发育鲢进行了 2 个品系（$GYS_2$ Ⅰ系和 $GYS_2$ Ⅱ系）当年鱼的生长对比以及它们的半同胞鲢的生长对比；对雌核发育鲢和普通鲢进行了当年鱼和 2 龄鱼的生长对比。对比试验均在中国水产科学研究院长江水产研究所试验场进行。试验选择在大小相近、环境条件相似、管理水平基本相同的鱼池进行，尽量减少人为因素造成的误差。

① 雌核发育鲢品系间生长对比：以 1998 年获得的第二代雌核发育鲢的 2 个品系

(GYS$_2$ Ⅰ系和 GYS$_2$ Ⅱ系)为试验对象。结果表明,当年的 GYS$_2$ Ⅱ系比 GYS$_2$ Ⅰ系体长增长快 8.6%,体重增长快 28%(表 1-12)。两者的亲本鲢同时与同一尾普通鲢雄性个体(父本)交配,所得后代[GYS$_2$ Ⅰ系(♀)×普通鲢(♂)]、[GYS$_2$ Ⅱ系(♀)×普通鲢(♂)]开展生长对比,当年[GYS$_2$ Ⅱ系(♀)×普通鲢(♂)]较[GYS$_2$ Ⅰ系(♀)×普通鲢(♂)]的体长增长快 27.9%,体重增长快 125.7%,表明雌核发育品系间生长有明显差异,故在其品系间进行选育可培育出生长优良的品系(表 1-12)。选育品系鲢 GYS$_2$ Ⅱ系优于 GYS$_2$ Ⅰ系。

**表 1-12 · 雌核发育鲢两品系间当年鱼生长对比**

| | 项 目 | GYS$_2$ Ⅰ系 | GYS$_2$ Ⅱ系 | GYS$_2$ Ⅰ系(♀)×普通鲢(♂) | GYS$_2$ Ⅱ系(♀)×普通鲢(♂) |
|---|---|---|---|---|---|
| 放养 | 日期(年-月-日) | 1998-06-25 | 1998-06-25 | 1998-06-09 | 1998-06-09 |
| | 体长(cm) | 3.7~4.0 | 4.0~4.7 | 2.85±0.21 | 2.44±0.30 |
| | 体重(g) | — | — | 0.17 | 0.14 |
| | 数量(尾) | 88 | 14* | 500 | 500 |
| 结果 | 日期(年-月-日) | 1998-11-25 | 1998-11-28 | 1999-01-04 | 1998-12-28 |
| | 体长(cm) | 34.80±2.00 | 37.81±1.70 | 27.24±1.40 | 34.85±1.03 |
| | 体重(g) | 527.34±98.24 | 675.00±132.58 | 210.83±33.27 | 475.83±47.11 |
| | 成活率(%) | — | — | 86.2 | 60.6** |
| Ⅱ系比Ⅰ系鱼 | 体长增长快(%) | — | 8.6 | — | 27.9 |
| | 体重增长快(%) | — | 28.0 | — | 125.7 |

注:* 该池还放有其他试验鲢 66 尾,** 该池干池时从网箱中逃走部分鱼,故成活率数据偏低。

2002 年 7 月 17 日每池放养试验鱼 360 尾,搭配鳙 400 尾、建鲤夏花 10 000 尾。12 月 5 日干池,历时 128 天。进行抽样和产量收获统计。雌核发育鲢各系间,GYS$_2$ Ⅰ系与 GYS$_2$ Ⅱ系间个体平均体长生长和体重生长无显著差异,GYS$_2$ Ⅱ系较 GYS$_2$ Ⅰ系个体生长稍快;杂交系(指雌核发育鲢Ⅰ系与Ⅱ系间的杂交)个体生长最快,并且与雌核发育鲢 GYS$_2$ Ⅰ系、GYS$_2$ Ⅱ系间个体平均体长和体重有显著性差异。雌核发育鲢各系成活率都在 97%以上,其中杂交系最高为 99.4%(表 1-13)。从雌核发育鲢各系间体重生长曲线和体长生长曲线可看出杂交系有明显生长优势,所选育的 GYS$_2$ Ⅰ系和 GYS$_2$ Ⅱ系生长曲线趋同,无明显差异(图 1-65)。

表 1 - 13 · 雌核发育鲢(当年鱼)各系间生长比较

| 项　　目 | | 杂交系 | $GYS_2$ Ⅱ系 | $GYS_2$ Ⅰ系 |
|---|---|---|---|---|
| 放养 | 体长(cm) | 4.8±0.5 | 4.8±0.5 | 4.7±0.7 |
| | 体重(g) | 2.2±0.6 | 2.1±0.4 | 1.9±0.7 |
| | 产量(kg/667 $m^2$) | 96.7 | 90.8 | 87.3 |
| | 成活率(%) | 99.4 | 98.6 | 97.8 |
| 收获 | 体长(cm) | 25.3±1.1 | 24.0±1.0 | 23.4±0.6 |
| | 体重(g) | 272.1±30.5 | 261.7±25.3 | 245.4±15.9 |
| 较 $GYS_2$ Ⅰ系体长增长(%) | | 8.1 | 2.6 | — |
| 较 $GYS_2$ Ⅰ系体重增长(%) | | 9.5 | 6.7 | — |

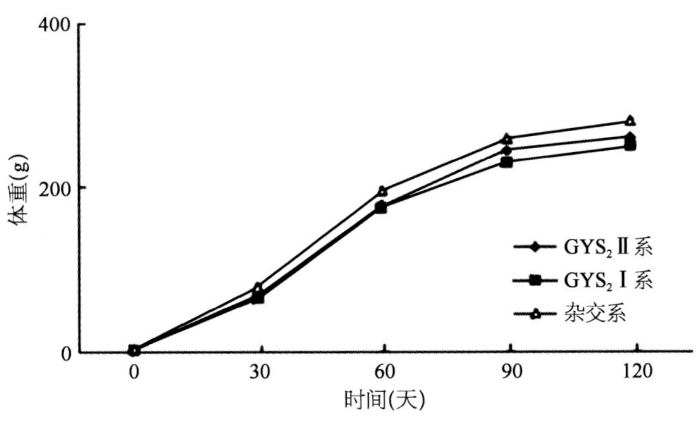


图 1 - 65 · 雌核发育鲢各系(当年鱼)生长曲线

② 雌核发育鲢与其半同胞鲢生长对比：试验鱼为同一母本($GYS_2$ 成熟亲鱼)，在繁殖季节进行正常催产将获得的卵分为两组，一组按雌核发育后代自交方法获得 $GYS_3$，另一组与 1 尾普通鲢雄性个体(父本)交配获得 $GYS_3$ 的半同胞鲢[$GYS_3$(♀)×普通鲢(♂)]。将两组鱼培育至 2 cm 左右分别放入两个条件基本相似(主养银鲫鱼种)的鱼池做当年鱼生长对比试验，结果显示，$GYS_3$ 比其半同胞鲢体长增长快 13.3%，体重增长快 51%(表 1 - 14)。经 $t$ 检验，$t_L = 12.4179$，$t_w = 12.8560$，均大于 $t_{0.01} = 2.704$，为差异极显著。雌核发育鲢的生长优势十分明显。

③ 雌核发育鲢与普通鲢生长对比：2002 年 7 月 17 日，进行了高密度(800 尾/667 $m^2$)下雌核发育鲢Ⅰ系、Ⅱ系、杂交系与普通鲢(当年鱼)生长对比试验，放养数量、规格趋于一致，每池同样搭配鳙 400 尾、建鲤夏花 10 000 尾，试验期间饲养管理水平相同，专人负责管理，经 128 天饲养后进行收获统计。

表 1-14 · 雌核发育鲢与其半同胞鲢生长对比

| 项　目 | | $GYS_3$ | $GYS_3$(♀)×普通鲢(♂) |
|---|---|---|---|
| 放　养 | 日期(月-日) | 6-4 | 6-4 |
| | 规格(g/尾) | 2.37±0.27 | 1.99±0.11 |
| | 数量(尾) | 173 | 180 |
| 中期检查 | 日期/(月-日) | 9-2 | 9-2 |
| | 体长(cm) | 28.53±0.85 | 25.51±1.12 |
| | 体重(g) | 490.48±37.61 | 348.75±37.59 |
| 结果 | 日期/(月-日) | 11-9 | 11-8 |
| | 体长(cm) | 30.125±0.826 | 26.5953±0.923 |
| | 体重(g) | 562.5±43.301 | 372.5±49.934 |
| | 成活率(%) | 87.3 | 52.8* |
| $GYS_3$ 比 $GYS_3$(♀)×普通鲢(♂) | 体长增长快(%) | 13.3 | — |
| | 体重增长快(%) | 51 | — |

注：* 表示该池放养后可能在捞浮游生物时损失了部分鱼种，导致成活率低。

在高密度养殖下，雌核发育鲢 $GYS_2$ Ⅱ系比普通鲢体重平均增长快 18.8%，体长平均增长快 7.8%；$GYS_2$ Ⅰ系比普通鲢体重平均增长快 14.1%，体长平均增长 7.2%；而杂交系较普通鲢增长更快，平均体长增长快 12.4%，体重平均增长快 23.8%，生长优势更加明显（表 1-15）。经 $t$ 值检验分析，雌核发育鲢各系较普通鲢呈显著差异（$P<0.01$），杂交系较普通鲢呈非常显著差异（$P<0.05$）。雌核发育鲢各系成活率都明显高于普通鲢。

表 1-15 · 雌核发育鲢各系与普通鲢（当年鱼）生长比较

| 项　目 | | $GYS_2$ Ⅱ系 | $GYS_2$ Ⅰ系 | 杂交系 | 普通鲢 |
|---|---|---|---|---|---|
| 放养 | 体长(cm) | 4.8±0.4 | 4.7±0.7 | 4.8±0.5 | 4.8±0.4 |
| | 体重(g) | 2.1±0.4 | 2.0±0.7 | 2.2±0.6 | 1.9±0.5 |
| 收获 | 产量(kg/667 $m^2$) | 87.5 | 83.4 | 94.7 | 64.8 |
| | 成活率(%) | 97.6 | 94.3 | 98.5 | 82.8 |
| | 体长(cm) | 18.6±0.6 | 18.2±0.6 | 19.4±0.9 | 17.3±0.5 |
| | 体重(g) | 114.4±10.0 | 109.9±9.6 | 119.3±16.2 | 96.1±8.9 |

续 表

| 项　目 | $GYS_2$ Ⅱ系 | $GYS_2$ Ⅰ系 | 杂交系 | 普通鲢 |
|---|---|---|---|---|
| 较普通鲢体长增长(%) | 7.8 | 7.2 | 12.4 | |
| 较普通鲢体重增长(%) | 18.8 | 14.1 | 23.8 | |

当年和2龄的雌核鲢比普通鲢体长增长分别快14.3%和39.6%,体重增长分别快66.9%和210.2%(表1－16),表明雌核发育鲢比普通鲢具有明显的生长优势。2龄鱼的生长对比,同池或不同池雌核发育鲢的成活率均高于普通鲢,但生长只略高于普通鲢,两者差异并不显著(表1－16)。雌核发育鲢生长减缓可能是由于饵料不足引起的。

④ 雌核发育鲢与标准鲢生长、体型比较:将雌核发育鲢随机取样20尾与李思发等发表的标准鲢进行生长、体型比较。雌核发育鲢体长与体重的关系式为 $W=0.1634L^{2.3909}$,相关系数 $r=0.8743$。标准鲢体长与体重的关系式为 $W=0.015L^{3.05}$,$r=0.997$。以雌核发育鲢的实测体重与标准鲢的推算体重进行比较,相同体长的雌核发育鲢比标准鲢体重增加10.6%~31.9%,平均增加15.6%,雌核发育鲢生长发育良好。

雌核发育鲢和半同胞鲢(统称试验鲢)的体长/体高小于标准鲢,雌核发育鲢体型较标准鲢高且两试验鲢之间无差异;在体长/头长方面,雌核发育鲢均小于标准鲢,雌核发育鲢头较标准鲢长,但两试验鲢间无差异;两试验鲢在尾柄长/尾柄高方面存在极显著差异($t=3.0375>t_{0.01}2.70$)(表1－17);雌核发育鲢尾柄高明显大于半同胞鲢。这些差异构成了雌核发育鲢总体体型为背高、尾短、头较大的特点。

### 1.2.3 · 分子标记辅助选育

形态学标记等常规遗传标记是最早用于鱼类育种选择的辅助标记,但其数量少、遗传稳定性差以及常与不良性状连锁,实际利用受到诸多因素限制。随着分子生物学技术的发展,DNA分子标记在鱼类遗传多样性研究、遗传图谱构建、数量性状基因分析和分子标记辅助选择等各个方面得到广泛应用。DNA上碱基变化是一切生物变化的基础,碱基对的变化比DNA重排更频繁,因此DNA水平上的多态性比其他水平上的多态性要大得多,并且DNA分子标记是DNA水平上遗传多态性的直接反映,具有分布均匀、稳定性好等特点,现已形成了许多分子标记系统,如限制片段长度多态性(restriction fragment length polymorphism, RFLP)、扩增片段长度多态性(amplified fragment length polymorphism, AFLP)、简单重复序列标记(simple sequence repeats, SSR)、随机扩增多态性DNA(random amplified polymorphic DNA, RAPD)、单核苷酸多态性标记(single nucleotide polymorphism, SNP)等。

表 1－16 · 雌核发育鲢与普通鲢当年和 2 龄鱼生长对比

| 池号 | 面积($m^2$) | 鱼 名 | 放养 | | | | 收获 | | | 成活率(%) | 体长增长倍数 | 体重增长倍数 |
|---|---|---|---|---|---|---|---|---|---|---|---|---|
| | | | 日期(月-日) | 体长(cm) | 体重(g) | 数量(尾) | 日期(月-日) | 体长(cm) | 体重(g) | | | |
| Ⅰ-1 | 1 333 | 雌核组 | 6-3 | 3.14±0.29 | 0.19 | 500 | 11-3 | 23.20±1.31 | 254.75±42.41 | 77.2 | 7.4 | 1 340.8 |
| Ⅱ-2 | 1 333 | 普通鲢组 | 6-3 | 3.50±0.26 | 0.31 | 500 | 11-3 | 18.51±0.80 | 134.00±17.37 | 43.4** | 5.3 | 432.3 |
| 1* | 33 | 雌核组 | 6-3 | 3.14±0.29 | 0.19 | 500*** | 11-6 | 12.48±0.85 | 34.23±7.89 | 73 | 4.0 | 180.2 |
| 2* | 33 | 普通鲢组 | 6-3 | 3.50±0.26 | 0.31 | 500*** | 11-6 | 12.42±0.63 | 33.47±5.26 | 60 | 3.5 | 108.0 |
| Ⅰ-1 | 1 333 | 雌核组(剪左腹鳍) | 5-28 | — | 165 | 248 | 11-3 | 33.64±1.59 | 764.00±89.80 | 52.8 | — | 4.6 |
| Ⅰ-1 | 1 333 | 普通鲢组(剪右腹鳍) | 5-28 | — | 160 | 250 | 11-3 | 32.44±1.22 | 716.11±79.58 | 39.2 | — | 4.5 |
| Ⅰ-2 | 1 333 | 雌核组 | 5-28 | — | 196.85 | 233 | 11-3 | 31.31±1.79 | 629.05±108.53 | 77.2 | — | 3.2 |
| Ⅰ-2 | 1 333 | 普通鲢组 | 5-28 | — | 160 | 250 | 11-3 | 29.00±1.83 | 499.5±85.56 | 39.2 | — | 3.1 |

注：* 雌核组为(雌核发育鲢×普通鲢♂)后代，普通鲢组为外单位购进的普通鲢。** 该组成活率低可能与放养时运输受伤有关。*** 由于密度过大，两池均于 7 月 18 日后只留 200 尾作对照。

表 1－17 · 雌核发育鲢、半同胞鲢与标准鲢可量比例性状比较

| 品　种 | 体长/体高 | 体长/头长 | 尾柄长/尾柄高 |
|---|---|---|---|
| 雌核发育鲢 | 3.240±0.056 | 3.759±0.137 | 1.361±0.080 |
| 半同胞鲢 | 3.241±0.079 | 3.739±0.071 | 1.440±0.078 |
| 标准鲢 | 3.349±0.193 | 3.840±0.246 | 1.127±0.123 |

### （1）RAPD 分析

RAPD 技术是由 Williams 等（1990）和 Welsh 等（1990）首先创立的一种以 PCR（polymerase chain reaction）技术为基础的 DNA 分子标记技术。它采用一系列人工随机合成的寡核苷酸单链（一般为 10 bp）为引物，以研究对象的基因组 DNA 为模板进行 PCR 扩增。扩增产物通过聚丙烯酰胺或琼脂糖凝胶电泳，经染色，可以检测到不同大小和数目的 DNA 谱带即 RAPD 图谱。

① 人工雌核发育鲢遗传多样性及异源遗传物质整入的 RAPD 分析：试验用雌核发育鲢 $GYS_1$ 和 $GYS_2$ 均为性成熟个体。采用 22 个随机引物对雌核发育鲢 $GYS_1$（普通鲢作对照）进行了 RAPD 分析，共获得 117 条带，即 117 个信息座位（表 1－18）；与 $GYS_2$ 相比，16 个座位出现多态性，平均每个引物产生 5.32 条带。OPK7、OPQ6、OPQ9、OPQ11、OPP4、OPP11 和 OPP17 的 7 个引物扩增产物在 18 尾 $GYS_1$ 检测个体中有多态现象（图 1－66），其他 15 个引物 PCR 产物呈单态，产生多态引物占总引物的 31.8%，多态座位比例达 13.68%。用随机引物对 15 尾雌核发育鲢 $GYS_2$ 性成熟亲鱼进行了 RAPD 扩增，各产生 1～10 条带，共产生 74 条带（表 1－18）；与雌核发育鲢 $GYS_1$ 相比，仅 OPK7、OPP17、OPQ9 和 OPQ6 4 个引物产生多态性，其余均为单态（图 1－67）。

表 1－18 · 所用引物的编号、序列和扩增结果

| 引物 | 序列（5′－3′） | 扩 增 带 数 | | 引物 | 序列（5′－3′） | 扩 增 带 数 | |
|---|---|---|---|---|---|---|---|
| | | $GYS_1$ | $GYS_2$ | | | $GYS_1$ | $GYS_2$ |
| OPK07 | AGCGAGCAAG | 4～5 | 2～5 | OPP07 | GTCCATGCCA | 5 | — |
| OPK08 | GAACACTGGG | 5 | 5 | OPP09 | GTGGTCCGCA | 5 | — |
| OPK12 | TGGCCCTCAC | 4 | 1 | OPP11 | AACGCGTCGG | 1～2 | 5 |
| OPK17 | CCCAGCTGTG | 5 | 5 | OPP12 | AAGGGCGAGT | 6 | 6 |
| OPQ06 | GAGCGCCTTG | 8～10 | 1～2 | OPP13 | GGAGTGCCTC | 4 | — |

续 表

| 引物 | 序列(5′-3′) | 扩增带数 | | 引物 | 序列(5′-3′) | 扩增带数 | |
|---|---|---|---|---|---|---|---|
| | | $GYS_1$ | $GYS_2$ | | | $GYS_1$ | $GYS_2$ |
| OPQ09 | GGCTAACCGA | 3~4 | 3~4 | OPP14 | CCAGCCGAAC | 7 | 7 |
| OPQ11 | TCTCCGCAAC | 1~2 | 2 | OPP15 | TGACCCGCCT | 6~8 | — |
| OPP02 | TCGGCACGCA | 7 | 7 | OPP16 | CCAAGCTGCC | 10 | 10 |
| OPP03 | CTGATACGCC | 1 | 2 | OPP17 | TGACCCGCCT | 7 | 7~8 |
| OPP04 | GTGTCTCAGG | 2~5 | 5 | OPP18 | GGCTTGGCCT | 5 | — |
| OPP06 | GTGGGCTGAC | 6 | — | OPP19 | GGGAAGGACA | 6 | — |
| | 总带数 | 53 | 38 | | 总带数 | 64 | 36 |

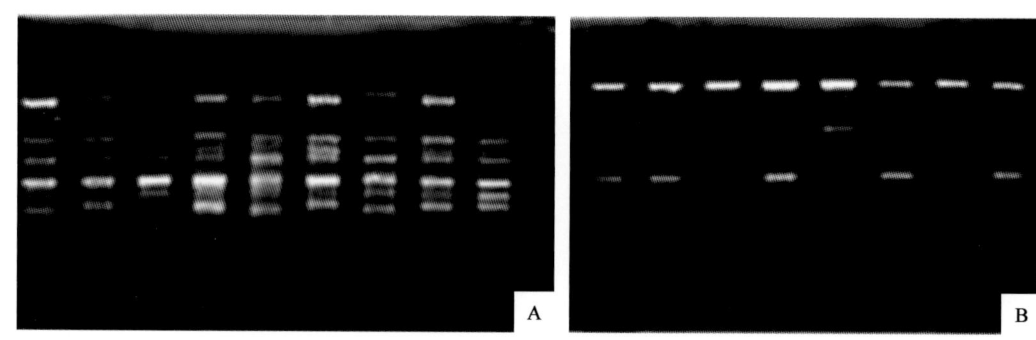


图 1-66 · 不同引物在雌核发育鲢($GYS_1$)上的 RAPD 扩增结果

A. 引物 OPP17 扩增图;B. 引物 OPP11 扩增图

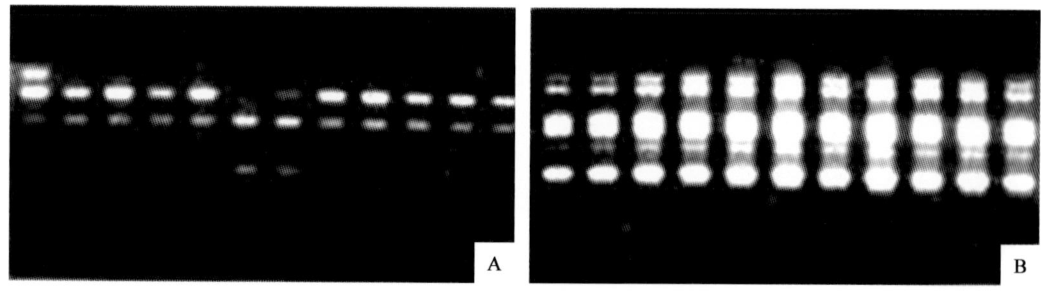


图 1-67 · 不同引物在雌核发育鲢($GYS_2$)上的 RAPD 扩增结果

A. 引物 OPK07 扩增图;B. 引物 OPP11 扩增图

利用在雌核发育鲢 $GYS_1$ 产生多态性的 7 种引物和在 $GYS_2$ 中产生多态性的 4 种引物进行遗传多样性指数和多态座位比例分析,$GYS_1$ 的遗传多样性指数为 0.175,多态座位比例为 13.68%;雌核发育鲢 $GYS_2$ 的遗传多样性指数和多态座位比例分别为 0.062 和

9.74%(表 1－19)。以 RAPD 所得数据进行雌核发育鲢一代($GYS_1$)和普通鲢个体间的遗传相似性与遗传距离分析,18 尾雌核发育鲢 $GYS_1$ 个体间遗传相似度均在 0.945 9 以上,最高可达 0.995 6,平均为 0.972 4;3 尾普通鲢之间的平均遗传相似度为 0.968 8,$GYS_1$ 略高于普通鲢,两者相比并无显著差异。根据雌核发育鲢 $GYS_2$ 个体间的遗传相似度和遗传距离计算结果,15 个样本可分为雌核发育鲢 $GYS_2$ Ⅰ 和 $GYS_2$ Ⅱ 两个系;系内个体间遗传相似度为 1,即在所研究的引物中未见多态,两系间遗传相似度为 0.977 3。15 尾个体间遗传相似度在 0.961 5~1.000 0 之间,平均为 0.985 2,个体间平均遗传距离为 0.015(表 1－20)。雌核发育鲢二代($GYS_2$)与雌核发育一代亲本鲢($GYS_1$)相比,遗传多样性明显减少,遗传相似度进一步提高,种质进一步得到纯化。

**表 1－19 · 雌核发育鲢的遗传多样性指数和多态座位比例**

| 雌核发育鲢 | 多样性指数和多态座位比例 | | | | | | | 平均值 |
|---|---|---|---|---|---|---|---|---|
| | OPK07 | OPP04 | OPP11 | OPP17 | OPQ06 | OPQ09 | OPQ11 | |
| $GYS_1$ | 0.301<br>(20.00) | 0.407<br>(60.00) | 0.451<br>(12.50) | 0.569<br>(12.50) | 1. 175<br>(45.45) | 0.687<br>(50.00) | 0.451<br>(100.00) | 0.175<br>(13.68) |
| $GYS_2$ | 0.309<br>(60.00) | 0.00<br>(0.00) | 0.00<br>(0.00) | 0.270<br>(11.11) | 0.124<br>(50.00) | 0.227<br>(25.00) | 0.00<br>(0.00) | 0.062<br>(9.74) |

注:括号内为多态座位比例,单位为%。

使用 44 个随机引物对雌核发育鲢二代($GYS_2$)、雌核发育一代亲本鲢($GYS_1$)和鲤(父本)进行了 RAPD 随机扩增比较,除 OPP12 和 OPM01 两个引物未扩增出条带或扩增效果不佳外,其余 42 个引物均扩增出清晰可辨的 DNA 条带。10 个引物(OPP02、OPP03、OPP17、OPP18、OPQ04、OPK19、OPK20、OPN07、OPM14、OPM18)在雌核发育鲢 $GYS_2$ 和父本鲤中产生了少数相同的特异 DNA 扩增片段,占总引物比例的 22.7%,而雌核发育一代亲本鲢($GYS_1$)则没有检测到(图 1－68)。研究发现,雌核发育鲢二代($GYS_2$)与父本鲤在遗传物质上的部分相似性,从基因组水平揭示了父本鲤的遗传物质

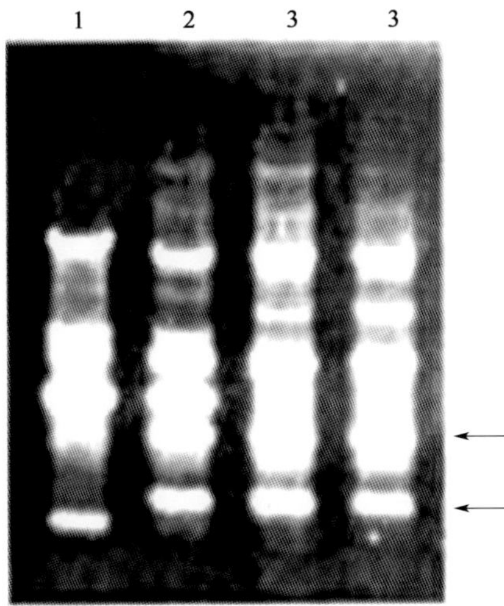


**图 1－68 · 雌核发育鲢异源遗传物质整入的 RAPD 检测(引物 OPP3)**

1. 雌核发育一代亲本鲢($GYS_1$);2. 雌核发育鲢二代($GYS_2$);3. 鲤(♂);箭头示雌核发育鲢与鲤共有带

表 1-20 · 基于 RAPD 分析所得的 15 尾雌核发育鲢($GYS_2$)的遗传相似度(对角线上)与遗传距离(对角线下)

| | 1 | 2 | 3 | 4 | 5 | 6 | 7 | 8 | 9 | 10 | 11 | 12 | 13 | 14 | 15 |
|---|---|---|---|---|---|---|---|---|---|---|---|---|---|---|---|
| 1 | \ | 0.976 9 | 0.969 9 | 0.992 3 | 0.961 8 | 0.969 9 | 0.969 9 | 0.969 9 | 0.992 3 | 0.969 9 | 0.969 9 | 0.969 9 | 0.969 9 | 0.992 3 | 0.962 1 |
| 2 | 0.023 1 | \ | 0.973 3 | 0.984 6 | 0.976 9 | 0.977 3 | 0.977 3 | 0.977 3 | 0.984 6 | 0.977 3 | 0.977 3 | 0.977 3 | 0.977 3 | 0.981 6 | 0.984 7 |
| 3 | 0.030 1 | 0.022 7 | \ | 0.977 3 | 0.984 8 | 1.000 0 | 1.000 0 | 1.000 0 | 0.977 3 | 1.000 0 | 1.000 0 | 1.000 0 | 1.000 0 | 0.977 3 | 0.992 5 |
| 4 | 0.007 7 | 0.015 4 | 0.022 7 | \ | 0.961 5 | 0.977 3 | 0.977 3 | 0.977 3 | 1.000 0 | 0.977 3 | 0.977 3 | 0.977 3 | 0.977 3 | 1.000 0 | 0.969 5 |
| 5 | 0.038 2 | 0.023 1 | 0.015 2 | 0.038 5 | \ | 0.984 8 | 0.984 8 | 0.984 8 | 0.977 3 | 0.984 8 | 0.984 8 | 0.984 8 | 0.984 8 | 0.977 3 | 0.977 1 |
| 6 | 0.030 1 | 0.022 7 | 0.000 0 | 0.022 7 | 0.015 2 | \ | 1.000 0 | 1.000 0 | 0.977 3 | 1.000 0 | 1.000 0 | 1.000 0 | 1.000 0 | 0.977 3 | 0.992 5 |
| 7 | 0.030 1 | 0.022 7 | 0.000 0 | 0.022 7 | 0.015 2 | 0.000 0 | \ | 1.000 0 | 0.977 3 | 1.000 0 | 1.000 0 | 1.000 0 | 1.000 0 | 0.977 3 | 0.992 5 |
| 8 | 0.007 7 | 0.022 7 | 0.000 0 | 0.022 7 | 0.015 2 | 0.000 0 | 0.000 0 | \ | 0.977 3 | 1.000 0 | 1.000 0 | 1.000 0 | 1.000 0 | 0.977 3 | 0.992 5 |
| 9 | 0.030 1 | 0.015 4 | 0.022 7 | 0.000 0 | 0.022 7 | 0.022 7 | 0.022 7 | 0.022 7 | \ | 0.977 3 | 0.977 3 | 0.977 3 | 0.977 3 | 0.977 3 | 0.969 5 |
| 10 | 0.030 1 | 0.022 7 | 0.000 0 | 0.022 7 | 0.015 2 | 0.000 0 | 0.000 0 | 0.000 0 | 0.022 7 | \ | 1.000 0 | 1.000 0 | 1.000 0 | 0.977 3 | 0.992 5 |
| 11 | 0.030 1 | 0.022 7 | 0.000 0 | 0.022 7 | 0.015 2 | 0.000 0 | 0.000 0 | 0.000 0 | 0.022 7 | 0.000 0 | \ | 1.000 0 | 1.000 0 | 0.977 3 | 0.992 5 |
| 12 | 0.030 1 | 0.022 7 | 0.000 0 | 0.022 7 | 0.015 2 | 0.000 0 | 0.000 0 | 0.000 0 | 0.022 7 | 0.000 0 | 0.000 0 | \ | 1.000 0 | 0.977 3 | 0.992 5 |
| 13 | 0.030 1 | 0.022 7 | 0.000 0 | 0.022 7 | 0.015 2 | 0.000 0 | 0.000 0 | 0.000 0 | 0.022 7 | 0.000 0 | 0.000 0 | 0.000 0 | \ | 0.977 3 | 0.992 5 |
| 14 | 0.007 7 | 0.015 4 | 0.022 7 | 0.022 7 | 0.022 7 | 0.022 7 | 0.022 7 | 0.022 7 | 0.000 0 | 0.022 7 | 0.022 7 | 0.022 7 | 0.022 7 | \ | 0.969 5 |
| 15 | 0.037 9 | 0.015 3 | 0.075 0 | 0.030 5 | 0.022 9 | 0.007 5 | 0.007 5 | 0.007 5 | 0.030 5 | 0.007 5 | 0.007 5 | 0.007 5 | 0.007 5 | 0.030 5 | \ |

整入了雌核发育鲢。另有 12 个引物(OPP7、OPP17、OPP18、OPQ11、OPQ17、OPK04 等)出现 1~2 条雌核发育鲢($GYS_2$)独有的 DNA 片段,占总引物比例的 27.3%。

② 两个人工雌核发育鲢系近交 $F_1$ 代遗传多样性的 RAPD 分析:雌核发育鲢 $GYS_2$ Ⅰ系、$GYS_2$ Ⅱ系内均发现少量雄性个体,雌雄个体近交所得的后代为雌核发育鲢近交系。随机选取 $GYS_2$ Ⅰ系近交 $F_1$ 代个体 6 尾,$GYS_2$ Ⅱ系近交 $F_1$ 代个体 11 尾,两系的近交 $F_1$ 代样本均为 7 月龄,体重 100~250 g。以荆州人工繁殖群体中的普通鲢(S)和普通鲤(C)各 6 尾作为对照。

筛选出 26 个引物对雌核发育鲢 $GYS_2$ Ⅰ系、$GYS_2$ Ⅱ系近交 $F_1$ 和普通鲢、鲤(♂)共 29 个个体进行扩增,统计稳定、清晰的 DNA 条带,26 个引物共产生了 315 条扩增片段,单个引物检测到的位点数在 8~17 之间,片段大小为 0.3~2.7 kb(表 1-21)。OPI14 号引物在 $GYS_2$ Ⅰ系、$GYS_2$ Ⅱ系近交 $F_1$ 和普通鲢 3 个群体的扩增图谱大部分相似,与鲤差别较大(图 1-69);OPG04、OPG17、OPP01、OPM11、OPM16 扩增的结果显示,雌核发育鲢 $GYS_2$ Ⅰ系、$GYS_2$ Ⅱ系近交 $F_1$ 代之间有明显 1~2 条带的差异,可用于区分这两个系。OPG17 号引物在 1 400 kb 处显示 $GYS_2$ Ⅰ系的所有个体比 $GYS_2$ Ⅱ系多 1 条扩增带(图 1-70);在 OPG04 号引物上检测到 $GYS_2$ Ⅱ系和鲤具有相同(大小为 920 bp)的扩增带,而 $GYS_2$ Ⅰ系和普通鲢没有;同样,在 OPP03 号引物上检测到 $GYS_2$ Ⅰ系 4 尾鱼具有与鲤相同的扩增带,而普通鲢和 $GYS_2$ Ⅱ系则没有(图 1-71)。

**表 1-21 · 所用引物信息**

| 引物 | 序列(5′-3′) | 引物 | 序列(5′-3′) | 引物 | 序列(5′-3′) |
|---|---|---|---|---|---|
| OPI-03 | CAGAAGCCCA | OPP-03 | CTGATACGCC | OPG-14 | GGATGAGACC |
| OPI-13 | CTGGGGCTGA | OPP-05 | CCCCGGTAAC | OPG-15 | ACTGGGACTC |
| OPI-14 | TGACGGCGGT | OPP-07 | GTCCATGCCA | OPG-17 | ACGACCGACA |
| OPI-16 | TCTCCGCCCT | OPP-08 | ACATCGCOCA | OPG-19 | GTCAGGGCAA |
| OPI-17 | GGTGGTGATG | OPP-11 | AACGCGTCGG | OPM-11 | GTCCACTGTG |
| OPI-18 | TGCCCAGCCT | OPP-13 | GGAGTGCCTC | OPM-15 | GACCTACCAC |
| OPI-19 | AATGCGGGAG | OPP-17 | TGACCCGCCT | OPM-16 | GTAACCAGCC |
| OPP-01 | GTAGCACTCC | OPG-04 | AGCGTGTCTG | OPM-17 | TCAGTCCGGG |
| OPP-02 | TCGGCACGCA | OPG-11 | TGCCCGTCGT | | |

26 个引物对雌核发育鲢 $GYS_2$ Ⅰ系、$GYS_2$ Ⅱ系近交 $F_1$ 代和普通鲢、鲤扩增的总带数

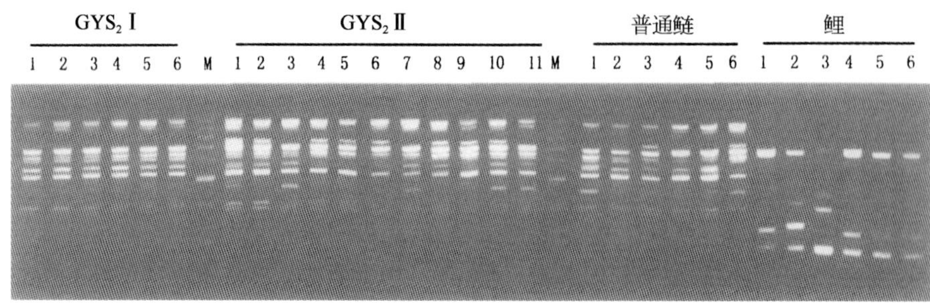


图 1－69 · **OPI14 号引物对 4 个群体的扩增图谱**

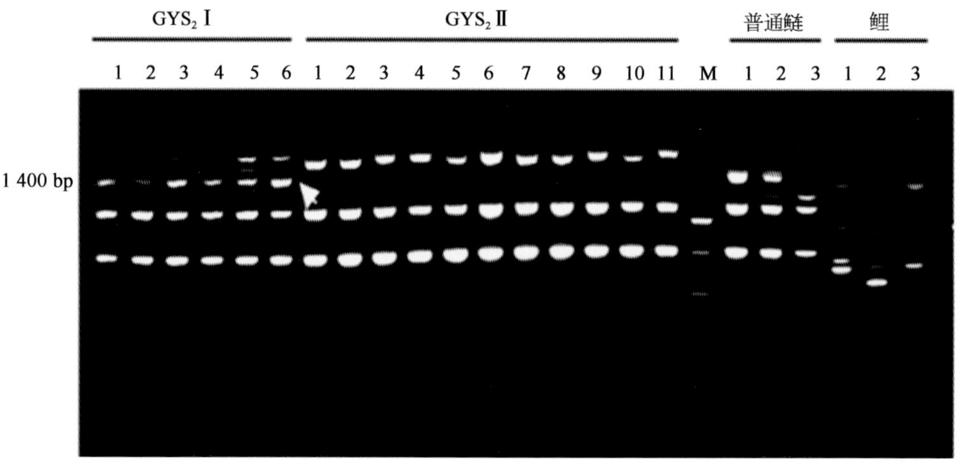


图 1－70 · **OPG17 号引物对 4 个群体的扩增图谱**

箭头所示为雌核发育鲢 $GYS_2$ Ⅰ系在 1 400 bp 处比雌核发育鲢 $GYS_2$ Ⅱ系多的扩增条带

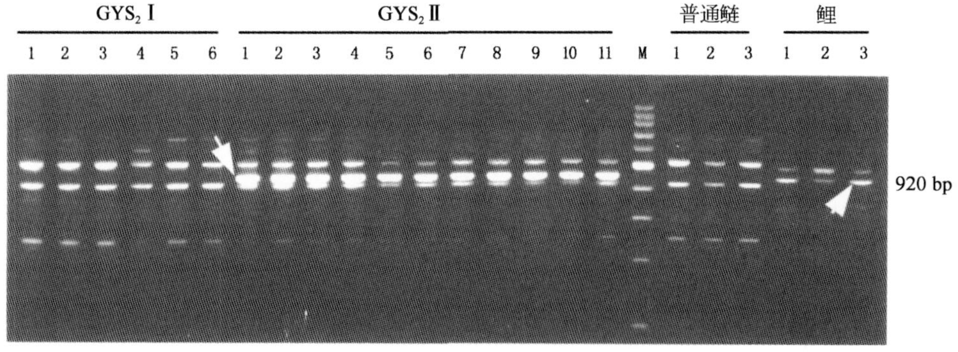


图 1－71 · **OPG04 号引物对 4 个群体的扩增图谱**

箭头所示为雌核发育鲢 $GYS_2$ Ⅱ与对照鲤的共有条带

分别为 210、211、212 和 192，单个引物分别在 4 个群体中扩增带数在 3～12 之间。$GYS_2$ Ⅰ系、$GYS_2$ Ⅱ系的多态位点百分率分别为 11.48%和 9.95%，低于普通鲢的 17.45%

和鲤的 45.37%；经过连续两代的雌核发育以后，系内近交的 $F_1$ 代多样性指数维持在较低水平，说明这两个系纯合度较高(表 1－22)。

表 1－22 · **4 个群体的扩增带数、多态位点数和多样性指数**

| 引 物 | 扩增带数(多态位点数) | | | | 多样性指数 | | | |
|---|---|---|---|---|---|---|---|---|
| | $GYS_2$ Ⅰ系 | $GYS_2$ Ⅱ系 | $GYS_2$ | 鲤 | $GYS_2$ Ⅰ系 | $GYS_2$ Ⅱ系 | 普通鲢 | 鲤 |
| OPI03 | 12(0) | 12(0) | 12(0) | 8(2) | 0.000 0 | 0.000 0 | 0.000 0 | 0.122 2 |
| OPI13 | 8(0) | 8(0) | 9(1) | 10(2) | 0.000 0 | 0.000 0 | 0.0.57 | 0.115 3 |
| OPI14 | 12(0) | 13(1) | 12(3) | 7(5) | 0.000 0 | 0.053 2 | 0.152 4 | 0.291 4 |
| OPI16 | 9(0) | 10(1) | 9(0) | 6(2) | 0.000 0 | 0.069 2 | 0.000 0 | 0.162 8 |
| OPI17 | 8(0) | 8(0) | 9(2) | 10(5) | 0.000 0 | 0.000 0 | 0.142 3 | 0.253 1 |
| OPI18 | 9(0) | 9(0) | 9(1) | 6(3) | 0.000 0 | 0.000 0 | 0.075 7 | 0.275 5 |
| OPI19 | 12(0) | 11(0) | 11(1) | 9(0) | 0.106 8 | 0.000 0 | 0.061 5 | 0.000 0 |
| OPP01 | 6 (0) | 7(0) | 8(1) | 5(2) | 0.000 0 | 0.000 0 | 0.084 6 | 0.241 8 |
| OPP02 | 4(1) | 4(0) | 5(2) | 10(5) | 0.119 1 | 0.000 0 | 0.216 2 | 0.266 3 |
| OPP03 | 5(1) | 4(0) | 4 (0) | 5(3) | 0.136 2 | 0.000 0 | 0.000 0 | 0.377 1 |
| OPP05 | 10(3) | 13(6) | 11(4) | 8(5) | 0.165 3 | 0.189 4 | 0.208 2 | 0.278 2 |
| OPP07 | 8(0) | 7(1) | 5(0) | 7(4) | 0.000 0 | 0.099 7 | 0.000 0 | 0.339 4 |
| OPP08 | 10(0) | 10(0) | 10(1) | 11(9) | 0.000 0 | 0.000 0 | 0.067 7 | 0.442 2 |
| OPP11 | 12(3) | 10(0) | 9(1) | 10(7) | 0.121 1 | 0.000 0 | 0.053 0 | 0.358 4 |
| OPP13 | 6(2) | 4(0) | 5(3) | 4(1) | 0.180 3 | 0.000 0 | 0.275 5 | 0.075 0 |
| OPP17 | 4(0) | 5(1) | 6(2) | 3(1) | 0.000 0 | 0.138 4 | 0.182 9 | 0.226 9 |
| OPG04 | 5(3) | 6(1) | 5(0) | 3(0) | 0.000 0 | 0.102 0 | 0.000 0 | 0.000 0 |
| OPG11 | 10(3) | 9(1) | 9(2) | 4(0) | 0.164 9 | 0.063 9 | 0.134 4 | 0.000 0 |
| OPG14 | 7(0) | 7(0) | 8(1) | 8(3) | 0.000 0 | 0.000 0 | 0.059 0 | 0.229 2 |
| OPG15 | 7(2) | 7(3) | 9(5) | 7(5) | 0.183 7 | 0.283 9 | 0.332 4 | 0.353 8 |
| OFG17 | 9(3) | 6(1) | 6(1) | 9(2) | 0.195 8 | 0.102 0 | 0.113 6 | 0.105 3 |
| OPG19 | 6(1) | 8(2) | 8(3) | 3(1) | 0.112 7 | 0.136 2 | 0.179 1 | 0.159 0 |
| OPM11 | 8(0) | 9(0) | 8(1) | 11(6) | 0.000 0 | 0.000 0 | 0.064 5 | 0.293 6 |
| OPM15 | 6(0) | 6(0) | 7(0) | 9(3) | 0.000 0 | 0.000 0 | 0.000 0 | 0.140 9 |

续 表

| 引物 | 扩增带数(多态位点数) | | | | 多样性指数 | | | |
|---|---|---|---|---|---|---|---|---|
| | $GYS_2$ Ⅰ系 | $GYS_2$ Ⅱ系 | $GYS_2$ | 鲤 | $GYS_2$ Ⅰ系 | $GYS_2$ Ⅱ系 | 普通鲢 | 鲤 |
| OPM16 | 6(0) | 7(0) | 7(1) | 8(2) | 0.000 0 | 0.000 0 | 0.096 6 | 0.144 1 |
| OPM17 | 11(3) | 11(3) | 11(1) | 11(6) | 0.150 2 | 0.177 1 | 0.062 0 | 0.273 4 |
| 总计 | 210(24) | 211(21) | 212(37) | 192(88) | — | — | — | — |
| P(%) | 11.48 | 9.96 | 17.45 | 45.73 | — | — | — | — |
| 平均 | — | — | — | — | 0.062 9 | 0.052 9 | 0.101 8 | 0.213 2 |

雌核发育鲢 $GYS_2$ Ⅰ系近交 $F_1$ 代个体间的遗传距离为 0.017 5~0.040 4，平均为 0.027 8，个体间平均相似度为 0.972 2(表 1－23)。$GYS_2$ Ⅱ系近交 $F_1$ 个体间的遗传距离为 0.009 8~0.032 3，平均为 0.019 3，平均遗传相似度为 0.980 7(表 1－24)。普通鲢个体间的平均遗传距离为 0.045 4，平均相似度为 0.954 6；鲤个体间平均遗传距离为 0.127 3，遗传相似度为 0.872 7。

表 1－23 · 雌核发育鲢 $GYS_2$ Ⅰ系群体内个体之间的 $N_{ei}$ 氏遗传距离(对角线下)和遗传相似度(对角线上)

| | Ⅰ1 | Ⅰ2 | Ⅰ3 | Ⅰ4 | Ⅰ5 | Ⅰ6 |
|---|---|---|---|---|---|---|
| Ⅰ1 | | 0.969 8 | 0.972 7 | 0.982 5 | 0.977 7 | 0.972 3 |
| Ⅰ2 | 0.030 2 | | 0.967 3 | 0.977 2 | 0.962 2 | 0.971 9 |
| Ⅰ3 | 0.027 3 | 0.032 7 | | 0.970 0 | 0.970 1 | 0.959 6 |
| Ⅰ4 | 0.017 5 | 0.022 8 | 0.030 0 | | 0.975 0 | 0.974 6 |
| Ⅰ5 | 0.022 3 | 0.037 8 | 0.029 9 | 0.025 0 | | 0.979 8 |
| Ⅰ6 | 0.027 7 | 0.028 1 | 0.040 4 | 0.025 4 | 0.020 2 | |

以群体内遗传距离的平均值计算群体之间的遗传距离。两个系之间的遗传距离为 0.067 9，遗传相似度为 0.932 1；两个系和普通鲢的遗传距离分别为 0.096 7、0.081 5，与鲤的遗传距离为分别为 0.553 3、0.562 3(表 1－25)。雌核发育鲢 $GYS_2$ Ⅰ系、$GYS_2$ Ⅱ系近交 $F_1$ 间的亲缘关系最近，其次为两个系与普通鲢的关系较近，与鲤的亲缘关系最远(表 1－25)。

表 1-24 雌核发育鲢 $GYS_2$ Ⅱ系群体内个体之间的 $N_{ei}$ 氏遗传距离（对角线下）和遗传相似度（对角线上）

| | Ⅱ1 | Ⅱ2 | Ⅱ3 | Ⅱ4 | Ⅱ5 | Ⅱ6 | Ⅱ7 | Ⅱ8 | Ⅱ9 | Ⅱ10 | Ⅱ11 |
|---|---|---|---|---|---|---|---|---|---|---|---|
| Ⅱ1 | | 0.987 7 | 0.980 0 | 0.985 1 | 0.982 6 | 0.977 7 | 0.980 0 | 0.980 3 | 0.975 5 | 0.977 8 | 0.972 4 |
| Ⅱ2 | 0.012 3 | | 0.987 6 | 0.987 7 | 0.980 3 | 0.990 1 | 0.982 6 | 0.978 0 | 0.978 1 | 0.990 2 | 0.980 1 |
| Ⅱ3 | 0.020 0 | 0.012 4 | | 0.980 1 | 0.977 6 | 0.987 5 | 0.984 9 | 0.970 3 | 0.970 4 | 0.977 7 | 0.982 4 |
| Ⅱ4 | 0.014 9 | 0.012 3 | 0.019 9 | | 0.987 7 | 0.987 7 | 0.980 1 | 0.990 2 | 0.980 5 | 0.982 8 | 0.972 6 |
| Ⅱ5 | 0.017 4 | 0.019 7 | 0.022 4 | 0.012 3 | | 0.985 1 | 0.977 6 | 0.987 7 | 0.987 8 | 0.975 4 | 0.975 0 |
| Ⅱ6 | 0.022 3 | 0.009 9 | 0.012 5 | 0.012 3 | 0.014 9 | | 0.987 5 | 0.977 9 | 0.982 9 | 0.985 2 | 0.980 0 |
| Ⅱ7 | 0.020 0 | 0.017 4 | 0.015 1 | 0.019 9 | 0.022 4 | 0.012 5 | | 0.975 2 | 0.975 4 | 0.977 7 | 0.977 3 |
| Ⅱ8 | 0.019 7 | 0.022 0 | 0.029 7 | 0.009 8 | 0.012 3 | 0.022 1 | 0.024 8 | | 0.985 4 | 0.973 1 | 0.967 7 |
| Ⅱ9 | 0.024 5 | 0.021 9 | 0.029 6 | 0.019 5 | 0.012 2 | 0.017 1 | 0.024 6 | 0.014 6 | | 0.978 1 | 0.977 8 |
| Ⅱ10 | 0.022 2 | 0.009 8 | 0.022 3 | 0.017 2 | 0.024 6 | 0.014 8 | 0.022 3 | 0.026 9 | 0.021 9 | | 0.980 1 |
| Ⅱ11 | 0.027 6 | 0.019 9 | 0.017 6 | 0.027 4 | 0.025 0 | 0.020 0 | 0.022 7 | 0.032 3 | 0.022 2 | 0.019 9 | |

表 1-25 4 个群体间的平均遗传距离（对角线下）和平均遗传相似度（对角线上）

| | GYS2 Ⅰ系 | $GYS_2$ Ⅱ系 | 普通鲢 | 鲤 |
|---|---|---|---|---|
| $GYS_2$ Ⅰ系 | | 0.932 1 | 0.903 3 | 0.446 7 |
| $GYS_2$ Ⅱ系 | 0.067 9 | | 0.918 5 | 0.437 7 |
| 普通鲢 | 0.096 7 | 0.081 5 | | 0.438 9 |
| 鲤 | 0.553 3 | 0.562 3 | 0.561 1 | |

基于 29 个个体的 $N_{ei}$ 氏遗传距离，采用 NJ 法和 UPGMA 法构建所有个体的聚类图（图 1-72、图 1-73）。其中，$GYS_2$ Ⅰ系的 6 个个体和 $GYS_2$ Ⅱ系的 11 个个体先分别聚在一起，然后 $GYS_2$ Ⅰ、$GYS_2$ Ⅱ两系聚为一类，再与普通鲢聚在一起，最后与鲤聚在一起。

### (2) 微卫星 DNA 分子标记

简单序列重复（SSR）又称微卫星 DNA（microsatellite DNA），由 1~6 bp 碱基为核心序列组成一个重复单位。微卫星 DNA 在真核与原核生物中普遍存在，并且表现出高度的多态性。微卫星 DNA 两端一般是比较保守的非重复序列或称为侧翼序列，中间为重复

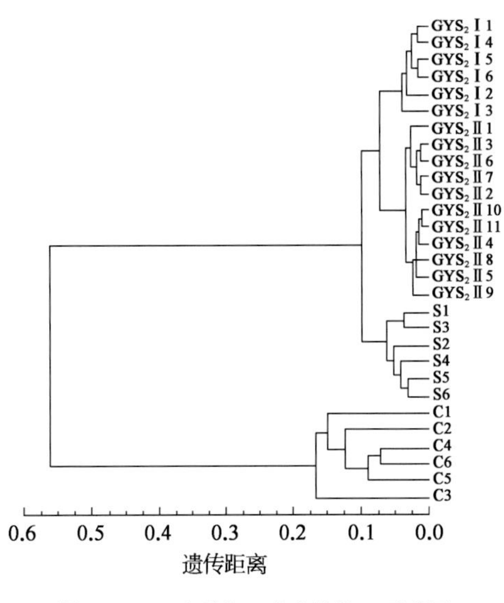

图 1-72 · 4 个群体 29 个个体的 NJ 聚类图

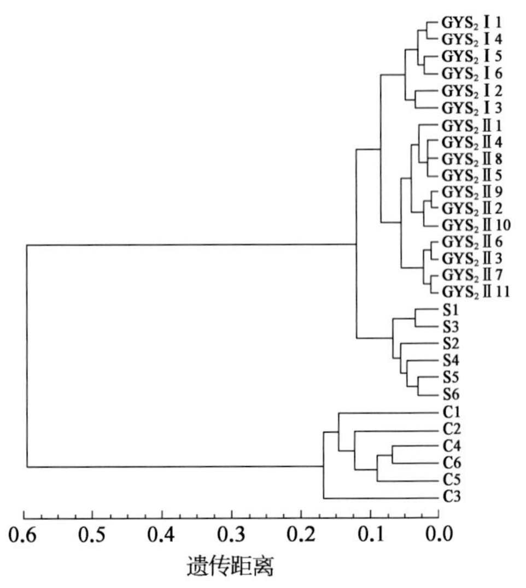


图 1-73 · 4 个群体 29 个个体的 UPGMA 聚类图

的核心序列。因此,分析微卫星 DNA 多态性时,一般在分离得到微卫星 DNA 后,先根据两端的侧翼序列设计引物,再根据 PCR 扩增结果来分析不同个体之间因重复次数不同而造成的遗传多样性。

随机选取人工雌核发育鲢近交 $F_2$ 个体及其父母本 50 尾为试验对象,以湖北石首市江段的长江鲢 7 尾、湖北荆州养殖鲢 10 尾和鲤(♂)10 尾作为对照。采用 17 对微卫星引物进行人工雌核发育鲢近交 $F_2$ 的遗传变异分析,17 对微卫星引物在人工雌核发育鲢近交 $F_2$ 代及其亲本、养殖鲢、长江鲢群体都能扩增出稳定、清晰的片段(表 1-26,图 1-74),而在鲤(♂)中只有位点 BL5、BL83、BL90 可以扩增出稳定、清晰的条带,但未发现人工雌核发育鲢近交 $F_2$ 代与鲤(♂)特有的条带。

表 1-26 · 17 对鲢微卫星引物序列

| 位 点 | 引 物 序 列 | 位 点 | 引 物 序 列 |
|---|---|---|---|
| BL5 | F: CCTGTGCCTTTGAACTCTGA<br>R: CCCTCCACCATACTGACAAG | BL90 | F. ATGCGAGGGTGGATGATGGG<br>R. GGAAAGCAAAGCCTGGACTA |
| BL14 | F: CGGCACTCAGAAATGATGGGG<br>R: CATGGAGAGCAGGAAGAGTTG | BL62 | F: ATATTAACATCTGCCGAAGC<br>R: ACAACCAGCAGTCTGAAGC |
| BL18 | F: CGAGACAAATAAGGTTGGATA<br>R: CACAAAGAAACTGGAACAAAGAG | BL83 | F: CTATCCGCCCTGTTCTGA<br>R: ACCAAACATCCCTCAAGC |
| BL52 | F: CAGAATCCAGAGCCGTCAG<br>R: CACCGAACAGGGAACCAA | BL180 | F. ATCGTCAGGTAGGCTATGGT<br>R: ATGTAGCAAGGAAGGGAAAA |
| BL58 | F: TTCCTGCCTGTGCTCCAT<br>R: TTGCATTGATGCTGTCCC | BL8-2 | F: CCCGACTGGGCTAAACATA<br>R: TCATTTGGGAGGCAGACAC |

续 表

| 位 点 | 引 物 序 列 | 位 点 | 引 物 序 列 |
|---|---|---|---|
| BL15 | F：TACTGATACTCCGTCCCCT<br>R：GCACCTGTAATCCCAAAT | BL101 | F：CCATCAGACAGCCAAAGACAA<br>R. TCAACCCAAGCTCAAGGTITT |
| BL42 | F：TGCCGATGTTATGTTTGCT<br>R：TGCTTGTGGGTGAGTTTCT | BL83 | F：GTTGCTGCTTTATCTITGGA<br>R：AACCACTTCACATAGGCTTG |
| BL55 | F：AAGGAAAGTTGGCTGCTC<br>R：GGCTCTGAGGGAGATACCAC | BL106－2 | F：TITAATTCTTCTAGCTGGACACG<br>R：CACTCCTCTTCCCTCGTAAAT |
| BL69 | F. CTCGTCTCGTGCTTGTCA<br>R：GGTGGTCATAATCACCATTCC | | |

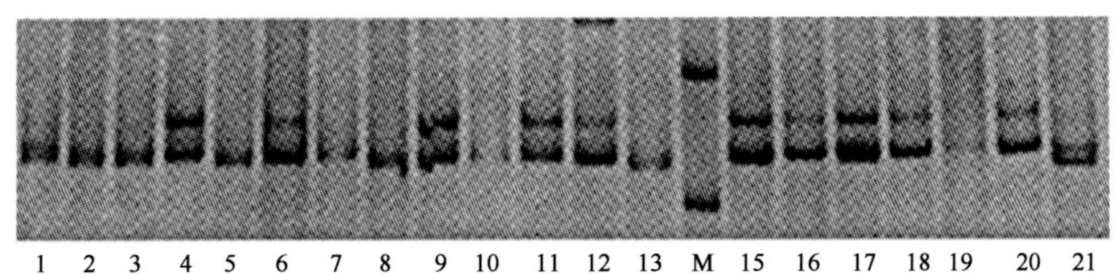


图 1－74 · 引物 BLl06－2 在养殖鲢、长江鲢和人工雌核发育鲢近交 $F_2$ 中的扩增图谱

M 为 DNA 标准相对分子质量 pBR322 DNA/Map I；1～6 泳道为养殖鲢，7～13 泳道为长江鲢，15～21 泳道为人工雌核发育鲢近交 $F_2$ 代

17 个位点在人工雌核发育鲢近交 $F_2$ 代、养殖鲢、长江鲢 3 个鲢群体中表现出高度多态性，多态位点数均为 100%(表 1－27)。在人工雌核发育鲢近交 $F_2$ 代中，纯合个体数所占比率范围为 0.29～0.90，平均比率为 0.71(表 1－28)。

表 1－27 · 4 个群体的遗传参数

| 种 群 | 平均等位基因数 | 平均观测杂合度 | 平均期望杂合度 | 平均香农指数 |
|---|---|---|---|---|
| 雌核发育鲢近交 $F_2$ 代 | 2.1 | 0.276 2 | 0.277 4 | 0.450 0 |
| 养殖鲢 | 3.4 | 0.870 6 | 0.629 7 | 1.027 3 |
| 长江鲢 | 4.0 | 0.958 8 | 0.736 0 | 1.225 8 |

表 1－28 · 人工雌核发育鲢近交 $F_2$ 代遗传多样性

| 位 点 | 等位基因数 | 观测杂合度 | 期望杂合度 | 香农指数 | 纯合子所占比例(%) |
|---|---|---|---|---|---|
| BL5 | 2.0 | 0.140 0 | 0.131 5 | 0.253 6 | 86 |
| BL8－2 | 2.0 | 0.240 0 | 0.213 3 | 0.366 9 | 76 |

续 表

| 位 点 | 等位基因数 | 观测杂合度 | 期望杂合度 | 香农指数 | 纯合子所占比例(%) |
|---|---|---|---|---|---|
| BL14 | 2.0 | 0.200 0 | 0.181 8 | 0.325 1 | 82 |
| BL15 | 2.0 | 0.340 0 | 0.285 1 | 0.455 9 | 66 |
| BL18 | 2.0 | 0.200 0 | 0.285 1 | 0.641 0 | 29 |
| BL42 | 2.0 | 0.400 0 | 0.323 2 | 0.500 4 | 60 |
| BL52 | 2.0 | 0.560 0 | 0.407 3 | 0.593 0 | 44 |
| BL55 | 2.0 | 0.280 0 | 0.243 2 | 0.405 0 | 72 |
| BL58 | 2.0 | 0.180 0 | 0.165 5 | 0.302 5 | 82 |
| BL69 | 2.0 | 0.160 0 | 0.368 5 | 0.551 1 | 82 |
| BL90 | 2.0 | 0.300 0 | 0.504 8 | 0.692 9 | 70 |
| BL101 | 2.0 | 0.100 0 | 0.096 0 | 0.198 5 | 90 |
| BL62 | 3.0 | 0.280 0 | 0.252 3 | 0.496 2 | 70 |
| BL82 | 2.0 | 0.360 0 | 0.298 2 | 0.471 4 | 64 |
| BL83 | 2.0 | 0.240 0 | 0.213 3 | 0.366 9 | 76 |
| BL106-2 | 3.0 | 0.600 0 | 0.464 6 | 0.801 8 | 38 |
| BL180 | 2.0 | 0.120 0 | 0.113 9 | 0.227 0 | 68 |
| 平均值 | 2.117 6 | 0.276 5 | 0.277 4 | 0.450 0 | 71 |

雌核发育鲢近交 $F_2$ 代与养殖鲢、长江鲢和鲤(♂)的遗传相似度分别为 0.580 2、0.526 5 和 0.203 4;遗传距离分别为 0.544 4、0.641 5 和 1.592 4;养殖鲢、长江鲢的亲缘关系最近,其次是雌核发育鲢近交 $F_2$ 代与养殖鲢的亲缘关系较近,与雄鲤的亲缘关系最远(表 1-29)。基于 $N_{ei}$ 氏遗传距离构建 4 个群体的 UPGMA 聚类树,发现养殖鲢、长江鲢、人工雌核发育鲢近交 $F_2$ 代聚成一支,雄鲤单独形成一支(图 1-75)。

**表 1-29 · 4 个群体的 $N_{ei}$ 氏遗传距离(对角线下)及相似性指数(对角线上)**

| 种 群 | 雌核鲢近交 $F_2$ | 养殖鲢 | 长江鲢 | 鲤(♂) |
|---|---|---|---|---|
| 雌核鲢近交 $F_2$ | | 0.580 2 | 0.526 5 | 0.203 4 |
| 养殖鲢 | 0.544 4 | | 0.769 4 | 0.326 0 |
| 长江鲢 | 0.641 5 | 0.262 1 | | 0.269 4 |
| 鲤(♂) | 1.592 4 | 1.120 8 | 1.311 6 | |

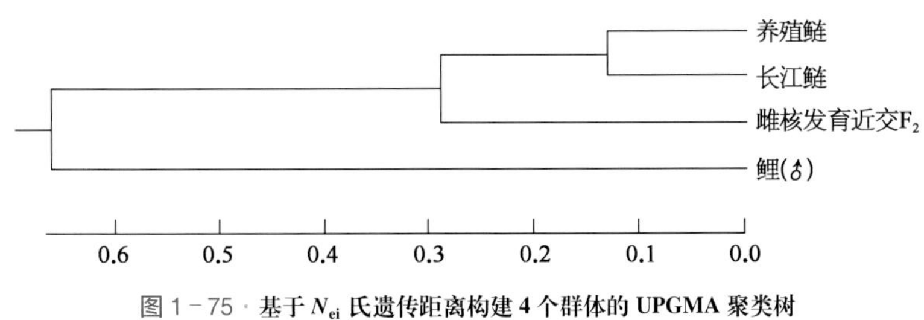


图 1－75 · 基于 $N_{ei}$ 氏遗传距离构建 4 个群体的 UPGMA 聚类树

# 1.3 鲢种质资源保护面临的问题与保护策略

## 1.3.1 · 鲢种质资源保护面临的问题

### （1）自然种群数量少

受水利工程建设、水体污染和过度捕捞等人为因素干扰的影响，鲢自然种群数量锐减，资源严重衰退。1965 年前，长江水系“四大家鱼”种质资源极其丰富，鲢、鳙、草鱼鱼苗年产量平均在 180 亿尾，占到全国“四大家鱼”鱼苗总产量的 70%～80%。湖北省是“四大家鱼”鱼苗的主产区，在 20 世纪 50 年代平均年产鱼苗 40 亿尾，60 年代平均年产鱼苗 83.8 亿尾，而在 70 年代鱼苗年产量骤降到 29.6 亿尾，90 年代平均年产鱼苗仅有 6.6 亿尾（陈大庆等，2002）。1997—1999 年长江宜昌至岳阳城陵矶江段渔业资源调查发现，“四大家鱼”鱼苗径流量减少至三峡工程大江截流前同期的 32%（邱顺林等，2002）。王红丽等（2015）对三峡库区丰都江段的鱼类早期资源调查发现，“四大家鱼”仔鱼仅占总仔鱼数量的 0.18%。在 1952 年，珠江水系广东段鲢苗产量为 7.2 亿尾，占到鲢、鳙、草鱼和鲮苗产量的 27.8%；而在 1965 年鱼苗产量为 2.9 亿尾，占鲢、鳙、草鱼和鲮苗产量的比例下降到 5.1%，而鲮苗的产量占比由 1952 年的 34.2%上升到 64.3%。

2016—2018 年通过安庆江段的“四大家鱼”仔稚鱼径流量分别为 $21.70\times10^8$ 尾、$14.62\times10^8$ 尾、$12.05\times10^8$ 尾，呈现出逐年减少的趋势（丁隆强等，2020）。《长江生命力报告（2020）》显示，长江流域水生态总体处在 $B^-$ 等级，其中，长江中游的水生态指数最差（为 D 等）。鱼类物种数从过去的 97 种减少了 36 种，鱼类特有种数从过去的 38 种减少了 16 种，鲢等“四大家鱼”的早期资源量从过去的 67 亿尾减少到 9 亿尾。方冬冬等（2023）分别在 2021 年 6 月和 10 月对长江中游湖北宜昌至江西湖口进行调查发现，长江中游的鱼类优势种主要由瓦氏黄颡鱼、三角鲂、短颌鲚等小型鱼类组成，“四大家鱼”等重要的经济鱼类资源量明显下降。鱼类物种组成发生了较大的变化，禁捕之后，部分生长周期短、栖息地尚存的受威胁鱼类群落有逐渐恢复的迹象，长江中游鱼类群落的优势种群主要以小型鱼类为主。

### （2）缺乏科学的制种机制和种质鉴别技术

就目前养殖鲢而言，其亲本最早都来自自然群体。绝大多数养殖场（原种场除外）首次引入亲本数量较少，在养殖后，大部分都是采用自有的亲本繁殖并留种作为后备亲本，由于人工繁殖的局限性以及缺乏科学的制种机制和种质鉴别技术，近交程度加剧，性成熟年龄提前，出现性早熟现象，性成熟年龄低龄化、个体小型化；与此同时，雌性鲢亲鱼的怀卵量减少、卵子质量下降、繁殖力降低、苗种质量变差、生长速度减缓、抗病抗逆性降低。

### （3）新品种应用不足

截至目前，累计培育长丰鲢和津鲢 2 个新品种。长丰鲢是由中国水产科学研究院长江水产研究所采用人工雌核发育技术、分子标记辅助选择与群体选育相结合的育种方法，以快速生长为选育目标选育而来。津鲢由国家级天津市换新水产良种场以生长速度快、形态学性状稳定、繁殖力高为选育目标，采用群体繁殖和混合选择相结合的方法选育而来。两个新品种自 2010 年通过审定以来，进行了大面积推广，特别是长丰鲢新品种已经推广至全国 27 个省（自治区和直辖市）进行养殖。现已建设了农业农村部鲢遗传育种中心、国家级湖北盛丰长丰鲢良种场；湖北潜江白鹭湖长丰鲢良种场、湖北浠水长丰鲢良种场、湖北洪湖市群友长丰鲢良种场、河南南阳长丰鲢良种场；陕西大荔长丰鲢繁育基地、安徽颍上长丰鲢繁育基地、河北任丘长丰鲢繁育基地和广西灵山长丰鲢繁育基地等 10 余处，构建了“遗传育种中心-良种场-繁育基地”苗种规模化生产和供应体系，全国主产区长丰鲢覆盖率平均达到 35%，有效提高了鲢的良种覆盖率。但是，新品种的应用程度仍然有待加强，大部分养殖鲢，特别是大水面增养殖中的鲢主要还是以苗种场自然群体繁育的苗种为主。

### （4）增殖放流对自然种群的冲击

种质资源的增殖放流是修复、维持以及增加自然种群规模的重要手段。越来越多的国家开展了种质资源的增殖放流活动，将人工培育的水生生物放流到自然水域中，用以提高自然种群资源量，改善和优化自然水体的渔业资源结构，以应对自然生态环境退化、人为因素导致的自然水体中水生生物资源量的衰减,实现渔业的可持续发展。

在长江中下游,2016—2019 年累计放流数量最多的是以“四大家鱼”为代表的广布种,“四大家鱼”的放流数量占所有放流物种总量的比重呈逐年上升趋势,由 2016 年的 64%升高至 2019 年的 87%,其中鲢是“四大家鱼”中放流数量最多的种。随着放流活动的开展和相关规范的不断完善,放流苗种供应单位也发生了重要变化,在苗种来源的原种场、良种场、水产苗种公司、科研院所及高校等单位中,原种场逐渐成为苗种供应的最主要单位。

在开展增殖放流活动中,不可避免地对自然种群造成一定的压力。近年来,围绕鲢种质资源增殖放流对自然群体的影响也开展了一些研究。李小芳等(2012)采用微卫星标记对 2010 年和 2011 年湖北江段放流亲本的效果进行评估发现,放流亲本对卵苗发生量的贡献率分别为 1.33%和 6.78%。2015—2017 年放流鲢亲本群体对当年早期资源量的贡献率分别为 3.74%、10.37%和 7.51%,总贡献率分别为 3.74%、18.88%和 14%。杨习文等(2020)采用微卫星亲子鉴定技术评估了 2016—2017 年长江江苏段鲢增殖放流群体对江苏段鲢群体的资源贡献率,经鉴定回捕率为 8.21%。增殖放流活动对于鲢资源量起到了良好的补充作用。虽然目前尚未发现放流群体对自然群体的遗传多样性和遗传结构造成明显的影响,但是仍然存在对自然群体的潜在影响。增殖放流会对自然种群造成潜在的遗传风险,会增加群体基因流、降低群体有效群体大小、减低群体间的异质性、增加遗传同质性。李小芳等(2012)发现,放流鲢亲本后,采集的鲢群体间遗传分化程度较低、遗传距离较近。张敏莹等(2012)发现,长江下游 4 个放流群体存在一定的近交,群体间遗传分化程度较低。

### 1.3.2 · 鲢种质资源保护与利用策略

#### (1) 充分利用长江禁捕休养生息

2007 年 12 月 12 日《国家重点保护经济水生动植物资源名录(第一批)》发布,鲢被列入其中。2020 年 1 月,农业农村部发布《关于长江流域重点水域禁捕范围和时间的通告》,宣布从 2021 年 1 月 1 日起,长江流域重点水域 10 年禁渔全面启动。长江干流和重要支流,除水生生物自然保护区和水产种质资源保护区以外的天然水域,实行为期 10 年的常年禁捕,其间禁止天然渔业资源的生产性捕捞。连续禁渔 10 年,鲢等“四大家鱼”将利用 2~3 个世代的繁衍,增加其种群数量。野生鱼类种群的恢复将有利于长江整体生态环境的修复,并为养殖鱼类提供优质的种质资源。

### （2）强化水产种质资源保护区功能

水产种质资源保护区是水生生物资源养护的一项重要举措，也是水产种质资源就地保护的一种有效形式。2007 年以来，农业部相继出台了《农业部办公厅关于加快水产种质资源保护区划定工作的通知》和《水产种质资源保护区划定工作规范（试行）》。2008 年，首批国家级水产种质资源保护区公布，对我国重点保护渔业资源种类及其产卵场、索饵场、越冬场、洄游通道等关键栖息场所进行保护。截至目前，农业农村部正式公告 11 批次、535 处国家级水产种质资源保护区。目前已批准的国家级四大家鱼水产种质资源保护区有 9 处，其中长江上游 1 处，位于长江重庆江段；中游湖北省 3 处，分别为长江监利、黄石江段及汉江黔江段；江西省 2 处，分别为长江江西段和赣江峡江段；湖南省 1 处，为湘江衡阳段；安徽省 1 处，为长江安庆段；江苏省 1 处，为长江扬州段。其他国家级水产种质资源保护区中保护物种包含鲢的有 93 处。目前已构建起了鲢主要水域水产种质资源保护区网络，国家级水产种质资源保护区已初具规模。应进一步强化水产种质资源保护区管理，对其产卵场、索饵场及关键栖息地进行一体化的保护与修复。

### （3）规范原良种场的管理

截至 2023 年，全国累计建成国家级遗传育种中心 28 个，其中鲢遗传育种中心 1 个；国家级原良种场 91 个，其中淡水原良种场 65 个，保存对象包括鲢的有 12 个（表 1 - 30）。各省建设的省级原良种场有 820 多个，其中开展鲢亲本保存及繁育的有 54 个（表 1 - 31）。这些遗传育种中心、原良种场是我国水产良种体系建设的重要组成部分，在种质资源保护和利用方面起到了积极的作用。今后应进一步加强原良种场的建设，充分发挥原良种场的作用，挖掘优异种质资源，服务现代渔业发展。

表 1 - 30 · 保存有鲢的国家级遗传育种中心、原良种场名录

| 名　称 | 类　别 | 保存对象 | 建　设　单　位 |
|---|---|---|---|
| 农业农村部鲢遗传育种中心 | 遗传育种中心 | 鲢、长丰鲢 | 中国水产科学研究院长江水产研究所 |
| 湖北石首老河长江四大家鱼原种场 | 原种场 | 鲢 | 湖北石首老河长江四大家鱼原种场 |
| 国家级湖北监利四大家鱼原种场 | 原种场 | 鲢 | 长江四大家鱼监利老江河原种场 |
| 湖南鱼类原种场 | 原种场 | 鲢 | 湖南省水产科学研究所 |
| 江西省瑞昌长江四大家鱼原种场 | 原种场 | 鲢 | 江西省瑞昌长江四大家鱼原种场 |

续 表

| 名 称 | 类 别 | 保存对象 | 建 设 单 位 |
|---|---|---|---|
| 江苏广陵长江系四大家鱼原种场 | 原种场 | 鲢 | 江苏广陵长江系四大家鱼原种场 |
| 江苏吴江四大家鱼原种场 | 原种场 | 鲢 | 江苏吴江四大家鱼原种场 |
| 浙江嘉兴长江四大家鱼原种场 | 原种场 | 鲢 | 浙江嘉兴长江四大家鱼原种场 |
| 陕西新民家鱼原种场 | 原种场 | 鲢 | 陕西新民家鱼原种场 |
| 河北任丘四大家鱼良种场 | 良种场 | 鲢 | 河北任丘四大家鱼良种场 |
| 内蒙古通辽四大家鱼良种场 | 良种场 | 鲢 | 内蒙古通辽四大家鱼良种场 |
| 国家级湖北鄂州长丰鲢良种场 | 良种场 | 长丰鲢 | 湖北鄂州长丰鲢良种场 |
| 天津换新水产良种场 | 良种场 | 津鲢 | 天津换新水产良种场 |

表 1-31 保存有鲢的部分省级原良种场名录

| 名 称 | 类 别 | 保存对象 | 建 设 单 位 |
|---|---|---|---|
| 武汉市新洲区黄颡鱼良种场 | 良种场 | 鲢 | 武汉市新洲区黄颡鱼良种场 |
| 黄石市富尔水产苗种有限公司 | 良种场 | 鲢 | 黄石市富尔水产苗种有限公司 |
| 宜都市清江名优鱼良种场 | 良种场 | 鲢 | 宜都市清江名优鱼良种场 |
| 浠水县水产良种场 | 良种场 | 鲢 | 浠水县水产良种场 |
| 咸宁市咸安区向阳水产良种场 | 良种场 | 鲢 | 咸宁市咸安区向阳水产良种场 |
| 仙桃市国营渔业良种场 | 原种场 | 鲢 | 仙桃市国营渔业良种场 |
| 湖北武汉青鱼原种场 | 良种场 | 鲢 | 湖北武汉青鱼原种场 |
| 湖北乌鳢原种场 | 良种场 | 鲢 | 湖北乌鳢原种场 |
| 湖北红安三角鲂原种场 | 良种场 | 鲢 | 红安大别山远宏商贸有限公司 |
| 随州市细鳞斜颌鲴原种场(万店) | 良种场 | 鲢 | 随州市细鳞斜颌鲴原种场(万店) |
| 湖北太白湖翘嘴红鲌原种场 | 良种场 | 鲢 | 湖北太白湖翘嘴红鲌原种场 |
| 湖北浠水长丰鲢良种场 | 良种场 | 鲢、长丰鲢 | 原浠水县水产局 |
| 湖北省洪湖市长丰鲢良种场 | 良种场 | 长丰鲢 | 湖北省洪湖市长丰鲢良种场 |
| 湖北盛丰长丰鲢良种场 | 良种场 | 鲢、长丰鲢 | 湖北盛丰长丰鲢良种场 |
| 湖北潜江长丰鲢良种场 | 良种场 | 鲢、长丰鲢 | 湖北潜江长丰鲢良种场 |
| 醴陵市鲴鱼良种场 | 良种场 | 鲢 | 醴陵市鲴鱼良种场 |

续 表

| 名　称 | 类 别 | 保存对象 | 建 设 单 位 |
| --- | --- | --- | --- |
| 湖南洞庭鱼类良种场 | 良种场 | 鲢 | 大湖水殖股份有限公司 |
| 石门县水产良种场 | 良种场 | 鲢 | 石门县水产良种场 |
| 桃江县水产良种场 | 良种场 | 鲢 | 桃江县水产良种场 |
| 巢湖三珍水产良种场 | 良种场 | 鲢 | 安徽省巢湖市富煌水产开发有限公司 |
| 安徽省怀远县荆山湖水产良种场 | 良种场 | 鲢 | 安徽省怀远县荆山湖水产良种场 |
| 枞阳县白荡湖水产良种场 | 良种场 | 鲢 | 枞阳县白荡湖水产良种场 |
| 安徽黄湖渔业有限公司良种场 | 良种场 | 鲢 | 安徽黄湖渔业有限公司 |
| 望江县武昌湖特种水产良种场 | 良种场 | 鲢 | 望江县武昌湖特种水产良种场 |
| 全椒县现代水产良种场 | 良种场 | 鲢 | 全椒县现代水产良种场 |
| 明光市宏泰水产良种场 | 良种场 | 鲢 | 明光市宏泰水产良种场 |
| 六安市叶集区刚臣水产良种场 | 良种场 | 鲢 | 六安市叶集区刚臣水产良种场 |
| 始兴县水产良种场 | 良种场 | 鲢 | 始兴县水产良种场 |
| 广西宏泰水产良种场 | 良种场 | 鲢 | 广西宏泰水产良种场 |
| 任丘市四大家鱼良种场 | 良种场 | 鲢 | 任丘市四大家鱼良种场 |
| 资兴市水产良种场 | 良种场 | 鲢 | 资兴市水产良种场 |
| 湖南省水产原种场 | 原种场 | 鲢 | 湖南省水产原种场 |
| 梅河口市牛心顶镇三里水产良种场 | 良种场 | 鲢 | 梅河口市牛心顶镇三里水产良种场 |
| 梅河口市共安水产良种场 | 良种场 | 鲢 | 梅河口市共安水产良种场 |
| 敦化市名优水产良种场 | 良种场 | 鲢 | 敦化市名优水产良种场 |
| 如东县浒澪水产良种场 | 良种场 | 鲢 | 如东县浒澪水产良种场 |
| 淮安市科苑渔业发展有限公司水产良种场 | 良种场 | 鲢 | 淮安市科苑渔业发展有限公司水产良种场 |
| 淮安市洪泽区水产良种场 | 良种场 | 鲢 | 淮安市洪泽区水产良种场 |
| 丹阳市皇塘水产良种场 | 良种场 | 鲢 | 丹阳市皇塘水产良种场 |
| 靖江市滨江水产良种场 | 良种场 | 鲢 | 靖江市滨江水产良种场 |
| 东港市长山镇渔业良种场有限公司 | 良种场 | 鲢 | 东港市长山镇渔业良种场有限公司 |
| 平度市尹府水产良种场 | 良种场 | 鲢 | 平度市尹府水产良种场 |
| 黄陵县渔政监督管理站-黄陵县水产良种场 | 良种场 | 鲢 | 黄陵县渔政监督管理站 |

续 表

| 名 称 | 类 别 | 保存对象 | 建 设 单 位 |
| --- | --- | --- | --- |
| 上海望新水产良种场 | 良种场 | 鲢 | 上海望新水产良种场 |
| 上海市松江区水产良种场 | 原种场 | 鲢 | 上海市松江区水产良种场 |
| 上海淀原水产良种场 | 良种场 | 鲢 | 上海淀原水产良种场 |
| 蒲江县清溪水产良种场 | 良种场 | 鲢 | 蒲江县清溪水产良种场 |
| 通江县水产良种场 | 良种场 | 鲢 | 通江县水产良种场 |
| 开远市三角海和正水产良种场 | 良种场 | 鲢 | 开远市三角海和正水产良种场 |
| 重庆市水产科学研究所长寿良种场 | 良种场 | 鲢 | 重庆市水产科学研究所长寿良种场 |
| 眉山市东坡区津川江渔场 | 良种场 | 鲢 | 眉山市东坡区津川江渔场 |
| 四川眉山四大家鱼良种场 | 良种场 | 鲢 | 四川眉山四大家鱼良种场 |
| 永川区水花鱼养殖专业合作社 | 良种场 | 鲢 | 永川区水花鱼养殖专业合作社 |
| 重庆市万州区水产研究所 | 良种场 | 鲢 | 重庆市万州区水产研究所 |

#### （4）加强增殖放流管理

不科学的人工增殖放流可能会导致鲢自然群体遗传多样性降低，改变自然群体的遗传结构，甚至造成种质混杂。增殖放流的鲢群体比野生群体更容易发生瓶颈效应，出现近交衰退，致使稀有等位基因丧失，进而对自然群体的遗传结构造成影响。因此，在进行人工增殖放流前，应该对现在养殖群体，特别是拟进行增殖放流苗种供应单位进行鲢种质资源遗传背景调查。

按照农业农村部《关于开展全国农业种质资源普查的通知》统一部署，开展了第一次全国水产养殖种质资源系统调查，中国水产科学研究院长江水产研究所承担了鲢种质资源系统调查工作，调查主体包括遗传育种中心国家级四大家鱼原种场，调查内容包括基本信息、营养品质和遗传多样性，在调查的基础上初步厘清了全国鲢种质资源的遗传背景。2022 年农业农村部渔业渔政管理局还开展了水生生物经济物种增殖放流苗种供应单位的遴选工作，明确了一批鲢增殖放流的苗种供应单位。今后，有关部门和单位应严格按照《水生生物增殖放流管理规定》开展增殖放流工作。在实施人工增殖时，基于自然群体和人工放流群体的遗传背景，从遴选的放流苗种供应单位中选择适合相应流域的鲢种质资源进行放流，以确保鲢自然群体的遗传结构相对稳定。同时，加强放流鲢种质的遗传管理，系统开展增殖放流效果评估和动态监测，尽可能减少增殖放流给自然群体造成的不利影响。

**(5)加强种质资源库建设**

我国高度重视农业种质资源库建设工作,2021年国家发展改革委和农业农村部联合印发《"十四五"现代种业提升工程建设规划》(发改农经〔2021〕1133号),提出实施种业振兴行动过程中,认真谋划加强种质资源库建设,按照实行国家和省级两级管理的要求,建立健全国家统筹、分级负责、有机衔接的保护机制。种质资源库建设综合考虑资源富集度、生态适应性和功能匹配性等因素,突出长期性、科学性和公益性战略定位。在渔业方面,健全由国家海洋渔业种质资源库和国家淡水渔业生物种质资源库、水产种质资源场、水产种质资源保护区、国家级水产原良种场等组成的保护体系。建立健全种质资源库管理制度,强化保护措施,确保资源不流失、数量不减少、质量不降低,保障种质资源库安全运行。鼓励和支持科研院所、企业、社会及个人参与保护和利用种质资源,推动构建多层次收集保护、多元化开发利用、多渠道政策支持的新格局。

**(6)可持续利用对策**

① 开展新品种选育与繁育:在利用中保护,在保护中利用。鲢种质资源的保护也应该保护与利用并重。鲢作为我国重要的淡水养殖鱼类,养殖产量位居第二位。养殖需求的苗种数量巨大,而目前选育出的新品种只有长丰鲢和津鲢2个,苗种的供应能力还很不足。因此,一方面应加快鲢新品种的选育步伐,培育耐低氧、抗病力强、生长快、品质优的鲢新品种;另一方面应加大现有新品种的推广应用力度,充分发挥国家大宗淡水鱼产业技术体系的优势,与综合试验站协作,选择基础条件好、技术力量强的基地进行长丰鲢良种场、苗种繁育基地建设,进一步提高长丰鲢的苗种供应能力。

② 强化各级水产行政主管部门的管理监督:健全法规制度,加快制(修)订配套法规。按照国家有关规定,对在水产种质资源保护与利用工作中作出突出贡献的单位和个人给予表彰奖励。落实、强化各级水产行政主管部门管理责任,将种质资源保护与利用工作纳入相关工作考核。依法对种质资源保护与利用相关政策措施落实情况、资金管理使用情况进行监督。

③ 建立多元化的保护体系:健全国家水产种质资源保护体系,建立国家统筹、分级负责、有机衔接的保护机制。鼓励和支持企业、科研院所、高等院校、社会组织和个人等登记其保存的水产种质资源。积极探索创新组织管理和实施机制,推行政府购买服务,鼓励企业、社会组织承担水产种质资源保护任务。水产种质资源保护单位应落实主体责

任、健全管理制度、强化措施保障。加强种质资源保护关键核心技术研究，强化科技支撑。充分整合利用现有资源，构建全国统一的农业种质资源大数据平台，推进数字化动态监测、信息化监督管理。

（撰稿：邹桂伟、梁宏伟、李晓晖、沙航、冯翠、郭红会）

# 2

# 鲢新品种选育

# 2.1 长丰鲢

## 2.1.1 · 选育过程

1987 年,中国水产科学研究院长江水产研究所基于长江干流中游性成熟的长江野生鲢,选择个体大、体型好、体肥厚且健壮的 2 尾雌性个体为母本,用遗传灭活的鲤精子作激活源,采用极体雌核发育方法,经人工诱导获得 5 000 多尾鲢异源雌核发育鱼苗。鱼苗经过养殖、筛选和自然淘汰,培育成平均体重为 1 kg 左右的 2 龄鱼 300 尾,进行标记后混养到成鱼池中,培育至性成熟。1996 年选择生长快、体型好、体质健壮的 18 尾第一代雌核发育鲢(简称 $GYS_1$)性成熟个体进一步选育。1996—1999 年,从 18 尾 $GYS_1$ 亲鱼中选择生长较快的 5 尾雌性亲本,采用相同方法进行第二代雌核发育诱导,获 18 000 多尾鲢异源雌核发育鲢二代(简称 $GYS_2$)鱼苗。在此期间开展了 $GYS_2$ 各品系间、$GYS_2$ 与普通鲢间的 1 龄、2 龄鱼生长对比试验。2002 年,从培育 $GYS_2$ 性成熟亲鱼中选生长较快的 15 尾(挂牌标记),经检查发现有 3 尾雄性个体。同时经 RAPD 分析表明,此 15 尾鱼可分 2 个系,同年利用雌核发育鲢后代中的雄性个体开展系内自交、系间杂交等人工繁殖,共获鱼苗 60 多万尾,分别命名为 $GYS_2$ 近交 $F_1$ Ⅰ系、$F_1$ Ⅱ系、杂交 $F_1$ Ⅰ系和杂交 $F_1$ Ⅱ系。各系 1 龄鱼均单独养殖,并同时开展生长对比试验,发现 $GYS_2$ 杂交 $F_1$ Ⅱ系生长更快,将其确定为优良选育Ⅱ系鲢。2006 年Ⅱ系鲢达性成熟,从中选择生长较快的 20 尾亲鱼(雌雄比 1∶1)进行人工催产繁殖,获Ⅱ系鲢 $F_2$ 鱼苗 80 多万尾,培育出生长快、体型好的Ⅱ系鲢 $F_2$(后定名长丰鲢)。自 2006 年后,每年开展长丰鲢与普通鲢的生长与成活率对比试验,自 2007 年起,同时开展生产性中试推广养殖,2010 年长丰鲢正式通过全国水产原种和良种审定委员会的审定(证书号: GS01-001-2010)。长丰鲢选育技术路线详见图 2-1。其主要优良性状有生长速度快、产量高、体型好、体高且规格整齐、成活率高、遗传性状稳定等。

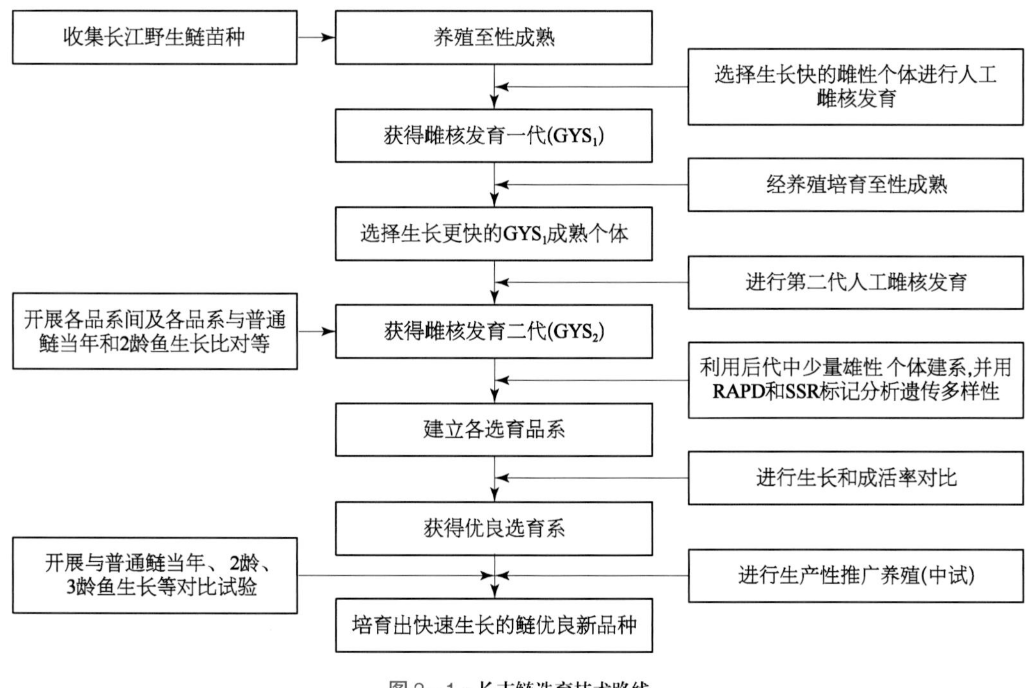


图 2-1 · 长丰鲢选育技术路线

## 2.1.2 · 品种特性

### (1) 形态特征

长丰鲢体侧扁、稍高。腹部狭窄,腹棱自胸鳍直达肛门。头大,头长约为体长的 1/4。眼小,位于头侧中轴之下。鳃耙特化,彼此联合呈海绵状膜质片。有鳃上器。鳞小。背鳍无硬刺,较短。臀鳍中等长,起点在背鳍基部后下方。尾鳍深叉状。胸鳍末端可伸达或略超过腹鳍基部。腹腔大,腹腔膜黑色。鳔 2 室,前室长而膨大,后室锥形、末端小。体银白色,各鳍灰白色。长丰鲢外形见图 2-2。

图 2-2 · 长丰鲢

① 长丰鲢与长江野生鲢（简称长江鲢）形态差异：形态学方法为种群研究中最常用的方法之一，具很强的直观性和可操作性。通过分析形态变量及与其他变量的关系来识别群体，研究质量性状和数量性状两种变量类型。其中，质量性状主要包括体色、习性等变异不连续的性状；数量性状又分为可量性状（如体长）和可数性状（如鳍条数）。鱼类种质资源的识别和鉴定起源于形态学研究，而鱼类鉴定和分类同样基于形态学。通常，鱼类鉴定只需要少数个体的形态描述即可。但是，由于一个种群中个体的形态特征具有不同程度的连续性和细小差异，因此对鱼类种群的研究需要大规模的测量和计算。可数性状一般采用直接计数法，而可量性状通常采用形态度量法。

采用符合计量标准的直尺对长丰鲢和长江鲢进行形态学测量，选用 10 个鱼类解剖学坐标点构建框架结构（图 2－3）。它们之间的距离表示分别为：1—2 记为 $X_1$、1—3 记为 $X_2$、2—4 记为 $X_3$、3—4 记为 $X_4$、3—5 记为 $X_5$、4—6 记为 $X_6$、5—6 记为 $X_7$、5—7 记为 $X_8$、6—8 记为 $X_9$、7—8 记为 $X_{10}$、7—9 记为 $X_{11}$、8—10 记为 $X_{12}$、9—10 记为 $X_{13}$（图 2－3），共列出 13 个可量性状（表 2－1）。同时，还按照常规方法测量鱼类头长（HL）、体高（BD）和体长（BL）3 个可量性状（图 2－4），分别记为 $X_{14}$、$X_{15}$ 和 $X_{16}$（表 2－1）。

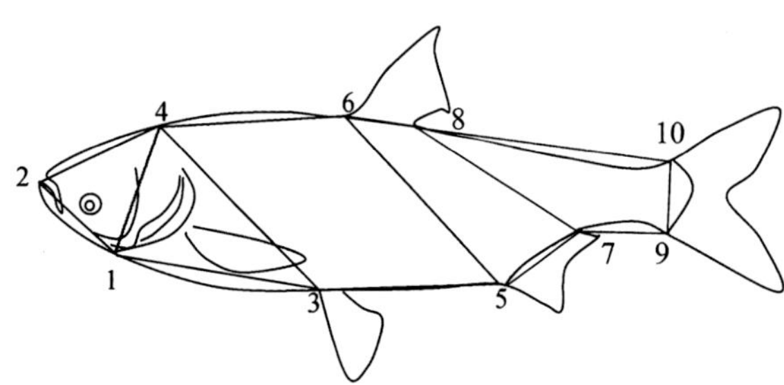


图 2－3 · 鲢形态框架结构示意

1. 头部腹侧末端；2. 吻端；3. 腹鳍起点；4. 头部背侧末端；5. 臀鳍起点；6. 背鳍起点；7. 臀鳍基末端；8. 背鳍基末端；9. 尾鳍腹侧起点；10. 尾鳍背侧起点

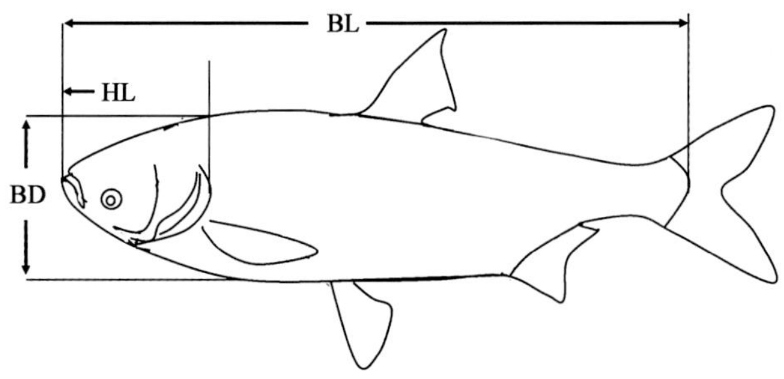


图 2－4 · 常规鱼类形态测量示意

BL. 体长；BD. 体高；HL. 头长

表 2-1 · 鱼类形态测量表

| 距离 | 度量性状(坐标点) | 距离 | 度量性状(坐标点) |
|---|---|---|---|
| $X_1$ | 吻端至鳃盖腹侧后缘(1—2) | $X_9$ | 背鳍起点至背鳍基末端(6—8) |
| $X_2$ | 鳃盖腹侧后缘至腹鳍起点(1—3) | $X_{10}$ | 背鳍基末端至臀鳍基末端(7—8) |
| $X_3$ | 吻端至鳃盖背侧后缘(2—4) | $X_{11}$ | 臀鳍基末端至尾鳍腹侧起点(7—9) |
| $X_4$ | 鳃盖后上缘至腹鳍起点(3—4) | $X_{12}$ | 背鳍基末端至尾鳍背侧起点(8—10) |
| $X_5$ | 腹鳍起点至臂鳍起点(3—5) | $X_{13}$ | 尾鳍背侧起点至尾鳍腹侧起点(9—10) |
| $X_6$ | 鳃盖背侧后缘至背起点(4—6) | $X_{14}$ | 头长(HL) |
| $X_7$ | 背鳍起点至腹鳍起点(5—6) | $X_{15}$ | 体高(BD) |
| $X_8$ | 臀鳍起点至臂鳍基末端(5—7) | $X_{16}$ | 体长(BL) |

长丰鲢和长江鲢各性状的基本参数见表 2-2。采用 SPSS 软件对 15 项性状的特征值、累积贡献率及特征向量进行分析,选择使累计贡献率大于 85%的主成分;通过逐步判别法建立长丰鲢群体和长江鲢群体的判别函数,对所有样本进行判别分析。

表 2-2 · 长丰鲢和长江鲢各性状的基本参数

| 距　离 | 长丰鲢(cm) | 长江鲢(cm) |
|---|---|---|
| $X_1$ | 8. 77±0. 44 | 8. 81±0. 42 |
| $X_2$ | 12. 12±0. 88 | 12. 54±0. 88 |
| $X_3$ | 8. 31±0. 46 | 8. 64±0. 64 |
| $X_4$ | 15. 93±1. 07 | 16. 08±1. 09 |
| $X_5$ | 10. 85±0. 81 | 11. 53±0. 97 |
| $X_6$ | 12. 63±0. 74 | 13. 28±0. 91 |
| $X_7$ | 14. 44±1. 10 | 14. 78±1. 24 |
| $X_8$ | 6. 83±0. 51 | 6. 87±0. 57 |
| $X_9$ | 4. 41±0. 42 | 4. 79±1. 08 |
| $X_{10}$ | 12. 41±0. 98 | 13. 14±1. 11 |
| $X_{11}$ | 5. 20±0. 33 | 5. 85±0. 63 |
| $X_{12}$ | 14. 97±1. 00 | 15. 73±1. 37 |

续 表

| 距 离 | 长丰鲢(cm) | 长江鲢(cm) |
|---|---|---|
| $X_{13}$ | 5. 36±0. 34 | 5. 62±0. 39 |
| $X_{14}$ | 11. 71±0. 46 | 12. 29±0. 55 |
| $X_{15}$ | 13. 36±0. 97 | 13. 10±2. 36 |
| $X_{16}$ | 41. 52±2. 21 | 43. 90±2. 61 |

$$判别准确率=\frac{判别正确的个体数}{实测个体数}\times 100\%$$

根据主成分分析中累积贡献率和特征向量的生物学意义，将长丰鲢和长江鲢的 15 个性状比值简化为 7 个主成分综合指标，其累计贡献率分别为 86. 41% 和 85. 25%(表 2－3)，能够较好地反映长丰鲢和长江鲢形态性状信息。众多的研究人员对水产动物形态特征进行了主成分分析，均取得了较好的结果。何铜等(2009)利用 3 个主成分获得了凡纳滨对虾 7 个指标的 85%以上的信息，较好地解释了该对虾 1—6 月龄的形态特征和性状的增长规律。谷伟等(2007)对 5 个不同虹鳟养殖群体 20 个比例性状进行主成分分析后，将其形态指标大致归纳为大小因子、摄食因子、游泳因子、形态因子和头型因子，较完整地描述了虹鳟的形态特征。肖炜等(2012)利用主成分因子得分系数图将奥利亚罗非鱼埃及品系自交群体和其他 6 个配组群体进行了有效的区分。长丰鲢第一主成分的贡献率最高(33. 84%)，$X_7$/BL、$X_{15}$/BL 和 $X_{10}$/BL 的特征向量较大，反映了鱼体的宽度，可以看作宽度因子；第二主成分主要反映了鱼的头型，可以看作头型因子；长江鲢第一主成分和第二主成分与长丰鲢相同，分别称之为宽度因子和头型因子；第三主成分主要反映尾部的特征，称之为尾柄因子；第四、第五、第六、第七主成分分别作为体型因子、背鳍因子、臀鳍因子和腹型因子(表 2－4)。长丰鲢和长江鲢两个主成分的累计贡献率分别为 53. 81% 和 46. 91%，长丰鲢前两个主成分的累计贡献率高于长江鲢 6. 90%(表 2－4)。从第三主成分开始在长丰鲢和长江鲢中累计贡献率的差异逐步缩小，累计到第七个主成分时它们之间差距仅为 1. 15%。这些结果反映出长丰鲢信息比长江鲢更加丰富，表明长丰鲢和长江鲢的形态差异主要反映在体型上。

通过逐步判别分析方法，从 15 个性状比值中筛选出对区分长丰鲢和长江鲢总体有显著贡献的 4 个变量分别为 $X_4$/BL、$X_8$/BL、$X_{10}$/BL 和 $X_{13}$/BL，当判别函数中含有这 4 个变量时，两类之间判别效果的多元显著性检验结果 Wilks'λ＝0. 412，$P$<0. 000 1，表明利用 $X_4$/BL、$X_8$/BL、$X_{10}$/BL 和 $X_{13}$/BL 这 4 个变量所建立的判别函数的判别效果具有极显著

表 2-3 · **长丰鲢和长江鲢的性状特征值和累计贡献率**

| 主成分 | 特征值 | | 累计贡献率(%) | |
|---|---|---|---|---|
| | 长丰鲢 | 长江鲢 | 长丰鲢 | 长江鲢 |
| 1 | 5.075 | 4.276 | 33.837 | 28.487 |
| 2 | 2.995 | 2.764 | 53.805 | 46.913 |
| 3 | 1.666 | 1.728 | 64.913 | 58.434 |
| 4 | 1.173 | 1.393 | 72.735 | 67.72 |
| 5 | 0.818 | 0.972 | 78.191 | 74.202 |
| 6 | 0.655 | 0.868 | 82.555 | 79.991 |
| 7 | 0.578 | 0.789 | 86.405 | 85.253 |

表 2-4 · **长丰鲢和长江鲢性状的主成分**

| 类 别 | 长丰鲢 | 长江鲢 |
|---|---|---|
| 第一主成分 | 宽度因子 | 宽度因子 |
| 第二主成分 | 头型因子 | 头型因子 |
| 第三主成分 | 尾柄因子 | 体型因子 |
| 第四主成分 | 体型因子 | 尾柄因子 |
| 第五主成分 | 背鳍因子 | 长度因子 |
| 第六主成分 | 臀鳍因子 | 腹型因子 |
| 第七主成分 | 腹型因子 | 背部因子 |

的意义。建立的长丰鲢和长江鲢的判别函数分别为：

长丰鲢：$-806.846+2\,261.032a+2\,368.097b+571.365c+1\,437.055d$

长江鲢：$-754.003+2\,046.479a+2\,102.887b+714.660c+1\,650.047d$

式中，a、b、c 和 d 分别表示 $X_4/BL$、$X_8/BL$、$X_{10}/BL$ 和 $X_{13}/BL$。

将长丰鲢和长江鲢 4 个性状的数值分别代入判别函数，以函数值最大的判别函数所对应的群体作为该个体所属类群。长丰鲢和长江鲢的判别准确率分别为 90.0% 和 93.3%，综合判别率为 91.7%；在交叉验证的情况下，长丰鲢和长江鲢的判别准确率均为 90.0%，总体判别率为 90.0%（表 2-5）。赵建等（2007）建立了珠江卷口鱼不同地理种群的判别函数，可以对 3 个江段 4 个群体的卷口鱼进行有效判别，判别正确率达到 99.2%。

在对7个不同翘嘴红鲌群体可量数据和框架数据分析的基础上建立了综合判别率为90.0%的判别函数,可对其进行有效判别(王伟等,2007)。这些结果表明,建立的判别函数用于初步鉴定长丰鲢和长江鲢是可行、有效的。

表2-5 长丰鲢和长江鲢的判别结果

| 方 法 | 类 别 | 长丰鲢 | 长江鲢 | 判别准确率(%) | 总体判别率(%) |
|---|---|---|---|---|---|
| 初始 | 长丰鲢 | 27 | 3 | 90 | 91.7 |
| | 长江鲢 | 2 | 28 | 93.3 | |
| 交叉验证 | 长丰鲢 | 27 | 3 | 90 | 90 |
| | 长江鲢 | 3 | 27 | 90 | |

② 不同月龄长丰鲢形态性状对体重的影响:表型特征信息的采集是对水产养殖动物进行良种选育的前提。通过对与体重相关的主要形态性状进行测量,可避免残留水分、饲料等影响,更为准确、快捷。鱼类各表型性状间相互关系复杂,准确筛选出与体重密切相关的指标,是开展选育工作的基础。因此,可通过形态性状来估算体重,进而达到辅助选择的目的(吴新燕等,2021)。

将长丰鲢养殖于湖北石首老河长江四大家鱼原种场。在饲养期,不同月龄鱼均保持池塘与饲养管理条件一致,池塘水体溶氧保持在5 mg/L以上,饵料为生物肥,每个池塘面积约1 660 $m^2$,为充分利用其增长潜力,于每年春季投放时调整养殖密度。当鱼生长至6月龄、12月龄和36月龄时随机取样,样本数量分别为121尾、99尾和158尾。对每尾样本鱼进行现场拍照,采用ImageJ1.52图像处理软件进行形态学测量(表2-6),使用Excel 2010软件对数据进行统计整理。采用SPSS 20.0软件计算各月龄长丰鲢平均值、标准差及变异系数,并对数据进行相关分析、主成分分析和通径分析;剖析16个性状间的相关系数,计算其特征值、累积贡献率及特征向量;分析各形态性状对鱼体重的直接和间接作用,并建立各月龄鱼的最优多元回归方程。

鱼类不同生长阶段体重与形态性状的相关性可能有所变化。长丰鲢6月龄和12月龄体重与$X_{11}$、$X_{12}$和$X_{13}$之间的相关系数均较大(表2-7、表2-8);但36月龄时这3个性状与体重之间的相关性显著减小,与其他阶段存在差异;这一时期与体重相关性较大的3个性状分别为$X_4$、$X_7$和$X_8$,均反映鱼体宽度,推测36月龄时鱼体重的变化和鱼体宽度的生长密切相关(表2-9)。

表 2-6 鱼类表型数据测量表

| 编号 | 性状(坐标点) | 编号 | 性状(英文缩写) |
|---|---|---|---|
| $X_1$ | 吻端至鳃盖腹侧后缘(1—2) | $X_9$ | 头长(HL) |
| $X_2$ | 鳃盖腹侧后缘至腹鳍起点(1—3) | $X_{10}$ | 眼径(ED) |
| $X_3$ | 吻端至鳃盖背侧后缘(2—4) | $X_{11}$ | 全长(TL) |
| $X_4$ | 鳃盖后上缘至腹鳍起点(3—4) | $X_{12}$ | 体长(BL) |
| $X_5$ | 腹鳍起点至臀鳍起点(3—5) | $X_{13}$ | 体高(BH) |
| $X_6$ | 鳃盖背侧后缘至背鳍起点(4—6) | $X_{14}$ | 躯干长(TL) |
| $X_7$ | 背鳍起点至腹鳍起点(5—6) | $X_{15}$ | 尾柄长(CPL) |
| $X_8$ | 鳃盖背侧后缘至鳃盖腹侧后缘(1—4) | $X_{16}$ | 尾柄高(CPH) |

3 个不同月龄组长丰鲢的 4 个主成分累计贡献率分别为 86.363%、95.391% 和 70.465%(表 2-10)。其中,12 月龄组的长丰鲢第一主成分的贡献率最高(87.894%),$X_{11}$ 和 $X_{12}$ 的特征向量值较大,反映了鱼体长度,称为增长因子;其次,6 月龄组第一主成分的贡献率为 67.531%,其中 $X_4$、$X_7$ 和 $X_8$ 这 3 个形态性状的特征向量值较大,反映了鱼体宽度,称为宽度因子;36 月龄组的第一主成分贡献率为 40.612%,其中特征向量值较大的有 $X_4$、$X_6$、$X_8$ 和 $X_{11}$,反映鱼体整体特征,称为体型因子(表 2-11)。这与对其他鱼类的研究结构有所不同,褐点石斑鱼(*Epinephelus fuscoguttatus*)(黄建盛等,2017)、马苏大麻哈鱼(*Oncorhynchus masou*)(李培伦等,2017)、许氏平鲉(*Sebastes schlegeli*)(昌树泉等,2017)的第一主成分均为增长因子和增重因子;而 1 月龄梭鲈(*Saner lucioperca*)的第一主成分指向增长因子(汪月书等,2016)。长丰鲢 6 月龄组和 12 月龄组的第一主成分均为宽度因子和增长因子,而 36 月龄组的第一主成分指向体型因子(表 2-11)。6 月龄和 12 月龄时表现为鱼体整体结构的协同生长发育;这与长丰鲢实际生长情况相符。另外,各月龄第一主成分中入选的因子虽存在差别,但均有全长($X_{11}$),说明在长丰鲢生长发育过程中,全长生长始终是第一位。因此,在 6~36 月龄长丰鲢选育过程中,全长是一个重要的选择性状。

为了进一步明确影响体重的主要形态性状及其影响程度,进行了通径分析,结果发现,除 36 月龄时的 $X_7$、$X_{13}$ 对体重的直接作用大于间接作用;其余月龄各形态性状对体重的直接作用均小于间接作用,为多个性状共同影响长丰鲢体重,且 $X_8$、$X_{11}$ 和 $X_{13}$ 这 3 个性状在各阶段均对体重呈显著影响($P<0.05$)(表 2-12)。以上研究结果表明,长丰鲢早期阶段的全长和体高均是影响体重的主要性状,且随着月龄的增长,其作用逐渐减小。6

表 2-7 6 月龄长丰鲢各性状的相关系数

| 性状 | Y | $X_1$ | $X_2$ | $X_3$ | $X_4$ | $X_5$ | $X_6$ | $X_7$ | $X_8$ | $X_9$ | $X_{10}$ | $X_{11}$ | $X_{12}$ | $X_{13}$ | $X_{14}$ | $X_{15}$ | $X_{16}$ |
|---|---|---|---|---|---|---|---|---|---|---|---|---|---|---|---|---|---|
| Y | 1 | | | | | | | | | | | | | | | | |
| $X_1$ | 0.576** | 1 | | | | | | | | | | | | | | | |
| $X_2$ | 0.608** | 0.467** | 1 | | | | | | | | | | | | | | |
| $X_3$ | 0.642** | 0.748** | 0.711** | 1 | | | | | | | | | | | | | |
| $X_4$ | 0.733** | 0.653** | 0.803** | 0.728** | 1 | | | | | | | | | | | | |
| $X_5$ | 0.659** | 0.658** | 0.670** | 0.737** | 0.717** | 1 | | | | | | | | | | | |
| $X_6$ | 0.621** | 0.691** | 0.723** | 0.765** | 0.847** | 0.775** | 1 | | | | | | | | | | |
| $X_7$ | 0.709** | 0.578** | 0.755** | 0.618** | 0.929** | 0.783** | 0.758** | 1 | | | | | | | | | |
| $X_8$ | 0.812** | 0.632** | 0.671** | 0.747** | 0.777** | 0.698** | 0.686** | 0.745** | 1 | | | | | | | | |
| $X_9$ | 0.628** | 0.691** | 0.764** | 0.881** | 0.853** | 0.736** | 0.792** | 0.779** | 0.748** | 1 | | | | | | | |
| $X_{10}$ | 0.588** | 0.545** | 0.464** | 0.581** | 0.603** | 0.467** | 0.492** | 0.555** | 0.784** | 0.607** | 1 | | | | | | |
| $X_{11}$ | 0.950** | 0.523** | 0.571** | 0.593** | 0.693** | 0.639** | 0.613** | 0.678** | 0.768** | 0.590** | 0.556** | 1 | | | | | |
| $X_{12}$ | 0.952** | 0.533** | 0.552** | 0.593** | 0.689** | 0.641** | 0.638** | 0.681** | 0.762** | 0.575** | 0.538** | 0.969** | 1 | | | | |
| $X_{13}$ | 0.920** | 0.529** | 0.598** | 0.600** | 0.678** | 0.610** | 0.582** | 0.660** | 0.755** | 0.570** | 0.556** | 0.862** | 0.875** | 1 | | | |
| $X_{14}$ | 0.784** | 0.538** | 0.644** | 0.659** | 0.737** | 0.725** | 0.661** | 0.735** | 0.937** | 0.647** | 0.745** | 0.768** | 0.758** | 0.722** | 1 | | |
| $X_{15}$ | 0.668** | 0.370** | 0.372** | 0.393** | 0.485** | 0.437** | 0.550** | 0.465** | 0.511** | 0.404** | 0.305** | 0.728** | 0.748** | 0.650** | 0.487** | 1 | |
| $X_{16}$ | 0.806** | 0.405** | 0.538** | 0.529** | 0.586** | 0.519** | 0.514** | 0.577** | 0.682** | 0.513** | 0.430** | 0.797** | 0.798** | 0.765** | 0.634** | 0.629** | 1 |

表 2-8 · **12 月龄长丰鲢各性状的相关系数**

| 性状 | Y | $X_1$ | $X_2$ | $X_3$ | $X_4$ | $X_5$ | $X_6$ | $X_7$ | $X_8$ | $X_9$ | $X_{10}$ | $X_{11}$ | $X_{12}$ | $X_{13}$ | $X_{14}$ | $X_{15}$ | $X_{16}$ |
|---|---|---|---|---|---|---|---|---|---|---|---|---|---|---|---|---|---|
| Y | 1 | | | | | | | | | | | | | | | | |
| $X_1$ | $0.843^{**}$ | 1 | | | | | | | | | | | | | | | |
| $X_2$ | $0.882^{**}$ | $0.696^{**}$ | 1 | | | | | | | | | | | | | | |
| $X_3$ | $0.906^{**}$ | $0.879^{**}$ | $0.839^{**}$ | 1 | | | | | | | | | | | | | |
| $X_4$ | $0.942^{**}$ | $0.814^{**}$ | $0.926^{**}$ | $0.877^{**}$ | 1 | | | | | | | | | | | | |
| $X_5$ | $0.912^{**}$ | $0.796^{**}$ | $0.858^{**}$ | $0.846^{**}$ | $0.902^{**}$ | 1 | | | | | | | | | | | |
| $X_6$ | $0.913^{**}$ | $0.777^{**}$ | $0.875^{**}$ | $0.852^{**}$ | $0.944^{**}$ | $0.882^{**}$ | 1 | | | | | | | | | | |
| $X_7$ | $0.954^{**}$ | $0.814^{**}$ | $0.918^{**}$ | $0.881^{**}$ | $0.964^{**}$ | $0.933^{**}$ | $0.920^{**}$ | 1 | | | | | | | | | |
| $X_8$ | $0.966^{**}$ | $0.838^{**}$ | $0.870^{**}$ | $0.912^{**}$ | $0.929^{**}$ | $0.894^{**}$ | $0.891^{**}$ | $0.944^{**}$ | 1 | | | | | | | | |
| $X_9$ | $0.928^{**}$ | $0.901^{**}$ | $0.849^{**}$ | $0.942^{**}$ | $0.913^{**}$ | $0.879^{**}$ | $0.887^{**}$ | $0.926^{**}$ | $0.926^{**}$ | 1 | | | | | | | |
| $X_{10}$ | $0.695^{**}$ | $0.607^{**}$ | $0.626^{**}$ | $0.673^{**}$ | $0.663^{**}$ | $0.589^{**}$ | $0.643^{**}$ | $0.667^{**}$ | $0.706^{**}$ | $0.692^{**}$ | 1 | | | | | | |
| $X_{11}$ | $0.970^{**}$ | $0.834^{**}$ | $0.881^{**}$ | $0.918^{**}$ | $0.946^{**}$ | $0.918^{**}$ | $0.932^{**}$ | $0.957^{**}$ | $0.965^{**}$ | $0.930^{**}$ | $0.693^{**}$ | 1 | | | | | |
| $X_{12}$ | $0.965^{**}$ | $0.861^{**}$ | $0.910^{**}$ | $0.932^{**}$ | $0.969^{**}$ | $0.938^{**}$ | $0.949^{**}$ | $0.974^{**}$ | $0.955^{**}$ | $0.955^{**}$ | $0.691^{**}$ | $0.976^{**}$ | 1 | | | | |
| $X_{13}$ | $0.964^{**}$ | $0.802^{**}$ | $0.915^{**}$ | $0.891^{**}$ | $0.961^{**}$ | $0.913^{**}$ | $0.914^{**}$ | $0.980^{**}$ | $0.956^{**}$ | $0.920^{**}$ | $0.676^{**}$ | $0.957^{**}$ | $0.968^{**}$ | 1 | | | |
| $X_{14}$ | $0.946^{**}$ | $0.798^{**}$ | $0.900^{**}$ | $0.865^{**}$ | $0.942^{**}$ | $0.935^{**}$ | $0.914^{**}$ | $0.956^{**}$ | $0.933^{**}$ | $0.882^{**}$ | $0.628^{**}$ | $0.957^{**}$ | $0.953^{**}$ | $0.941^{**}$ | 1 | | |
| $X_{15}$ | $0.851^{**}$ | $0.798^{**}$ | $0.761^{**}$ | $0.827^{**}$ | $0.833^{**}$ | $0.841^{**}$ | $0.816^{**}$ | $0.839^{**}$ | $0.848^{**}$ | $0.819^{**}$ | $0.619^{**}$ | $0.874^{**}$ | $0.877^{**}$ | $0.831^{**}$ | $0.849^{**}$ | 1 | |
| $X_{16}$ | $0.962^{**}$ | $0.795^{**}$ | $0.883^{**}$ | $0.877^{**}$ | $0.939^{**}$ | $0.904^{**}$ | $0.915^{**}$ | $0.956^{**}$ | $0.950^{**}$ | $0.896^{**}$ | $0.664^{**}$ | $0.958^{**}$ | $0.955^{**}$ | $0.956^{**}$ | $0.940^{**}$ | $0.843^{**}$ | 1 |

表 2-9 · **36 月龄长丰鲢各性状的相关系数**

| 性状 | Y | $X_1$ | $X_2$ | $X_3$ | $X_4$ | $X_5$ | $X_6$ | $X_7$ | $X_8$ | $X_9$ | $X_{10}$ | $X_{11}$ | $X_{12}$ | $X_{13}$ | $X_{14}$ | $X_{15}$ | $X_{16}$ |
|---|---|---|---|---|---|---|---|---|---|---|---|---|---|---|---|---|---|
| Y | 1 | | | | | | | | | | | | | | | | |
| $X_1$ | 0.233** | 1 | | | | | | | | | | | | | | | |
| $X_2$ | 0.418** | −0.212** | 1 | | | | | | | | | | | | | | |
| $X_3$ | 0.269** | 0.384** | 0.230** | 1 | | | | | | | | | | | | | |
| $X_4$ | 0.619** | 0.518** | 0.517** | 0.394** | 0.118 | | | | | | | | | | | | |
| $X_5$ | 0.525** | 0.282** | 0.268** | 0.286** | 0.475** | 1 | | | | | | | | | | | |
| $X_6$ | 0.514** | 0.529** | 0.354** | 0.295** | 0.804** | 0.483** | 1 | | | | | | | | | | |
| $X_7$ | 0.708** | 0.233** | 0.508** | 0.377** | 0.687** | 0.687** | 0.485** | 1 | | | | | | | | | |
| $X_8$ | 0.612** | 0.447** | 0.413** | 0.550** | 0.641** | 0.330** | 0.520** | 0.524** | 1 | | | | | | | | |
| $X_9$ | 0.274** | 0.581** | 0.253** | 0.721** | 0.562** | 0.253** | 0.496** | 0.337** | 0.535** | 1 | | | | | | | |
| $X_{10}$ | 0.242** | 0.355** | 0.099 | 0.243** | 0.327** | 0.211** | 0.365** | 0.205** | 0.492** | 0.342** | 1 | | | | | | |
| $X_{11}$ | 0.592** | 0.462** | 0.349** | 0.437** | 0.635** | 0.480** | 0.634** | 0.492** | 0.680** | 0.475** | 0.514** | 1 | | | | | |
| $X_{12}$ | 0.342** | 0.016 | 0.146 | 0.006 | 0.152 | 0.201* | 0.060 | 0.249** | 0.213** | 0.002 | 0.251** | 0.214** | 1 | | | | |
| $X_{13}$ | 0.342** | −0.115 | 0.092 | −0.045 | 0.118 | 0.113 | −0.038 | 0.253** | 0.150 | −0.103 | 0.030 | 0.026 | 0.737** | 1 | | | |
| $X_{14}$ | 0.587** | 0.255** | 0.454** | 0.172* | 0.573** | 0.614** | 0.554** | 0.546** | 0.547** | 0.060 | 0.422** | 0.656** | 0.330** | 0.121 | 1 | | |
| $X_{15}$ | 0.269** | 0.169* | 0.027 | 0.115 | 0.226** | 0.372** | 0.318** | 0.173* | 0.131 | 0.061 | 0.189* | 0.429** | 0.099 | −0.043 | 0.327** | 1 | |
| $X_{16}$ | 0.560** | 0.229** | 0.341** | 0.306** | 0.528** | 0.316** | 0.507** | 0.530** | 0.593** | 0.318** | 0.305** | 0.687** | 0.083 | 0.136 | 0.442** | 0.131 | 1 |

表 2-10 · 不同月龄组长丰鲢形态性状的特征值和累计贡献率

| 主成分 | 特征值 | | | 累计贡献率(%) | | |
|---|---|---|---|---|---|---|
| | 6月龄组 | 12月龄组 | 36月龄组 | 6月龄组 | 12月龄组 | 36月龄组 |
| 1 | 10.805 | 14.063 | 6.498 | 67.531 | 87.894 | 40.612 |
| 2 | 1.517 | 0.541 | 2.065 | 77.012 | 91.276 | 53.518 |
| 3 | 0.844 | 0.417 | 1.374 | 82.286 | 93.880 | 62.103 |
| 4 | 0.652 | 0.242 | 1.338 | 86.363 | 95.391 | 70.465 |

表 2-11 · 不同月龄组的性状主成分

| 类　别 | 6月龄组 | 12月龄组 | 36月龄组 |
|---|---|---|---|
| 第一主成分 | 宽度因子 | 增长因子 | 体型因子 |
| 第二主成分 | 尾部因子 | 眼径因子 | 体型因子 |
| 第三主成分 | 眼径因子 | 头部因子 | 尾部因子 |
| 第四主成分 | 头部因子 | 头部因子 | 尾部因子 |

月龄时,$X_{11}$、$X_{12}$ 和 $X_{13}$ 对体重的直接作用较大,$X_8$ 和 $X_{15}$ 主要通过其对体重产生间接影响;12 月龄时,$X_{11}$、$X_{13}$、$X_{16}$ 与体重的相关系数和直接作用均较大,其余形态性状主要通过这 3 个性状间接地作用于体重;36 月龄时,$X_7$ 与体重的相关系数和直接作用均较大,其余形态性状主要通过间接作用于鱼体重,$X_{13}$ 与体重相关系数较小,其他性状通过其对体重的间接作用均较小,对鱼体重影响小。6 月龄和 12 月龄时,影响体重的主要性状均有 $X_{11}$ 和 $X_{13}$;36 月龄时,$X_7$ 是体重的主要影响因子。

长丰鲢 3 个不同月龄的单独决定系数最大的形态性状分别为 $X_{12}$(0.118)、$X_{11}$(0.071)和 $X_7$(0.213)(表 2-13)。由共同决定系数可知,6 月龄 $X_{11}$ 和 $X_{12}$ 协同对体重的间接作用最大(0.22);12 月龄 $X_{11}$ 和 $X_{13}$ 对体重的共同作用最大(0.123);36 月龄 $X_7$ 与 $X_8$ 对体重的影响最大(0.122)(表 2-13)。根据单独决定系数和共同决定系数可计算出形态性状对体重的总决定系数,其中 6 月龄和 12 月龄的总决定系数分别为 0.958 和 0.964,这 2 个月龄保留的形态性状是影响体重的主要性状;而 36 月龄时 5 个形态性状对体重的总决定系数为 0.651,反映了此阶段对体重有影响的自变量较多。36 月龄各性状间的相关系数相对于 6 月龄和 12 月龄均较小,且随着月龄的增长,长丰鲢各形态性状间的共线性减小,表明这一阶段代表性的表型性状较少,因此对体重影响较大的因素可能

表 2-12 · 不同月龄组长丰鲢性状对体重的直接与间接通径系数

| 月龄 | 性状 | 相关系数 | 直接作用 | 间接作用 | | | | | | | | | |
|---|---|---|---|---|---|---|---|---|---|---|---|---|---|
| | | | | Σ | $X_1$ | $X_3$ | $X_7$ | $X_8$ | $X_{11}$ | $X_{12}$ | $X_{13}$ | $X_{15}$ | $X_{16}$ |
| 6 | $X_8$ | 0.812 | 0.105 | 0.708 | — | — | — | — | 0.253 | 0.262 | 0.236 | -0.043 | — |
| | $X_{11}$ | 0.950 | 0.330 | 0.621 | — | — | — | 0.081 | — | 0.333 | 0.269 | -0.062 | — |
| | $X_{12}$ | 0.952 | 0.344 | 0.608 | — | — | — | 0.080 | 0.320 | — | 0.272 | -0.064 | — |
| | $X_{13}$ | 0.920 | 0.312 | 0.609 | — | — | — | 0.079 | 0.284 | 0.301 | — | -0.055 | — |
| | $X_{15}$ | 0.668 | -0.085 | 0.753 | — | — | — | 0.054 | 0.240 | 0.257 | 0.203 | — | — |
| 12 | $X_1$ | 0.843 | 0.091 | 0.752 | — | — | — | 0.160 | 0.222 | — | 0.193 | — | 0.176 |
| | $X_8$ | 0.966 | 0.191 | 0.774 | 0.076 | — | — | — | 0.257 | — | 0.230 | — | 0.211 |
| | $X_{11}$ | 0.970 | 0.266 | 0.704 | 0.076 | — | — | 0.184 | — | — | 0.231 | — | 0.213 |
| | $X_{13}$ | 0.964 | 0.241 | 0.722 | 0.073 | — | — | 0.183 | 0.255 | — | — | — | 0.212 |
| | $X_{16}$ | 0.962 | 0.222 | 0.739 | 0.072 | — | — | 0.181 | 0.255 | — | 0.230 | — | — |
| 36 | $X_3$ | 0.269 | -0.146 | 0.416 | — | — | 0.174 | 0.139 | 0.110 | — | -0.008 | — | — |
| | $X_7$ | 0.708 | 0.462 | 0.246 | — | -0.055 | — | 0.133 | 0.124 | — | 0.044 | — | — |
| | $X_8$ | 0.612 | 0.253 | 0.359 | — | -0.080 | 0.242 | — | 0.171 | — | 0.026 | — | — |
| | $X_{11}$ | 0.592 | 0.252 | 0.340 | — | -0.064 | 0.227 | 0.172 | — | — | 0.005 | — | — |
| | $X_{13}$ | 0.342 | 0.174 | 0.168 | — | 0.007 | 0.117 | 0.038 | 0.007 | — | — | — | — |

表 2-13 · 不同月龄组长丰鲢形态性状对体重的决定系数

| 月龄 | 性状 | $X_1$ | $X_3$ | $X_7$ | $X_8$ | $X_{11}$ | $X_{12}$ | $X_{13}$ | $X_{15}$ | $X_{16}$ |
|---|---|---|---|---|---|---|---|---|---|---|
| | $X_8$ | — | — | — | 0.011 | — | — | — | — | — |
| | $X_{11}$ | — | — | — | 0.053 | 0.109 | — | — | — | — |
| 6 | $X_{12}$ | — | — | — | 0.055 | 0.220 | 0.118 | — | — | — |
| | $X_{13}$ | — | — | — | 0.049 | 0.178 | 0.188 | 0.097 | — | — |
| | $X_{15}$ | — | — | — | -0.009 | -0.041 | -0.044 | -0.034 | 0.007 | — |
| | $X_1$ | 0.008 | — | — | — | — | — | — | — | — |
| | $X_8$ | 0.029 | — | — | 0.036 | — | — | — | — | — |
| 12 | $X_{11}$ | 0.040 | — | — | 0.098 | 0.071 | — | — | — | — |
| | $X_{13}$ | 0.035 | — | — | 0.088 | 0.123 | — | 0.058 | — | — |
| | $X_{16}$ | 0.032 | — | — | 0.081 | 0.113 | — | 0.102 | — | 0.049 |
| | $X_3$ | — | 0.021 | — | — | — | — | — | — | — |
| | $X_7$ | — | -0.051 | 0.213 | — | — | — | — | — | — |
| 36 | $X_8$ | — | -0.041 | 0.122 | 0.064 | — | — | — | — | — |
| | $X_{11}$ | — | -0.032 | 0.115 | 0.087 | 0.064 | — | — | — | — |
| | $X_{13}$ | — | 0.002 | 0.041 | 0.013 | 0.002 | — | 0.030 | — | — |

还包括一些鱼体内部的生物学指标，如肥满度、脏体指数等，对体重的影响性状还需进行更加全面、综合的分析。

采用逐步回归分析，按照对体重作用的显著程度，6 月龄组依次引入 $X_8$、$X_{11}$、$X_{12}$、$X_{13}$ 及 $X_{15}$，12 月龄依次引入 $X_1$、$X_8$、$X_{11}$、$X_{13}$ 及 $X_{16}$，36 月龄依次引入 $X_3$、$X_7$、$X_8$、$X_{11}$ 及 $X_{13}$，分别建立最优回归方程。

$$Y_{6月龄} = -38.524 + 2.181X_{12} + 4.859X_{13} + 1.655X_{11} + 2.207X_8 - 2.724X_1$$

$$Y_{12月龄} = -88.042 + 2.298X_{11} + 7.058X_{13} + 8.069X_8 + 18.101X_{16} + 3.71X_1$$

$$Y_{36月龄} = -1\,087.057 + 75.841X_7 + 57.312X_8 + 25.63X_{13} + 11.575X_{11} - 19.113X_3$$

回归关系均达到极显著水平（6 月龄 $F = 500.519$，$P<0.01$；12 月龄 $F = 521.581$，$P<0.01$；36 月龄 $F = 56.825$，$P<0.01$），各形态性状对体重的偏回归系数均达到显著水平（$P<0.05$），且回归预测结果显示，估计值与实际值差异不显著（$P>0.05$），建立的多元回归方程均能较准确地反映长丰鲢形态性状与体重之间的关系,可用于选育实践。

### (2) 生长特性

生长性状是水产养殖动物最重要的经济性状之一。长丰鲢生长性状属于受多基因控制的数量性状,这些基因的结构变异及转基因等均容易对鱼类生长产生显著影响。因此,寻找控制这些数量性状的基因、发掘与长丰鲢生长性状相关的分子标记是实现长丰鲢深入选育的重要基础。

长丰鲢、长江鲢和湘江鲢的苗种均采集自农业农村部鲢遗传育种中心,并在湖北石首老河四大家鱼原种场养殖,样本采集信息如表 2-14。采用游标卡尺和标准直尺测量样本的全长(TL)、体高(BH)、尾柄高(CPH)和头长(BL),体重(BW)采用电子天平称重。

表 2-14 · 长丰鲢、长江鲢和湘江鲢样本采集信息

| 项　目 | 长　丰　鲢 | | | 长江鲢 | 湘江鲢 |
|---|---|---|---|---|---|
| | 6 月龄 | 17 月龄 | 36 月龄 | 24 月龄 | 12 月龄 |
| 放苗日期(年-月) | 2017-05 | 2017-05 | 2017-05 | 2018-05 | 2019-05 |
| 采样日期(年-月) | 2017-11 | 2018-10 | 2020-05 | 2020-05 | 2020-05 |
| 样本数(尾) | 59 | 50 | 143 | 136 | 100 |

以等位基因数(*Na*)、期望杂合度(*He*)、观测杂合度(*Ho*)、多态信息含量(*PIC*)等为参考依据,利用 15 个多态性高的微卫星标记用于此分析研究(表 2-15)。

表 2-15 · 长丰鲢 15 个微卫星引物序列信息

| 位　点 | 重复序列 | 引物序列(5′-3′) | 退火温度(℃) | 片段长度(bp) |
|---|---|---|---|---|
| H111 | $(TG)_{11}$ | AATTCGGGTTGTATTTGAAATTAT<br>GAAAGGTAGTTTTAAACGCGTCA | 44 | 123~130 |
| H129 | $(TA)_{7}(TG)_{14}$ | TGGGGTGTCCTAACTTTTTCA<br>GGGGGTTAATTGTGCATTTG | 48 | 93~150 |
| SCE65 | $(TG)_{10}$ | TGAACTGGATCAGAAGACACTCA<br>GCAAACTGCAAAAATGATTCTG | 50 | 100~200 |
| SCE78 | $(TGC)_{6}$ | ATCTACGCGTCTGCCAGTATC<br>ACTTCACGTGATCTTTACGAACG | 60 | 300~400 |

续 表

| 位 点 | 重复序列 | 引物序列(5′-3′) | 退火温度(℃) | 片段长度(bp) |
|---|---|---|---|---|
| SCE92 | $(CA)_8$ | AACACAACGATCCAACAGAGAAT<br>GGGTCTATGGATTCTTCCTTGTC | 50 | 100~200 |
| BL5 | $(TG)_{27}$ | CCTGTGCCTTTGAACTCTGA<br>CCCTCCACCATACTGACAAG | 52 | 300~500 |
| BL52 | $(TG)_{12}$ | CAGAATCCAGAGCCGTCAG<br>CACCGAACAGGGAACCAA | 54 | 150~300 |
| BL55 | $(GT)_{14}$ | AAGGAAAGTTGGCTGCTC<br>GGCTCTGAGGGAGATACCAC | 52 | 100~200 |
| BL56 | $(GT)_{16}$ | TTAGGTGAACCCAGCAGC<br>AAGAAGCATTAGTGCAGATGAGTAC | 54 | 200~400 |
| BL62 | $(TG)_{11}$ | ATATTAACATCTGCCGAAGC<br>ACAACCAGCAGTCTGAAGC | 52 | 150~300 |
| BL82 | $(GA)_{12}(TG)_4$<br>$TT(TG)_4$ | GTTGCTGCTTTATCTTTGGA<br>AACCACTTCACATAGGCTTG | 51 | 150~300 |
| BL101 | $(AC)_{10}A_7$ | CCATCAGACAGCCAAAGACAA<br>TGAAGGCAAGGTCAAGGTTTT | 54 | 300~400 |
| BL106-2 | $(AC)_{14}$ | TTTAATTCTTCTAGCTGGACACG<br>CACTCCTCTTCCCTCGTAAAT | 54 | 200~300 |
| BL109 | $(TG)_{21}$ | GTGTCCTGGATTCTAGCCG<br>CATGAGAGAAACACCTGAACA | 54 | 200~300 |
| BL116 | $(CT)_{15}$ | GCGGGATGAGTTTGAAGAA<br>TATGGACTGGACTGCTGGAT | 53 | 150~300 |

注：重复序列下标数字表示重复次数。

利用 SPSS 20.0 软件分别对长丰鲢、长江鲢和湘江鲢的表型性状进行统计和正态性检验。对不同月龄的长丰鲢进行 Pearson 相关分析，剖析 5 个生长性状间的相关系数；统计各月龄不同位点的 *Na*、*He* 和 *Ho*，并计算 *PIC*。

6 月龄长丰鲢体重的变异系数最大，为 23.28%；17 月龄体重和头长的变异系数均远大于其他生长性状，分别为 7.21% 和 10.49%；36 月龄体重的变异系数最大，为 7.15%，相对其他生长性状，体重具有更大的选择潜力（表 2-16）。各表型性状的标准差和偏度较小，均数的代表性好，各变量取值分布较对称；另外，经 SPSS 单个样本 K-S 检验，各月龄长丰鲢的体重性状均服从正态分布，所测量的性状均表现出连续变异的特点。

表 2－16 长丰鲢、长江鲢和湘江鲢各生长性状统计

| 群体类别 | | 项　目 | 体重(g) | 全长(cm) | 体高(cm) | 尾柄高(cm) | 头长(cm) |
|---|---|---|---|---|---|---|---|
| 长丰鲢 | 6 月龄<br>($n$=59) | 均值 | 22.353 | 12.622 | 3.388 | 1.075 | 3.107 |
| | | 标准差 | 5.203 | 1.051 | 0.330 | 0.096 | 0.266 |
| | | 偏度 | −0.230 | −0.465 | −0.902 | −0.744 | −0.292 |
| | | 变异系数(%) | 23.28 | 8.32 | 9.73 | 8.97 | 8.56 |
| | 17 月龄<br>($n$=50) | 均值 | 778.600 | 42.856 | 10.254 | 3.837 | 10.025 |
| | | 标准差 | 56.160 | 1.878 | 0.585 | 0.158 | 1.052 |
| | | 偏度 | −1.032 | −0.065 | 0.513 | 0.308 | 0.527 |
| | | 变异系数(%) | 7.21 | 4.38 | 5.70 | 4.11 | 10.49 |
| | 36 月龄<br>($n$=143) | 均值 | 1 042.951 | 47.285 | 11.420 | 4.051 | 12.577 |
| | | 标准差 | 74.544 | 1.613 | 0.506 | 0.173 | 0.578 |
| | | 偏度 | −0.801 | 0.552 | −1.181 | 0.166 | 0.779 |
| | | 变异系数(%) | 7.15 | 3.41 | 4.43 | 4.27 | 4.60 |
| 长江鲢<br>($n$=136) | | 均值 | 860.125 | 44.506 | 11.188 | 3.759 | 11.299 |
| | | 标准差 | 101.361 | 1.803 | 0.613 | 0.189 | 0.496 |
| | | 偏度 | −1.034 | −0.828 | −0.477 | −0.742 | −0.803 |
| | | 变异系数(%) | 11.78 | 4.05 | 5.48 | 5.02 | 4.39 |
| 湘江鲢<br>($n$=100) | | 均值 | 48.978 | 17.286 | 4.384 | 1.407 | 4.495 |
| | | 标准差 | 10.535 | 1.250 | 0.386 | 0.131 | 0.297 |
| | | 偏度 | −0.449 | −1.090 | −0.962 | −1.071 | −0.898 |
| | | 变异系数(%) | 21.51 | 7.23 | 8.81 | 9.32 | 6.62 |

注：$n$ 为样本数量。

杂合度可以显示群体内所有等位基因的分布和丰富程度，利用杂合度可以很好地衡量一个群体的遗传结构和遗传变异程度，从而反映群体的生存和适应能力。15 个微卫星标记均能在长丰鲢中稳定扩增，6 月龄的 $Ho$ 和 $He$ 分别为 0.305～1.000（均值 0.850）和 0.261～0.755（均值 0.622）、17 月龄的 $Ho$ 和 $He$ 分别为 0.000～1.000（均值 0.689）和 0.000～0.756（均值 0.503）、36 月龄的 $Ho$ 和 $He$ 分别为 0.486～1.000（均值 0.815）和 0.383～0.775（均值 0.569），均高于 0.500（表 2－17），表明在连续选育的过程中，长丰鲢

群体仍保持较高的遗传多样性，仍具有选育潜力；此外，*PIC* 与位点的有效性和效率有关，*PIC* 越高则意味着群体含有越多的遗传信息。3 个不同月龄中 *PIC* 范围分别为 0.225～0.702（均值 0.555）、0.000～0.701（均值 0.445）、0.309～0.741（均值 0.490）（表 2－17），表明各月龄长丰鲢群体遗传多样性水平仍较高，具备进一步种质改良的潜力。

表 2－17 · 长丰鲢 SSR 多态位点信息

| 位　点 | 6 月龄（*n*=59） | | | | 17 月龄（*n*=50） | | | | 36 月龄（*n*=143） | | | |
|---|---|---|---|---|---|---|---|---|---|---|---|---|
| | *Na* | *Ho* | *He* | *PIC* | *Na* | *Ho* | *He* | *PIC* | *Na* | *Ho* | *He* | *PIC* |
| H111 | 4 | 1.000 | 0.755 | 0.702 | 3 | 0.980 | 0.649 | 0.570 | 3 | 0.486 | 0.517 | 0.399 |
| BL106－2 | 5 | 0.712 | 0.616 | 0.547 | 4 | 0.760 | 0.754 | 0.699 | 3 | 1.000 | 0.625 | 0.552 |
| H129 | 2 | 0.305 | 0.261 | 0.225 | 1 | 0.000 | 0.000 | 0.000 | 2 | 0.745 | 0.469 | 0.358 |
| BL109 | 4 | 0.847 | 0.734 | 0.676 | 4 | 0.900 | 0.750 | 0.694 | 4 | 0.806 | 0.731 | 0.678 |
| SCE65 | 3 | 1.000 | 0.629 | 0.553 | 4 | 1.000 | 0.744 | 0.688 | 3 | 0.639 | 0.469 | 0.402 |
| SCE78 | 3 | 0.746 | 0.630 | 0.554 | 3 | 0.620 | 0.549 | 0.485 | 4 | 1.000 | 0.751 | 0.701 |
| SCE92 | 4 | 0.949 | 0.644 | 0.587 | 2 | 1.000 | 0.505 | 0.375 | 2 | 0.972 | 0.501 | 0.375 |
| BL101 | 3 | 0.492 | 0.567 | 0.498 | 2 | 0.560 | 0.407 | 0.322 | 3 | 0.979 | 0.622 | 0.550 |
| BL5 | 4 | 1.000 | 0.746 | 0.691 | 4 | 1.000 | 0.756 | 0.701 | 4 | 1.000 | 0.750 | 0.700 |
| BL55 | 4 | 1.000 | 0.752 | 0.698 | 3 | 1.000 | 0.626 | 0.548 | 2 | 0.514 | 0.383 | 0.309 |
| BL52 | 3 | 1.000 | 0.627 | 0.551 | 2 | 0.040 | 0.040 | 0.038 | 2 | 0.986 | 0.502 | 0.375 |
| BL56 | 4 | 1.000 | 0.750 | 0.696 | 3 | 1.000 | 0.618 | 0.537 | 6 | 1.000 | 0.775 | 0.741 |
| BL62 | 3 | 1.000 | 0.614 | 0.533 | 4 | 0.960 | 0.756 | 0.701 | 3 | 0.583 | 0.417 | 0.332 |
| BL82 | 2 | 1.000 | 0.504 | 0.375 | 1 | 0.000 | 0.000 | 0.000 | 2 | 0.521 | 0.393 | 0.315 |
| BL116 | 3 | 0.695 | 0.505 | 0.437 | 2 | 0.520 | 0.389 | 0.311 | 3 | 0.993 | 0.629 | 0.556 |
| 平均 | 3.40 | 0.850 | 0.622 | 0.555 | 2.80 | 0.689 | 0.503 | 0.445 | 3.07 | 0.815 | 0.569 | 0.490 |
| 标准偏差 | 0.83 | 0.219 | 0.131 | 0.135 | 1.08 | 0.388 | 0.281 | 0.261 | 1.10 | 0.211 | 0.138 | 0.157 |

注：*n* 为样本数量。

利用 SPSS 20.0 软件的一般线性模型（GLM）分析与长丰鲢 3 个月龄组体重、全长、体高、尾柄高、头长 5 个生长性状的相关性。在 15 个微卫星位点上，各月龄共筛选出 6 个与生长性状显著相关的微卫星位点（$P<0.05$），这些位点上基因型的差异对生长性状影

响显著($P<0.05$)(表2－18);其中,6月龄长丰鲢筛选出2个与生长性状显著相关的位点($P<0.05$),17月龄筛选出1个显著相关位点($P<0.05$),36月龄筛选出3个显著相关位点($P<0.05$)(表2－18)。通过对不同微卫星位点和生长性状进行相关性分析,可获得与生长性状密切相关的分子标记。在微卫星与长丰鲢生长性状相关联结果中存在显著水平的关联,说明这些标记与特定性状间存在关联性。在这些关联中,出现了几个标记与同一个性状相关的现象。

表2－18 对不同月龄组长丰鲢6个微卫星位点上各生长性状的均值或多重比较

| 月龄 | 位点 | 基因型 | 个体数(尾) | 体重(g) | 全长(cm) | 体高(cm) | 尾柄高(cm) | 头长(cm) |
|---|---|---|---|---|---|---|---|---|
| 6 ($n=59$) | BL55 | 225/231 | 16 | 19.68±6.21[a] | 12.01±1.28[a] | 3.20±0.39[a] | 1.02±0.11[a] | 3.00±0.30 |
| | | 225/237 | 18 | 23.40±5.88[b] | 12.85±1.07[b] | 3.42±0.37[b] | 1.09±0.11[b] | 3.16±0.28 |
| | | 231/245 | 17 | 24.41±3.04[b] | 13.05±0.68[b] | 3.54±0.18[b] | 1.11±0.06[b] | 3.16±0.22 |
| | | 237/245 | 8 | 20.98±2.24[ab] | 12.43±0.60[ab] | 3.38±0.16[ab] | 1.07±0.05[ab] | 3.09±0.22 |
| | BL109 | 230/230 | 9 | 23.43±8.04 | 12.76±1.70[ab] | 3.36±0.49[ab] | 1.08±0.15 | 3.07±0.41[ab] |
| | | 230/237 | 12 | 19.57±5.07 | 11.99±0.91[a] | 3.22±0.38[a] | 1.03±0.11 | 3.02±0.24[a] |
| | | 232/241 | 15 | 21.59±4.58 | 12.61±1.00[ab] | 3.35±0.29[ab] | 1.07±0.08 | 3.05±0.21[ab] |
| | | 237/241 | 23 | 23.88±3.76 | 12.91±0.71[b] | 3.51±0.20[b] | 1.10±0.07 | 3.21±0.22[b] |
| 17 ($n=50$) | SCE65 | 152/154 | 16 | 775.81±63.23 | 42.94±2.03 | 10.47±0.53[a] | 3.89±0.12 | 10.28±1.04 |
| | | 160/170 | 16 | 782.44±53.24 | 43.66±2.02 | 10.40±0.70[ab] | 3.87±0.20 | 10.35±1.19 |
| | | 152/160 | 13 | 773.69±58.25 | 42.07±1.47 | 9.98±0.41[bc] | 3.77±0.14 | 9.55±0.85 |
| | | 154/170 | 5 | 788.00±50.55 | 42.06±0.84 | 9.82±0.24[c] | 3.74±0.11 | 9.40±0.19 |
| 36 ($n=143$) | BL55 | 225/231 | 74 | 1 038.11±77.93 | 47.02±1.47[a] | 11.39±0.54 | 4.03±0.17 | 12.59±0.61 |
| | | 233/233 | 69 | 1 048.15±70.94 | 47.57±1.72[b] | 11.45±0.47 | 4.07±0.18 | 12.57±0.55 |
| | BL106－2 | 231/235 | 64 | 1 021.91±76.84[a] | 46.86±1.46 | 11.39±0.53 | 4.01±0.17 | 12.53±0.50 |
| | | 235/239 | 79 | 1 060.00±68.48[b] | 47.63±1.66 | 11.45±0.49 | 4.09±0.17 | 12.62±0.63 |
| | BL116 | 206/212 | 74 | 1 029.93±71.44[a] | 47.00±1.39 | 11.38±0.50 | 4.02±0.15 | 12.57±0.63 |
| | | 208/212 | 69 | 1 056.91±75.78[b] | 47.59±1.78 | 11.47±0.51 | 4.08±0.19 | 12.59±0.52 |

注:同列肩注中相同上标字母表示差异不显著($P>0.05$),不同上标字母表示差异显著($P<0.05$),$n$表示样本数量。

在6月龄长丰鲢群体中,位点BL55、BL109均与体高显著相关($P<0.05$)

(表 2－18)。在位点 BL55 上,225/231 基因型个体各生长性状均值均低于其他基因型,除了头长外,在其他生长性状上均显著低于 225/237、231/245 基因型个体($P<0.05$),与 237/245 基因型个体差异不显著($P>0.05$);231/245 基因型个体各生长性状均优于其他基因型,与 225/231 基因型个体差异显著($P<0.05$),推测 225/231 基因型可能是劣势基因型,而 231/245 基因型是优势基因型。位点 BL109 上,230/237 基因型个体各生长性状均值均低于其他基因型,且在全长、体高、头长上均显著低于 237/241 基因型个体($P<0.05$),与其他基因型间差异不显著($P>0.05$);237/241 基因型个体各生长性状均优于其他基因型,该基因型可能与体重、全长、体高、尾柄高、头长均呈正相关。

17 月龄 SCE65 位点与体高显著相关($P<0.05$),且该位点上共检测到 4 种基因型。将 SCE65 进行不同基因型间不同性状的多重比较,发现 154/170 基因型个体的体高显著低于 152/154、160/170 基因型个体($P<0.05$),且除体重外的所有生长性状均值都低于其他基因型个体,但基因型间差异不显著($P>0.05$)(表 2－18),推测 154/170 基因型与全长、体高、尾柄高、头长这 4 个生长性状负相关。

长丰鲢 36 月龄时位点 BL55 与全长显著相关($P<0.05$),位点 BL106－2、BL116 均与体重显著相关($P<0.05$)。在位点 BL55 上,225/231 基因型个体的全长显著低于 233/233 基因型个体($P<0.05$);除头长外,其他生长性状均值均低于 233/233 基因型个体,但基因型间差异不显著($P>0.05$),推测 225/231 基因型可能与生长性状负相关。位点 BL106－2 上,231/235 基因型个体的体重显著低于 235/239 基因型个体($P<0.05$),且其他生长性状均值均低于 235/239 基因型个体,但基因型间差异不显著($P>0.05$)。位点 BL116 上,206/212 基因型个体的体重显著低于 208/212 基因型个体($P<0.05$),且其他生长性状均值均低于 208/212 基因型个体,但基因型间差异不显著($P>0.05$)(表 2－18)。

以上研究结果表明,长丰鲢的微卫星位点存在多因一效的现象,这与其他水产动物的相关研究结果类似;这些显著相关的位点控制着不同基因型个体的生长性能,在选育过程中发挥着重要作用。

长丰鲢 6 月龄和 36 月龄均有生长性状与 BL55 位点存在相关性,推测 17 月龄可能因样本数相对较少,导致性状与 BL55 位点相关性不显著($P>0.05$);将 3 个月龄 BL55 位点上不同基因型各生长性状放在一起进行比较验证,发现长丰鲢 3 个不同月龄在位点 BL55 上均存在相同的 231 bp 片段的等位基因(表 2－19)。该位点在 6 月龄的 225/231 基因型个体中各生长性状均低于其他基因型,而 231/245 基因型个体各生长性状均值均高于其他基因型,推测 225/231 基因型对长丰鲢群体的生长性状可能起负面影响,而 231/245 基因型起正面影响。在 36 月龄,225/231 基因型个体除头长外,其他生长性状均值均低于 233/233 基因型个体,即 225/231 基因型个体各生长性状比起 233/233 基因型个体普遍偏低，这与 225/231 基因型个体在长丰鲢群体中可能起负面影响的推测相符；在 17 月龄时，231/245 基因型个体除体重外其他生长性状普遍优于 229/231 基因型个体，基因型间差异不显著（$P>0.05$），进一步证实 231/245 基因型可能起正面影响的推测。因此，初步确定标记 BL55 在长丰鲢群体中均适用，且 225/231 基因型在该群体中可能与生长性状负相关，而 231/245 基因型可能与生长性状呈正相关。长丰鲢具有生长速度快、产量高等特点，均由生长性状优良的亲本多代选育而来；相较于长江野生鲢，长丰鲢具有更好的生长性能，所以这一现象符合其生物学特性。

表 2-19 对长丰鲢、长江鲢和湘江鲢在 BL55 位点上各生长性状的均值或多重比较

| 群体类别 | | 基因型 | 个体数(尾) | 体重(g) | 全长(cm) | 体高(cm) | 尾柄高(cm) | 头长(cm) |
|---|---|---|---|---|---|---|---|---|
| 长丰鲢 | 6 月龄组（$n=59$） | 225/231 | 16 | 19.68±6.21[a] | 12.01±1.28[a] | 3.20±0.39[a] | 1.02±0.11[a] | 3.00±0.30 |
| | | 225/237 | 18 | 23.40±5.88[b] | 12.85±1.07[b] | 3.42±0.37[b] | 1.09±0.11[b] | 3.16±0.28 |
| | | 231/245 | 17 | 24.41±3.04[b] | 13.05±0.68[b] | 3.54±0.18[b] | 1.11±0.06[b] | 3.16±0.22 |
| | | 237/245 | 8 | 20.98±2.24[ab] | 12.43±0.60[ab] | 3.38±0.16[ab] | 1.07±0.05[ab] | 3.09±0.22 |
| | 17 月龄组（$n=50$） | 229/231 | 20 | 782.30±14.08 | 42.81±0.40 | 10.14±0.13 | 3.81±0.04 | 9.86±0.20 |
| | | 231/245 | 30 | 776.13±9.52 | 42.89±0.36 | 10.33±0.11 | 3.86±0.03 | 10.14±0.21 |
| | 36 月龄组（$n=143$） | 225/231 | 74 | 1 038.11±9.06 | 47.02±0.17[a] | 11.39±0.06 | 4.03±0.02 | 12.59±0.07 |
| | | 233/233 | 69 | 1 048.15±8.54 | 47.57±0.21[b] | 11.45±0.06 | 4.07±0.02 | 12.57±0.07 |
| 长江鲢（$n=136$） | | 220/221 | 29 | 843.00±77.99 | 44.39±1.62 | 11.12±0.53 | 3.74±0.16 | 11.27±0.45 |
| | | 220/225 | 35 | 850.49±108.98 | 44.35±1.50 | 11.13±0.48 | 3.77±0.18 | 11.21±0.46 |
| | | 221/231 | 35 | 863.23±119.58 | 44.52±2.38 | 11.12±0.78 | 3.73±0.23 | 11.29±0.65 |
| | | 225/231 | 34 | 883.68±92.69 | 44.86±1.50 | 11.38±0.60 | 3.79±0.18 | 11.41±0.39 |
| 湘江鲢（$n=100$） | | 225/231 | 55 | 50.76±10.29 | 17.50±1.17 | 4.43±0.37 | 1.42±0.12 | 4.56±0.27[a] |
| | | 231/231 | 43 | 47.22±9.89 | 17.09±1.23 | 4.34±0.37 | 1.40±0.13 | 4.44±0.29[b] |

注：$n$ 为样本数量。同列肩注中相同上标字母表示差异不显著（$P>0.05$），不同上标字母表示差异显著（$P<0.05$）。

为研究标记 BL55 在鲢群体中的适用性，选取长江群体和湘江群体进行分析发现，长江群体中同样存在 225/231 基因型（表 2-19），且该基因型个体各生长性状均值均高于其他基因型，基因型间差异不显著（$P>0.05$），而在长丰鲢群体中较劣势的 225/231 基因型在长江鲢群体中相较于其他基因型为优势基因型。湘江鲢群体中仍存在 225/231 基

因型,且该基因型个体各生长性状均值均大于 231/231 基因型个体,推测含有 225 bp 片段的等位基因个体各生长性状优于含有 231 bp 片段的等位基因个体,该位点与头长显著相关($P$<0.05),在头长上基因型间差异显著($P$<0.05)。

### (3) 性腺发育

性腺发育是鱼类繁衍后代的前提,鱼苗从孵化出来就开始摄取外界营养物质,以促进生长与性腺发育。性腺细胞经历细胞发生、发育、成熟与产出等过程,具有规律性变化。

① 长丰鲢雌鱼性腺发育:卵巢发育是卵母细胞发育和卵黄物质积累的过程。卵巢成熟是通过有丝分裂增加卵细胞数量和通过卵黄营养物质积累实现其质的改变,两者是卵巢成熟的必备条件。硬骨鱼类卵巢成对出现,分别在其腹腔两侧,末端共同开口于泄殖腔。硬骨鱼类与其他脊椎动物一样,卵巢具有双重功能:一方面产生卵细胞;另一方面产生控制生殖的激素,如在卵母细胞生长过程中,滤泡细胞不断产生雌激素,促进卵子成熟。在雌激素作用下,卵母细胞发育为成熟卵子,从包围的滤泡层中解脱出来,并具有受精能力(Wallace 和 Selman,1990)。根据鲢性腺发育规律,2017 年 3—5 月在湖北潜江市长丰鲢繁育基地采集健康雌性长丰鲢亲鱼。对所取卵巢依据大小、形状、色泽、卵径等的不同,将性腺成熟度划分为Ⅳ期初、Ⅳ期中、Ⅳ期末、Ⅴ期和产卵期(表 2-20)。

表 2-20 · 长丰鲢(♀)发育阶段对应的卵母细胞直径

| 项　目 | Ⅳ期初 | Ⅳ期中 | Ⅳ期中 | Ⅳ期末 | Ⅴ期 | 产卵期 |
|---|---|---|---|---|---|---|
| 卵母细胞直径(μm) | 778.0±41.5 | 812.0±19.2 | 864.0±80.8 | 952.0±38.9 | 976.0±26.1 | 1 064.0±65.1 |

第Ⅳ时相的细胞处于生长期的初级卵母细胞,卵细胞内卵黄物质不断沉积,卵径可达 770~960 μm(表 2-20)。根据卵黄颗粒沉积程度,Ⅳ时相又划分为早、中、晚 3 个时期。Ⅳ时相初期的主要形态特征为卵母细胞直径约 778 μm,细胞质外围出现卵黄颗粒、卵黄泡,在质膜内缘出现皮层泡,细胞核体积变小,形状变得不规则(图 2-5)。Ⅳ时相中期的卵母细胞直径约 864 μm,卵黄颗粒充满核外空间,接近细胞核的卵黄颗粒和卵黄泡体积较大,部分卵黄颗粒开始融合成卵黄小板,卵膜周围卵黄泡较小,其中积累的卵黄物质为紫红色,细胞核中位或偏位,体积进一步变小(图 2-5)。Ⅳ时相末期的卵母细胞直径约 952 μm,卵黄物质充满细胞质,卵黄颗粒融合成卵黄小板,多为椭圆形,细胞核体积变小,发生偏位并逐步移向动物极,细小的核仁分布于细胞核中,放射带厚度增大

(图 2－5)。严云勤和徐立滨(1994)观察鲫(*Carassius auratus*)的卵母细胞时也发现皮层泡是由卵黄泡及一些囊泡融合而成;李勇(2007)发现胭脂鱼的皮层泡由特定的嗜碱性卵黄颗粒转化而来。长丰鲢的皮层泡随着卵子的成熟而形成,与以上皮层泡的形成方式不同。第Ⅴ时相的卵母细胞为次级卵母细胞,卵母细胞体积达到最大,细胞直径约 1 064 μm。卵黄颗粒排列十分紧密,像大多数鱼类一样互相融合成卵黄小板(图 2－5)。

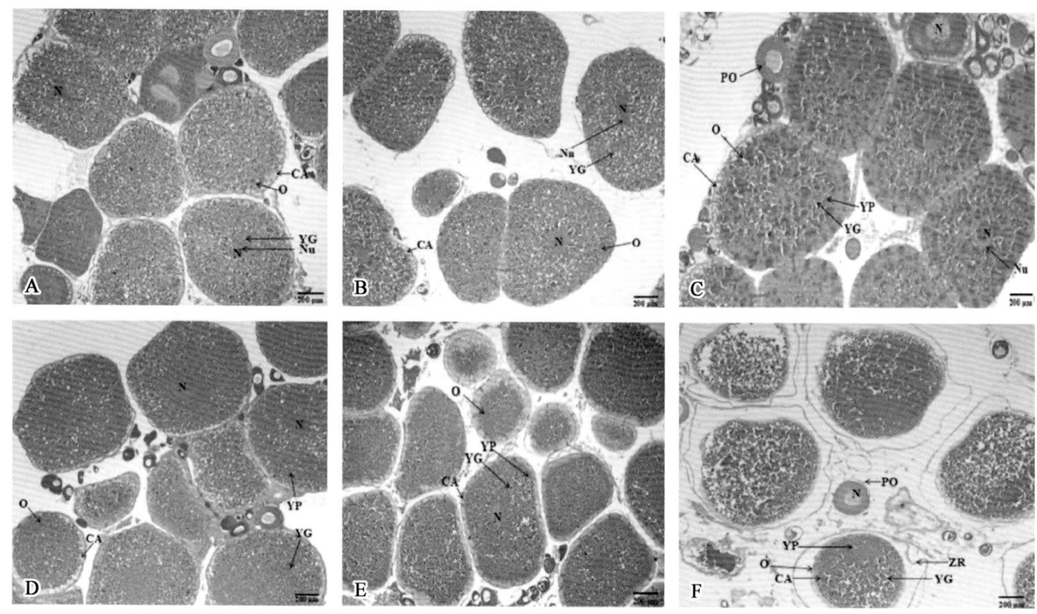


**图 2－5 · 长丰鲢卵巢组织切片观察**

A. Ⅳ期初卵巢(×40);B. Ⅳ期中卵巢(×40);C. Ⅳ期中卵巢(×40);D. Ⅳ期末卵巢(×40);E. Ⅴ期卵巢(×40);F. 产卵卵巢(×40)

O: 卵母细胞;N: 细胞核;Nu: 核仁;YG: 卵黄颗粒;YP: 卵黄小板;PO: 初级卵母细胞;ZR: 放射带;CA: 皮层泡

② 长丰鲢雄鱼性腺发育:在第一次性周期之前,鱼类性腺发育主要受其年龄制约,在一定条件下,性腺发育与年龄增长存在着恒定关系。1 龄长丰鲢个体小,解剖后肉眼只能模糊地看到性腺的雏形;2 龄鱼肉眼观察初步判定其精巢处于Ⅱ期,呈半透明的乳白色,细线管状,血管不发达,HE 染色后发现精巢中分布大量的精原细胞(图 2－6);Ⅲ期精巢呈圆管状,直径约为 0. 2 cm,半透明、银白色,血管不发达,生殖细胞以精原细胞为主,其中还分布少量的初级精母细胞、次级精母细胞和精细胞(图 2－6);Ⅳ期精巢呈棒状,中间较粗,往两边逐渐变小,中间有一条明显的血管,血管向周围延伸出少量的微血管,镜检后发现早期其生殖细胞主要以次级精母细胞及少量的精细胞和精子组成(图 2－6),到后期其精细胞逐渐增多(图 2－6);Ⅴ期精巢呈乳白色,柔软,布满红色的血管,轻压鱼腹会有精液流出,这时生殖细胞主要由精细胞和精子组成(图 2－6)。

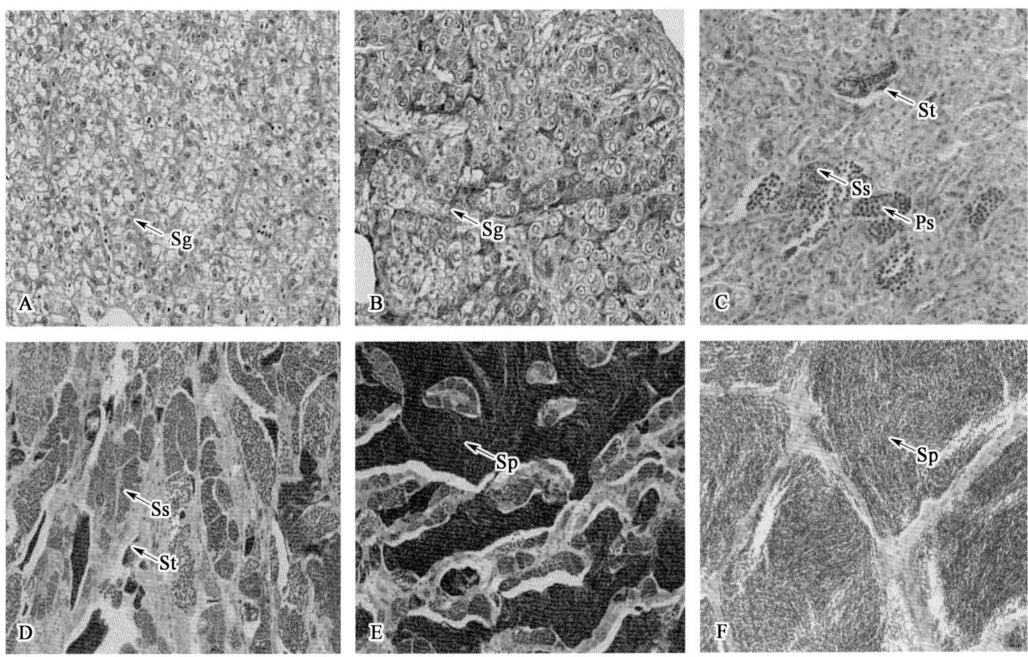


图 2-6 · 长丰鲢精巢组织切片观察

A. Ⅱ期精巢(400×);B. Ⅱ期精巢(400×);C. Ⅲ期精巢(200×);D. Ⅳ期精巢早期(200×);E. Ⅳ期精巢晚期(200×);F. Ⅴ期精巢(400×)

Sg: 精原细胞;Ps: 初级精母细胞;Ss: 次级精母细胞;St: 精子细胞;Sp: 精子

### (4) 营养成分

① 营养成分和理化特性比较:取长丰鲢与普通鲢背部两侧肌肉,利用凯氏定氮法、索氏抽提法、烘干法(100±5)℃、马弗炉灼烧法(550±15)℃和酸碱滴定法测定粗蛋白、粗脂肪、水分、灰分和酸度;利用分析天平称取 2.0 g 肌肉,用双层滤纸筒包好并标记,放入 50 ml 离心管中,4 000 转/min 常温离心 15 min 后取出肉样称重,计算鱼肉保水性能(water holding capacity, WHC)。

$$WHC = \frac{m_0 - (m_1 - m_2)}{m_0} \times 100\%$$

式中,$m_0$ 为鱼肉中水分含量(g);$m_1$ 为离心前鱼肉样品重量(g);$m_2$ 为离心后鱼肉样品重量(g)。

按照不同发育阶段,分别取长丰鲢的肝脏和卵巢组织,利用上述方法测定粗蛋白、粗脂肪、水分和灰分的含量。

普通鲢肌肉粗脂肪和粗灰分含量显著高于长丰鲢($P<0.05$)(表 2-21),长丰鲢比普通鲢肌肉更符合人体高蛋白、低脂肪的营养需求;在一定酸度范围内,肌肉保水性能与酸

度呈正比关系，且均与肌肉嫩度有关，保水性能越高肌肉嫩度越好。普通鲢雌鱼的粗脂肪含量和保水性能均显著高于雄鱼（$P<0.05$）（表2－21），说明普通鲢雌鱼肌肉嫩度优于雄鱼。雌、雄个体粗脂肪含量显著差异的原因可能与性成熟后雌、雄鲢繁殖期对机体脂肪的需求不同相关。

表2－21 · 鲢肌肉基本营养成分和理化特性指标比较

| 项　目 | 普通鲢（♂） | 普通鲢（♀） | 长丰鲢（♂） | 长丰鲢（♀） |
|---|---|---|---|---|
| 水分（%） | 79.12±1.94 | 78.36±1.45 | 80.04±0.36 | 79.57±4.55 |
| 粗蛋白（%） | 18.57±1.64 | 17.51±2.18 | 17.34±0.53 | 17.65±2.17 |
| 粗脂肪（%） | $1.26±0.42^{b}$ | $2.07±0.67^{a}$ | $0.73±0.31^{c}$ | $0.72±0.34^{c}$ |
| 粗灰分（%） | $1.31±0.05^{a}$ | $1.17±0.08^{b}$ | $0.98±0.05^{d}$ | $1.07±0.14^{c}$ |
| 系水力（%） | $63.54±6.12^{b}$ | $71.44±6.70^{a}$ | $75.68±2.99^{a}$ | $71.49±8.97^{a}$ |
| 酸度（g/kg） | $4.37±0.47^{b}$ | $4.47±0.45^{ab}$ | $4.50±0.50^{ab}$ | $4.89±0.50^{a}$ |

注：同行肩注中相同上标字母表示差异不显著（$P>0.05$），不同上标字母表示差异显著（$P<0.05$）。

随着性腺发育，卵巢组织中水分含量逐渐增加，在产卵阶段水分显著增多（$P<0.05$），卵巢组织中粗蛋白和粗脂肪的含量在Ⅳ期至Ⅴ期过程中逐渐上升，在产卵阶段含量显著下降（$P<0.05$），而卵巢中粗灰分的含量稳定不变（$P>0.05$）（表2－22）；长丰鲢肝脏中水分、粗灰分和粗蛋白的含量较为平稳（$P>0.05$），粗脂肪的含量随着性腺发育时期逐渐降低（$P<0.05$）（表2－22）。有研究表明，鱼类在卵巢发育过程中，卵黄物质首先在肝脏中合成，然后转移至卵巢，卵巢内积累大量卵黄物质，脂类便是卵黄物质积累的主要成分之一（王际英等，2011）。脂类等营养物质在卵巢内大量蓄积，使卵粒充满卵黄颗粒，为后期受精卵及胚胎的发育提供能量和物质保障（Deeming 和 Ferguson，1991）。

表2－22 · 长丰鲢卵巢发育后期卵巢和肝脏的营养成分（%）

| | 营养成分 | Ⅳ期初 | Ⅳ期中 | Ⅳ期中 | Ⅳ期末 | Ⅴ期 | 产卵期 |
|---|---|---|---|---|---|---|---|
| 卵巢 | 水分 | $61.39±0.18^{e}$ | $63.00±0.27^{d}$ | $63.44±0.13^{d}$ | $64.85±0.48^{c}$ | $65.48±0.37^{b}$ | $70.06±0.13^{a}$ |
| | 粗灰分 | $1.38±0.03^{a}$ | $1.38±0.01^{a}$ | $1.38±0.04^{a}$ | $1.38±0.06^{a}$ | $1.38±0.02^{a}$ | $1.38±0.03^{a}$ |
| | 粗蛋白 | $24.75±0.12^{d}$ | $26.11±0.06^{c}$ | $26.24±0.04^{c}$ | $26.52±0.17^{b}$ | $27.18±0.14^{a}$ | $21.28±0.14^{e}$ |
| | 粗脂肪 | $4.21±0.25^{d}$ | $4.41±0.11^{d}$ | $4.70±0.13^{c}$ | $5.04±0.05^{b}$ | $5.66±0.01^{a}$ | $3.32±0.18^{e}$ |

续 表

| 营养成分 | | Ⅳ期初 | Ⅳ期中 | Ⅳ期中 | Ⅳ期末 | Ⅴ期 | 产卵期 |
|---|---|---|---|---|---|---|---|
| 肝脏 | 水分 | 76.56±1.12[d] | 78.37±0.28[c] | 79.25±0.63[b] | 79.41±0.56[b] | 80.08±0.12[a] | 80.52±0.04[a] |
| | 粗灰分 | 1.49±0.09[a] | 1.49±0.03[a] | 1.50±0.04[a] | 1.50±0.10[a] | 1.50±0.01[a] | 1.50±0.01[a] |
| | 粗蛋白 | 13.79±0.67[a] | 13.79±0.14[a] | 13.79±0.44[a] | 13.79±0.51[a] | 13.80±0.01[a] | 13.80±0.15[a] |
| | 粗脂肪 | 2.47±0.21[a] | 1.49±0.03[b] | 1.43±0.02[b] | 1.40±0.45[b] | 1.33±0.01[b] | 0.97±0.03[c] |

注：同列肩注中相同上标字母表示差异不显著($P>0.05$)，不同上标字母表示差异显著($P<0.05$)。

② 质构特性比较：将长丰鲢和普通鲢背部肌肉切成平整的小块(2 cm×2 cm×1 cm)，采用质构仪测定肌肉 TPA(texture profile analysis)指标，包括肌肉硬度、弹性、黏性、咀嚼性和回复性等。质构仪参数设定为：在 TPA 模式下，采用 TA41 圆柱形探头，起点感应力 5.0 g，测试速度 1.0 mm/s，二次压缩间隔时间 1 s，每尾鱼背肌和腹肌分别取 7~9 个肉块进行测定，所得数据均为质构仪自动校正后的结果。

长丰鲢肌肉的硬度、弹性和咀嚼性指标分别比普通鲢高 41.08%、28.89% 和 81.73%。长丰鲢雄鱼的硬度、弹性和咀嚼性均为最高，显著高于普通鲢雌鱼和雄鱼($P<0.05$)；长丰鲢雌鱼的黏性最高，显著高于普通鲢雄鱼($P<0.05$)；普通鲢雄鱼的回复性指标最高，显著高于其余 3 组鱼肉普通鲢雄鱼。各组鱼肉的内聚性指标差异均不显著。除回复性指标，普通鲢雌、雄个体间的硬度、弹性、黏性、咀嚼性和内聚性指标差异均不显著($P>0.05$)；除咀嚼性外，长丰鲢雌、雄个体间的其余 5 个质构指标差异均不显著($P>0.05$)，性别对鲢肌肉质构的影响不大(图 2-7)。

③ 氨基酸组成与营养评价：氨基酸含量(以湿重计)参照 GB 5009.124—2016 高效液相色谱法测定。根据联合国粮农组织/世界卫生组织(FAO/WHO)1973 年建议的氨基酸评分标准模式和全鸡蛋蛋白质的氨基酸模式分别按照以下公示计算氨基酸评分(AAS)、化学评分(CS)和必需氨基酸指数(EAAI)。

$$AAS = \frac{aa}{AA_{(FAO/WHO)}}$$

$$CS = \frac{aa}{AA_{(Egg)}}$$

$$EAAI = \sqrt[n]{\frac{100a}{ae} \times \frac{100b}{be} \times \frac{100c}{ce} \times \cdots \times \frac{100j}{je}}$$

式中，aa 为试验样品中氨基酸含量(mg/g 粗蛋白)，$AA_{(FAO/WHO)}$ 为评分模式中同种氨基酸

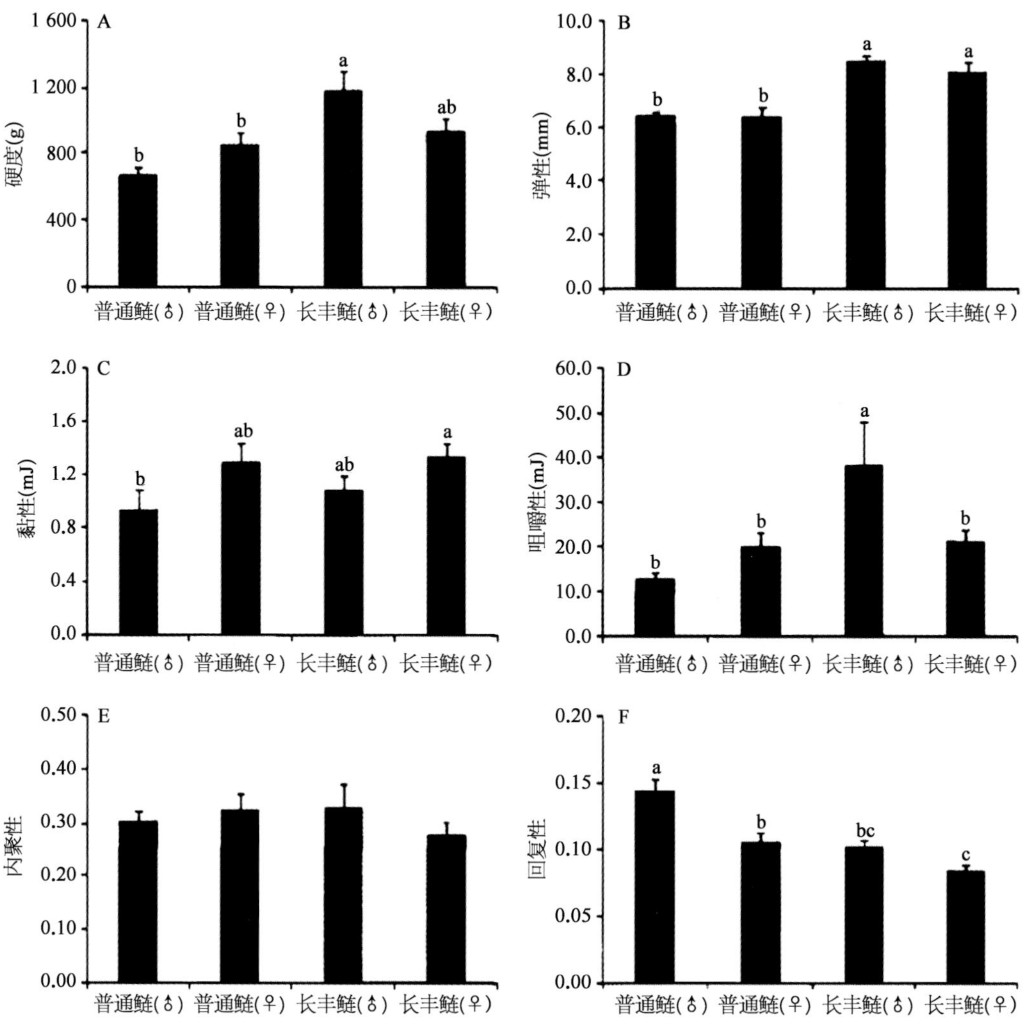


**图 2-7 鲢肌肉质构特性指标**

同一柱状图中不同上标字母表示组间差异显著($P<0.05$),相同字母表示组间差异不显著($P>0.05$)

含量(mg/g 粗蛋白),$AA_{(Egg)}$为全鸡蛋蛋白质中同种氨基酸含量(mg/g 粗蛋白),a、b、c…j 为试验样品蛋白质的必需氨基酸含量(mg/g 粗蛋白),ae、be、ce…je 为全鸡蛋蛋白质的必需氨基酸含量(mg/g 粗蛋白)。

除了色氨酸被酸水解外,普通鲢和长丰鲢样品中均检测出 17 种氨基酸,其中人体必需氨基酸(EAA)7 种、鲜味氨基酸(FAA)4 种、其他非必需氨基酸(NEAA)6 种(表 2-23)。普通鲢雄鱼和雌鱼个体的氨基酸、必需氨基酸和鲜味氨基酸的总量分别比长丰鲢雄鱼和雌鱼的总量高 7.35%和 0.28%、9.16%和 2.76%、16.90%和 5.29%,并且普通鲢天门冬氨酸、谷氨酸、苯丙氨酸和赖氨酸的含量均显著高于长丰鲢($P<0.05$),但胱氨酸、组氨酸和亮氨酸的含量均显著低于长丰鲢($P<0.05$)(表 2-23)。普通鲢和长丰鲢的

ΣEAA/ΣTAA 和ΣEAA/ΣNEAA 的比值分别在 39.61%~41.11%和 65.60%~69.80%之间，与世界卫生组织（WHO）和联合国粮农组织（FAO）要求的 40%和 60%的比值接近。

**表 2-23 鲢肌肉氨基酸组成及含量（湿重，g/100 g）**

| 项　目 | 普通鲢（♂） | 普通鲢（♀） | 长丰鲢（♂） | 长丰鲢（♀） |
|---|---|---|---|---|
| 天门冬氨酸（Asp*） | 3.05±0.05$^{a}$ | 2.62±0.08$^{b}$ | 2.59±0.04$^{b}$ | 2.46±0.01$^{c}$ |
| 谷氨酸（Glu*） | 2.74±0.06$^{a}$ | 2.74±0.07$^{a}$ | 2.12±0.04$^{c}$ | 2.33±0.06$^{b}$ |
| 胱氨酸（Cys） | 0.08±0.01$^{c}$ | 0.05±0.01$^{c}$ | 0.19±0.03$^{a}$ | 0.15±0.02$^{b}$ |
| 丝氨酸（Ser） | 0.90±0.02$^{b}$ | 0.88±0.03$^{b}$ | 1.04±0.10$^{a}$ | 0.95±0.01$^{ab}$ |
| 甘氨酸（Gly*） | 1.00±0.08$^{a}$ | 0.83±0.02$^{b}$ | 0.86±0.05$^{b}$ | 1.05±0.04$^{a}$ |
| 组氨酸（His） | 0.02±0.01$^{d}$ | 0.04±0.01$^{c}$ | 0.08±0.01$^{b}$ | 0.09±0.00$^{a}$ |
| 精氨酸（Arg） | 1.85±0.08 | 1.75±0.11 | 1.79±0.05 | 1.85±0.06 |
| 苏氨酸（Thr#） | 1.02±0.02$^{b}$ | 1.02±0.01$^{b}$ | 1.14±0.06$^{a}$ | 1.00±0.05$^{b}$ |
| 丙氨酸（Ala*） | 1.22±0.07$^{ab}$ | 1.14±0.07$^{b}$ | 1.27±0.04$^{a}$ | 1.13±0.08$^{b}$ |
| 脯氨酸（Pro） | 0.65±0.04$^{b}$ | 0.57±0.01$^{c}$ | 0.78±0.03$^{a}$ | 0.68±0.01$^{b}$ |
| 酪氨酸（Tyr） | 0.66±0.02 | 0.67±0.03 | 0.74±0.09 | 0.77±0.06 |
| 缬氨酸（Val#） | 0.84±0.05$^{c}$ | 0.91±0.02$^{b}$ | 0.95±0.04$^{b}$ | 1.03±0.02$^{a}$ |
| 蛋氨酸（Met#） | 0.56±0.02$^{a}$ | 0.28±0.02$^{d}$ | 0.34±0.03$^{c}$ | 0.45±0.04$^{b}$ |
| 异亮氨酸（Ile#） | 0.85±0.01 | 0.86±0.04 | 0.79±0.04 | 0.84±0.08 |
| 亮氨酸（Leu#） | 1.50±0.09$^{b}$ | 1.50±0.07$^{b}$ | 1.59±0.03$^{a}$ | 1.57±0.05$^{a}$ |
| 苯丙氨酸（Phe#） | 0.79±0.02$^{a}$ | 0.76±0.05$^{a}$ | 0.63±0.04$^{b}$ | 0.68±0.01$^{b}$ |
| 赖氨酸（Lys#） | 2.65±0.03$^{a}$ | 2.55±0.02$^{a}$ | 2.09±0.02$^{b}$ | 2.11±0.02$^{b}$ |
| ΣTAA | 20.38±0.09$^{a}$ | 19.17±0.11$^{b}$ | 18.99±0.28$^{b}$ | 19.12±0.14$^{b}$ |
| ΣEAA | 8.21±0.14$^{a}$ | 7.88±0.10$^{b}$ | 7.52±0.09$^{c}$ | 7.67±0.24$^{bc}$ |
| ΣFAA | 8.00±0.16$^{a}$ | 7.33±0.14$^{b}$ | 6.85±0.11$^{c}$ | 6.96±0.16$^{c}$ |
| 2NEAA | 12.17±0.08$^{a}$ | 11.29±0.12$^{b}$ | 11.47±0.18$^{b}$ | 11.45±0.21$^{b}$ |
| ΣEAA/ΣTAA（%） | 40.28±0.18$^{ab}$ | 41.11±0.27$^{a}$ | 39.61±0.10$^{b}$ | 40.11±1.13$^{ab}$ |
| ΣFAA/ΣTAA（%） | 39.27±0.18$^{a}$ | 38.24±0.16$^{b}$ | 36.06±0.05$^{c}$ | 36.43±0.93$^{c}$ |
| ΣEAA/ΣNEAA（%） | 67.46±0.51$^{ab}$ | 69.80±0.78$^{a}$ | 65.60±0.27$^{b}$ | 66.98±3.18$^{ab}$ |

注：#为必需氨基酸；*为鲜味氨基酸；ΣTAA 氨基酸总量；ΣEAA 为必需氨基酸总量；ΣFAA 为鲜味氨基酸总量；ΣNEAA 为非必需氨基酸总量。同行肩注中相同上标字母表示差异不显著（$P>0.05$），不同上标字母表示差异显著（$P<0.05$）。

氨基酸评分(AAS)和化学评分(CS)是广泛采用的蛋白质营养价值评价方法。以AAS评分作为标准,普通鲢雄鱼的第一限制性氨基酸为缬氨酸,而普通鲢雌鱼和长丰鲢雌、雄鱼的第一限制性氨基酸均为蛋氨酸+胱氨酸;以CS评分作为标准,4组鱼肉的第一限制性氨基酸均为蛋氨酸+胱氨酸(表2-24)。4组鱼肉中赖氨酸的ASS和CS评分均为最高,可以补充谷物中赖氨酸的不足,提高食物中蛋白质的利用率(表2-24)。必需氨基酸指数(EAAI)表示样品中必需氨基酸含量与标准蛋白质的相符程度,常用于评价食物营养价值高低。4组鲢样品[普通鲢(♂)、普通鲢(♀)、长丰鲢(♂)和长丰鲢(♀)]的EAAI分别为100.00、86.13、96.91和97.88,均高于85分,表明两种鲢肌肉氨基酸含量丰富、组成比例均衡,能较好地满足人体需求。

表2-24 鲢肌肉必需氨基酸的AAS、CS和EAAI比较

| 必需氨基酸(EAA) | 氨基酸评分(AAS) | | | | 化学评分(CS) | | | |
|---|---|---|---|---|---|---|---|---|
| | 普通鲢(♂) | 普通鲢(♀) | 长丰鲢(♂) | 长丰鲢(♀) | 普通鲢(♂) | 普通鲢(♀) | 长丰鲢(♂) | 长丰鲢(♀) |
| 苏氨酸(THr) | 1.46 | 1.37 | 1.64 | 1.42 | 1.24 | 1.17 | 1.39 | 1.21 |
| 缬氨酸(Val) | 0.96 | 0.97 | 1.10 | 1.16 | 0.73 | 0.74 | 0.83 | 0.88 |
| 异亮氨酸(Ile) | 1.21 | 1.16 | 1.14 | 1.18 | 0.90 | 0.86 | 0.84 | 0.88 |
| 亮氨酸(Leu) | 1.22 | 1.16 | 1.31 | 1.27 | 1.00 | 0.94 | 1.06 | 1.04 |
| 赖氨酸(Lys) | 2.76 | 2.50 | 2.19 | 2.17 | 2.17 | 1.96 | 1.72 | 1.70 |
| 蛋氨酸+胱氨酸(Met+Cys) | 1.05 | 0.51 | 0.86 | 0.97 | 0.65 | 0.31 | 0.53 | 0.59 |
| 苯丙氨酸+酪氨酸(Phe+Tyr) | 1.38 | 1.29 | 1.31 | 1.36 | 0.89 | 0.83 | 0.85 | 0.88 |
| 氨基酸指数(EAAI) | 100.00 | 86.13 | 96.91 | 97.88 | — | — | — | — |

④ 脂肪酸含量和组成成分评价:肌肉、卵巢和肝脏中的脂肪酸含量(以湿重计)参照GB 22223—2016气相色谱法测定。

普通鲢(♂)、普通鲢(♀)、长丰鲢(♂)和长丰鲢(♀)4组鲢肌肉样品检测出的脂肪酸种类均多于20种,其中棕榈酸(C16:0)、油酸(ALA)、亚油酸(LA)、花生四烯酸(ARA)、花生五烯酸(EPA)和二十二碳六烯酸(DHA)含量较高,为主要脂肪酸。普通鲢肌肉脂肪酸含量的特点是饱和脂肪酸(SFA)比例较低,多不饱和脂肪酸(PUFA)比例较高,其中ARA、DHA、ΣPUFA和EPA+DHA的含量均显著高于长丰鲢($P<0.05$),但棕榈

酸、棕榈一烯酸、油酸、亚油酸、花生二烯酸、亚麻酸、花生三烯酸等脂肪酸的含量均显著低于长丰鲢($P<0.05$)(表 2－25)。长丰鲢雌、雄个体的脂肪酸含量特点是 SFA 和低度不饱和脂肪酸(MUFA)含量较高,特别是棕榈酸和油酸分别占脂肪酸总量的 12.90%和 13.36%、18.97%和 22.52%(表 2－25)。两种鲢的 ΣUFA 为 80.31%~85.32%、ΣPUFA 为 41.52%~70.62%、EPA+DHA 为 30.11%~52.32%,均高于多种淡水鱼类,具有较高的营养价值。

**表 2－25 · 鲢肌肉脂肪酸组成及含量**

| 脂肪酸单位 | 普通鲢(♂) | 普通鲢(♀) | 长丰鲢(♂) | 长丰鲢(♀) |
|---|---|---|---|---|
| 豆蔻酸(14:0)& | 0.75±0.08[a] | 0.34±0.04[b] | 0.85±0.03[a] | 0.83±0.06[a] |
| 十五碳烷酸(C15:0)& | 0.31±0.09 [b] | 0.25±0.06 [b] | 0.51±0.08 [a] | 0.31±0.04 [b] |
| 棕榈酸(C16:0)& | 11.87+0.56 [b] | 8.42±0.54[c] | 13.36±0.37[a] | 12.90±1.13[ab] |
| 十七碳烷酸(C17:0)& | 0.43±0.23[b] | 0.41±0.09[b] | 0.56±0.05[ab] | 0.82±0.1[a] |
| 硬脂酸(C18:0)& | 5.20±0.93 | 5.20±1.18 | 4.10±0.43 | 3.99±0.25 |
| 花生酸(C20:0)& | 0.14±0.03[ab] | 0.06±0.02[b] | 0.21±0.03[a] | 0.24±0.11[a] |
| 二十二碳烷酸(C22:0)& | 0.08±0.01 | ND | 0.10±0.03 | 0.14±0.04 |
| 十五碳烯酸(C15:1)^ | 0.25±0.09[b] | 0.34±0.06[ab] | 0.46±0.09[a] | 0.47±0.09[a] |
| 棕榈一烯酸(C16:1)^ | 2.69±0.49[b] | 1.06±0.29[c] | 4.48±0.54[a] | 3.90±0.45[a] |
| 十七碳一烯酸(C17:1)^ | 0.60±0.27 | 0.37±0.01 | 0.55±0.11 | 0.63±0.23 |
| 异油酸(C18:1n9t)^ | 0.15±0.04 | 0.10±0.02 | ND | 0.18±0.08 |
| 油酸(C18:1n9c)^ | 16.8±0.61[b] | 8.15±0.46[c] | 22.52±2.71[a] | 18.97±0.79[b] |
| 花生一烯酸(C20:1)^ | 0.88±0.12[a] | 0.37±0.16[b] | 0.53±0.09[b] | 0.45±0.05[b] |
| 鲸油酸(C22:1)^ | 0.06±0.03 | ND | 0.03±0.04 | 0.04±0.03 |
| 二十四碳烯酸(C24:1)^ | 0.08±0.03[a] | ND | 0.04±0.01[b] | ND |
| 亚油酸(LA)(C18:2n6c)^ | 5.19±1.23[c] | 3.51±0.48[c] | 9.28±1.45[a] | 7.10±0.41[b] |
| 花生二烯酸(C20:2)^ | 0.43±0.16[b] | 0.35±0.03[b] | 0.84±0.14[a] | 0.80±0.05[a] |
| 二十二碳二烯酸(C22:2)^ | ND | 0.46±0.05[a] | 0.05±0.01[b] | ND |
| α－亚麻酸(ALA)(α－C18:3n3)^* | 3.65±0.97[b] | 2.19±0.14[c] | 6.04±0.58[a] | 6.26±0.42[a] |
| γ－亚麻酸(GLA)(γ－Cl8:3n6)^* | 0.18±0.03[b] | 0.07±0.03[b] | 1.18±0.09[a] | 1.33±0.29[a] |
| 花生三烯酸(C20:3n3)^* | 0.48±0.20 | 0.45±0.08 | 0.29±0.11 | 0.34±0.21 |

续 表

| 脂肪酸单位 | 普通鲢(♂) | 普通鲢(♀) | 长丰鲢(♂) | 长丰鲢(♀) |
|---|---|---|---|---|
| 花生三烯酸(C20：3n6)∧* | 1.02±0.25[b] | 0.68±0.09[b] | 1.48±0.22[a] | 1.62±0.25[a] |
| 花生四烯酸(ARA)(C20：4)*∧* | 9.47±1.19[b] | 14.9±0.50[a] | 2.43±0.32[c] | 3.67±0.98[c] |
| 花生五烯酸(EPA)(C20：5)∧* | 8.88±1.83[b] | 11.96±1.77[a] | 10.4±0.84[ab] | 11±0.91[ab] |
| 二十二碳六烯酸(DHA)(C22：6)∧* | 30.40±3.73[b] | 40.36±1.65[a] | 19.70±2.10[c] | 24.01±1.73[c] |
| ΣSFA | 18.78±1.28[a] | 14.68±1.78[b] | 19.69±0.68[a] | 19.23±0.80[a] |
| ΣUFA | 81.22±4.39 | 85.32±2.57 | 80.31±2.58 | 80.77±1.71 |
| ΣPUFA | 54.08±2.8[b] | 70.62±2.97[a] | 41.52±1.82[d] | 48.23±0.51[c] |
| EPA±DHA | 39.28 | 52.32 | 30.11 | 35.01 |

注：ND 表示低于检出限或未检出；& 为饱和脂肪酸(SFA)，∧为不饱和脂肪酸(UFA)，* 为多不饱和脂肪酸(PUFA)；同行肩注中相同字母表示差异不显著($P$>0.05)，不同字母表示差异显著($P$<0.05)。

不同发育阶段长丰鲢卵巢中主要脂肪酸含有棕榈酸、棕榈一烯酸、硬脂酸、油酸、花生四烯酸、花生五烯酸和二十二碳六烯酸，其中棕榈酸、油酸和二十二碳六烯酸所占比例较大。其中，二十二碳六烯酸(DHA)和含量总体上呈上升趋势；花生四烯酸(AA)含量在性腺发育Ⅳ期-Ⅴ期呈下降趋势，在产卵阶段含量上升；花生五烯酸(EPA)含量在性腺发育Ⅳ期过程中呈上升趋势，在Ⅴ期到产卵过程中含量下降(表 2-26)。不同发育阶段长丰鲢肝脏中主要脂肪酸与卵巢中的脂肪酸相似，但在肝脏中棕榈酸、硬脂酸和油酸所占比例较大。高度不饱和脂肪酸二十二碳六烯酸(DHA)、花生四烯酸(AA)、花生五烯酸(EPA)含量在性腺发育的Ⅳ期-Ⅴ期呈下降趋势，在产卵阶段含量增加(表 2-26)。

**表 2-26 长丰鲢卵巢发育后期卵巢和肝脏的脂肪酸组成**

| 脂肪酸单位 | 卵巢 | | | | | | 肝脏 | | | | | |
|---|---|---|---|---|---|---|---|---|---|---|---|---|
| | Ⅳ期初 | Ⅳ期中 | Ⅳ期中 | Ⅳ期末 | Ⅴ期 | 产卵 | Ⅳ期初 | Ⅳ期中 | Ⅳ期中 | Ⅳ期末 | Ⅴ期 | 产卵 |
| 豆蔻酸 C14：0 | 0.8 | 1.2 | 1.5 | 1.6 | 0.9 | 1.6 | 2.3 | 1.8 | 2.2 | 2.3 | 1.9 | 2.2 |
| 十四碳一烯酸 C14：1 | 0.2 | 0.2 | 0.3 | 0.3 | 0.2 | 0.3 | 0.4 | 0.4 | 0.4 | 0.5 | 0.3 | 0.5 |
| 十五碳烷酸 C15：0 | 0.8 | 0.9 | 1.0 | 1.1 | 0.8 | 1.0 | 1.2 | 1.0 | 1.3 | 1.1 | 1.0 | 1.0 |
| 十五碳一烯酸 C15：1 | 1.0 | 1.0 | 0.8 | 0.8 | 0.9 | 0.9 | 0.5 | 0.6 | 0.6 | 0.5 | 0.7 | 0.6 |
| 棕榈酸 C16：0 | 22.0 | 25.1 | 23.5 | 24.4 | 23.8 | 25.4 | 24.6 | 30.9 | 30.5 | 29.2 | 33.3 | 29.0 |

续 表

| 脂肪酸单位 | 卵巢 | | | | | | 肝脏 | | | | | |
|---|---|---|---|---|---|---|---|---|---|---|---|---|
| | Ⅳ期初 | Ⅳ期中 | Ⅳ期中 | Ⅳ期末 | Ⅴ期 | 产卵 | Ⅳ期初 | Ⅳ期中 | Ⅳ期中 | Ⅳ期末 | Ⅴ期 | 产卵 |
| 棕榈一烯酸 C16：1 | 6.3 | 5.2 | 5.8 | 6.1 | 4.9 | 4.5 | 10.5 | 4.2 | 6.1 | 4.4 | 4.0 | 3.3 |
| 十七碳烷酸 C17：0 | 1.6 | 1.6 | 1.6 | 1.6 | 1.5 | 1.8 | 2.3 | 2.7 | 2.5 | 2.9 | 3.0 | 3.8 |
| 十七碳一烯酸 C17：1 | 1.2 | 1.1 | 1.0 | 1.0 | 1.0 | 1.0 | 1.5 | 1.0 | 1.1 | 0.9 | 0.9 | 0.9 |
| 硬脂酸 C18：0 | 8.4 | 8.9 | 7.5 | 6.9 | 8.5 | 8.1 | 10.6 | 16.1 | 13.5 | 16.0 | 17.6 | 17.4 |
| 油酸 C18：1 | 19.8 | 19.1 | 19.7 | 18.7 | 19.8 | 16.2 | 20.9 | 23.2 | 26.1 | 24.2 | 24.5 | 20.0 |
| 亚油酸 C18：2 | 2.2 | 2.1 | 2.1 | 2.0 | 2.0 | 2.4 | 2.7 | 1.6 | 1.6 | 1.7 | 1.4 | 2.2 |
| 亚麻酸 C18：3 | 3.7 | 2.9 | 3.7 | 3.6 | 3.0 | 3.4 | 3.9 | 1.6 | 2.1 | 2.2 | 1.4 | 2.1 |
| 花生酸 C20：0 | 0.2 | 0.2 | 0.4 | 0.4 | 0.2 | 0.4 | 0.4 | 0.1 | 0.2 | 0.2 | 0.2 | 0.3 |
| 花生一烯酸 C20：1 | 0.9 | 0.6 | 1.0 | 0.9 | 0.8 | 0.7 | 1.3 | 1.2 | 1.5 | 1.6 | 1.2 | 2.0 |
| 花生二烯酸 C20：2 | 0.5 | 0.3 | 0.5 | 0.5 | 0.3 | 0.4 | 0.6 | 0.4 | 0.6 | 0.6 | 0.4 | 0.6 |
| 花生三烯酸 C20：3 | 0.6 | 0.6 | 0.6 | 0.5 | 0.6 | 0.6 | 0.5 | 0.4 | 0.3 | 0.3 | 0.2 | 0.4 |
| 花生四烯酸 C20：4 | 4.2 | 4.0 | 3.8 | 4.0 | 3.6 | 3.9 | 3.5 | 3.3 | 2.5 | 3.0 | 2.3 | 3.6 |
| 二十二碳烷酸 C22：0 | 1.8 | 1.6 | 1.9 | 1.5 | 1.8 | 1.8 | 1.3 | 0.6 | 0.6 | 0.6 | 0.4 | 0.8 |
| 花生五烯酸 C20：5 | 6.2 | 6.0 | 6.7 | 6.8 | 6.0 | 6.3 | 3.4 | 2.2 | 1.7 | 1.9 | 1.3 | 2.0 |
| 二十四碳一烯酸 C24：1 | 4.3 | 4.7 | 3.7 | 3.9 | 4.1 | 4.5 | 2.2 | 1.8 | 1.1 | 1.4 | 0.9 | 1.6 |
| 二十二碳六烯酸 C22：6 | 13.4 | 12.9 | 13.1 | 13.7 | 15.5 | 14.9 | 5.6 | 5.1 | 3.7 | 4.7 | 3.4 | 5.7 |
| 高度不饱和脂肪酸($n \geq 3$) | 28.1 | 26.4 | 27.9 | 28.6 | 28.7 | 29.1 | 16.9 | 12.6 | 10.3 | 12.1 | 8.6 | 13.8 |

### （5）氧利用特性

溶解氧（dissolved oxygen，DO）为各种水生生物获取氧气的主要来源，直接影响鱼类的生存与生长发育。缺氧可能会导致鱼类的机体、生理生化和分子水平的一系列相应变化，对鱼类各种生命活动都具有重要的影响，如鱼类胚胎发育、摄食消化、生长等。为应对低氧环境，鱼类可通过行为、形态和生理生化等方面的响应机制，如降低能量消耗、增强氧的运送能力以及提高免疫力等多种生理反应来降低氧的消耗，以应对低氧水环境的变化。

① 耗氧率：长丰鲢和普通鲢均来自农业农村部鲢遗传育种中心。长丰鲢和普通鲢

体重分别为(101±18)g 和(105±23)g,选取个体健康、活泼、无伤痕、体色正常的个体进行试验,采用封闭静水式试验装置测定耗氧率,整体参考陈宁生和施泉芳(1955)设计,呼吸室容积为 150 L,呼吸室水温由加热棒控温装置自动控制(25±0.5)℃,溶氧量采用 HQ40d 溶解氧测定仪(美国哈希公司出品)进行测定。试验开始前,将呼吸室中水体称重后,放入试验鱼适应 2~3 h,待其呼吸平稳后用双层塑料薄膜将呼吸室密封,试验开始后每隔 2 h 从薄膜小孔伸入溶氧仪探头测定溶氧 1 次,连续测 24 h。试验结束后,将呼吸室水体称重,便于计算耗氧率。耗氧率的计算为测定一昼夜鱼体每克体重所消耗的溶氧量。分别计算出每 2 h 每克鱼所消耗的溶氧量与一昼夜平均每 1 h 所消耗的溶氧量。

在(25±0.5)℃水温下,长丰鲢与普通鲢的耗氧率呈现昼夜变化规律:5:30—17:30 耗氧率随时间变化逐渐增加,17:30—5:30 耗氧率则随时间推移逐渐递减,3:30—5:30 间耗氧率相对较低(图 2-8)。长丰鲢和普通鲢两种鱼在清晨 5:30 时左右耗氧率最低,分别为 0.053 mg/(g·h)和 0.071 mg/(g·h);在傍晚 17:30 时耗氧率达峰值,分别为 0.122 mg/(g·h)和 0.172 mg/(g·h)。一昼夜平均耗氧率长丰鲢和普通鲢分别为 0.088 mg/(g·h)和 0.125 mg/(g·h),即长丰鲢较普通鲢的平均耗氧率低 30.1%,呈显著性差异($P<0.05$)(图 2-8)。

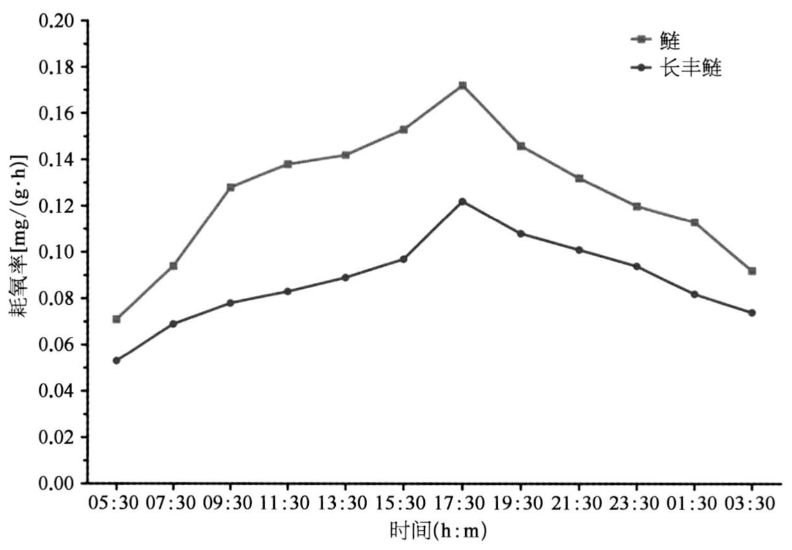


图 2-8 在水温(25±0.5)℃下长丰鲢和普通鲢的耗氧率昼夜变化

② 窒息点:窒息点测定采用静水封闭式呼吸室测定其耗氧量,呼吸室容积为 60 L 的白色带盖的塑料箱,将装满曝气的自来水注入呼吸室,根据鱼体规格大小分别投放 8~10 尾试验所需材料鱼,用双层薄膜密封后加盖严实。以试验鱼出现半数侧卧、呼吸刚停止或接近停止时的水体溶解氧含量作为该种鱼的窒息点。分别测定其第一尾鱼死亡、半

致死和全死时水体的溶氧量,同时观测其呼吸频率并观察鱼体活动表现。

在水温 22.5℃±0.5℃的试验条件下,体重为 80~130 g 的长丰鲢和普通鲢的窒息点分别为 0.19~0.23 mg/L 和 0.24~0.30 mg/L(表 2-27)。普通鲢的窒息点比长丰鲢高 28.57%,说明长丰鲢较普通鲢更耐低氧。

表 2-27 · **长丰鲢和鲢的窒息点**

| 类　别 | 体长(cm) | 体重(g) | 第一尾死亡(mg/L) | 半数死亡(mg/L) | 全部死亡(mg/L) |
|---|---|---|---|---|---|
| 长丰鲢 | 17.8~20.7 | 85~120 | 0.51±0.02 | 0.21±0.02 | 0.18±0.01 |
| 普通鲢 | 17.5~21.6 | 80~130 | 0.59±0.03 | 0.27±0.03 | 0.22±0.02 |

注:水温 22.5℃±0.5℃。

### (6) 遗传特性

微卫星标记(SSR)是有效的遗传监测方法之一。SSR 技术可以评估近交系动物是否发生了遗传污染和遗传纯度的检测,为实验的准确性和持续性提供保障;微卫星标记也可以有效地评估增殖放流的遗传风险、鉴定亲缘关系、监测群体结构等。

① 不同世代长丰鲢遗传监测:长丰鲢子一代($CF_1$)亲本群体采集于河南省南阳市宛城区汉家乡金阳光水产专业合作社长丰鲢良种繁育基地,共 21 尾;长丰鲢子二代($CF_2$)、长丰鲢子三代($CF_3$)和长江鲢(L)群体采集于湖北省浠水长丰鲢良种场,分别采集 30 尾。样本基本信息见表 2-28。

表 2-28 · **长丰鲢各龄体长及体重组成**

| 年龄(龄) | 性　别 | 数量(尾) | 体长(cm) | | 体重(kg) | |
|---|---|---|---|---|---|---|
| | | | 范　围 | 均　值 | 范　围 | 均　值 |
| 2 | ♀ | 11 | 33.00~37.00 | 35.26±1.09 | 0.65~0.91 | 0.81±0.07 |
| 2 | ♂ | 10 | 34.50~37.00 | 35.66±0.90 | 0.75~0.93 | 0.84±0.06 |
| 3 | ♀ | 15 | 47.40~56.00 | 50.78±2.96 | 2.20~3.70 | 2.83±0.47 |
| 3 | ♂ | 15 | 52.30~55.50 | 54.40±1.30 | 2.10~3.50 | 2.68±0.48 |
| 4 | ♀ | 15 | 60.70~69.00 | 65.74±3.20 | 4.50~6.60 | 5.84±0.62 |
| 4 | ♂ | 15 | 67.00~69.50 | 68.26±0.89 | 5.40~5.85 | 5.67±0.12 |

采用18对鲢微卫星引物对4个群体样本进行分析(表2-29),18个鲢微卫星位点在长江鲢、长丰鲢子一代、子二代和子三代群体中检测到等位基因数分别为130个、103个、93个和91个(表2-29)。长江鲢、长丰鲢子一代、子二代和子三代的平均等位基因数(*N*a)分别为7.222 2、5.722 2、5.166 7和5.055 6,平均有效等位基因数(*N*e)分别为4.312 2、3.255 1、3.227 4和3.146 1;长江鲢平均等位基因数和平均有效等位基因数均比长丰鲢后代高,其在长丰鲢后代中呈逐代下降趋势。在长江鲢群体中*N*a和*N*e最高的是位点BL5;在长丰鲢子一代群体中*N*a和*N*e最高的分别是位点BL109和位点BL5;在长丰鲢子二代群体中*N*a最高的是位点BL5和位点BL109,而*N*e最高的是位点BL5;在长丰鲢子三代群体中*N*a最高的是位点BL5、BL55和BL109,*N*e最高的是位点BL5。

表2-29 · 鲢卫星分子标记及其引物序列

| 位 点 | 重复序列 | 引 物 序 列 | 退火温度(℃) | 片段大小(bp) |
|---|---|---|---|---|
| H121 | $(AC)_{13}$ | AACCATTCATGCTCCCAAAC<br>AATTCAACTCTGCCCTCTGG | 50 | 150~200 |
| H129 | $(TA)_7(TG)_{14}$ | TGGGGTGTCCTAACTTTTTCA<br>GGGGGTTAATTGTGCATTTG | 48 | 93~150 |
| S65 | $(TG)_{10}$ | TGAACTGGATCAGAAGACACTCA<br>GCAAACTGCAAAAATGATTCTG | 50 | 100~200 |
| S78 | $(TGC)_6$ | ATCTACGCGTCTGCCAGTATC<br>ACTTCACGTGATCTTTACGAACG | 60 | 300~400 |
| S92 | $(CA)_8$ | AACACAACGATCCAACAGAGAAT<br>GGGTCTATGGATTCTTCCTTGTC | 50 | 100~200 |
| S162 | $(CAA)_5$ | GCTCGACTTGTGCCTAATTATTG<br>AAAATGACAATGTTTGGTCTTGG | 50 | 100~200 |
| BL5 | $(TG)_{27}$ | CCTGTGCCTTTGAACTCTGA<br>CCCTCCACCATACTGACAAG | 52 | 300~500 |
| BL52 | $(TG)_{12}$ | CAGAATCCAGAGCCGTCAG<br>CACCGAACAGGGAACCAA | 54 | 150~300 |
| BL55 | $(GT)_{14}$ | AAGGAAAGTTGGCTGCTC<br>GGCTCTGAGGGAGATACCAC | 52 | 100~200 |
| BL56 | $(GT)_{16}$ | TTAGGTGAACCCAGCAGC<br>AAGAAGCATTAGTGCAGATGAGTAC | 54 | 200~400 |

续 表

| 位 点 | 重复序列 | 引 物 序 列 | 退火温度(℃) | 片段大小(bp) |
|---|---|---|---|---|
| BL58 | $(GT)_{9}$ | TTCCTGCCTGTGCTCCAT<br>TTGCATTGATGCTGTCCC | 52 | 100~200 |
| BL62 | $(TG)_{11}$ | ATATTAACATCTGCCGAAGC<br>ACAACCAGCAGTCTGAAGC | 52 | 150~300 |
| BL82 | $(GA)_{12}(TG)_{4}$<br>$TT(TG)_{4}$ | GTTGCTGCTTTATCTTTGGA<br>AACCACTTCACATAGGCTTG | 51 | 150~300 |
| BL101 | $(AC)_{10}A_{7}$ | CCATCAGACAGCCAAAGACAA<br>TGAAGGCAAGGTCAAGGTTTT | 54 | 300~400 |
| BL106-2 | $(AC)_{14}$ | TTTAATTCTTCTAGCTGGACACG<br>CACTCCTCTTCCCTCGTAAAT | 54 | 200~300 |
| BL109 | $(TG)_{21}$ | GTGTCCTGGATTCTAGCCG<br>CATGAGAGAAACACCTGAACA | 54 | 200~300 |
| BL116 | $(CT)_{15}$ | GCGGGATGAGTTTGAAGAA<br>TATGGACTGGACTGCTGGAT | 53 | 150~300 |

注：重复序列下标数字表示重复次数。

长江鲢观测杂合度为0.266 7~1.000 0,平均观测杂合度为0.719 0,期望杂合度为0.235 0 ~ 0.899 4,平均期望杂合度为 0.726 0;长丰鲢子一代平均观测杂合度为0.697 5,平均期望杂合度为0.642 2;长丰鲢子二代平均观测杂合度为0.611 1,平均期望杂合度为 0.635 3;长丰鲢子三代平均观测杂合度为 0.540 7,平均期望杂合度为0.623 5(表2-30)。4个群体中平均观测杂合度和期望杂合度：长江鲢>长丰鲢子一代>长丰鲢子二代>长丰鲢子三代,长江鲢杂合度较长丰鲢高。不同群体在同一位点杂合度也有所不同,同一位点在同一种群中观测杂合度和期望杂合度相差较大,如位点S92和位点H121,可能是该位点上的无效等位基因所致;若无效等位基因不被识别,PCR扩增时会导致纯合子过剩或杂合子缺失,从而导致观察杂合度和期望杂合度出现偏差。4个群体多态信息含量(*PIC*)为0.032 0 ~ 0.873 0(表2-30),长江鲢的平均多态信息含量(*PIC*)高于长丰鲢3个子代,而长丰鲢各子代间平均多态信息含量(*PIC*)呈现逐代下降趋势。4个群体多态信息含量由高到低依次为：鲢(0.674 8)>长丰鲢子一代(0.578 4)>长丰鲢子二代(0.573 0)>长丰鲢子三代(0.560 9)。

表2-30 18个位点在鲢和长丰鲢4个群体中的遗传多样性

| 位 点 | 群 体 | 等位基因数 | 有效等位基因数 | 观测杂合度 | 期望杂合度 | 多态信息含量 | 遗传偏离指数 |
|---|---|---|---|---|---|---|---|
| H111 | L | 7 | 2.855 7 | 0.551 7 | 0.661 2 | 1.292 1 | -0.165 6 |
| | $CF_1$ | 4 | 3.433 5 | 0.650 0 | 0.726 9 | 1.303 4 | -0.105 8 |
| | $CF_2$ | 4 | 2.096 2 | 0.562 5 | 0.531 2 | 0.985 8 | 0.058 9 |
| | $CF_3$ | 4 | 2.304 7 | 0.500 0 | 0.575 7 | 1.069 6 | 0.131 5 |
| H121 | L | 4 | 3.272 7 | 0.333 3 | 0.706 2 | 1.270 2 | -0.528 0*** |
| | $CF_1$ | 3 | 1.789 0 | 0.238 1 | 0.451 8 | 0.702 7 | -0.473 0* |
| | $CF_2$ | 2 | 1.753 4 | 0.125 0 | 0.436 5 | 0.621 1 | -0.713 6*** |
| | $CF_3$ | 2 | 1.600 0 | 0.233 3 | 0.381 4 | 0.562 3 | -0.388 3* |
| H129 | L | 6 | 3.125 0 | 0.866 7 | 0.691 5 | 1.354 1 | 0.253 4*** |
| | $CF_1$ | 5 | 2.520 0 | 0.381 0 | 0.617 9 | 1.175 4 | -0.383 4*** |
| | $CF_2$ | 5 | 2.691 2 | 0.593 8 | 0.638 4 | 1.220 0 | -0.069 9*** |
| | $CF_3$ | 5 | 2.517 5 | 0.233 3 | 0.613 0 | 1.188 0 | -0.619 4*** |
| S65 | L | 9 | 5.042 0 | 0.833 3 | 0.815 3 | 1.892 6 | 0.022 1 |
| | $CF_1$ | 6 | 3.809 5 | 1.000 0 | 0.756 4 | 1.486 3 | 0.322 1** |
| | $CF_2$ | 7 | 4.481 4 | 0.593 8 | 0.789 2 | 1.634 6 | -0.247 6** |
| | $CF_3$ | 6 | 3.781 5 | 0.533 3 | 0.748 0 | 1.544 2 | -0.287 0** |
| S78 | L | 8 | 5.157 6 | 1.000 0 | 0.819 8 | 1.777 2 | 0.219 8* |
| | $CF_1$ | 7 | 3.659 8 | 1.000 0 | 0.744 5 | 1.533 0 | 0.343 2* |
| | $CF_2$ | 6 | 3.683 5 | 0.937 5 | 0.740 1 | 1.448 5 | 0.266 7* |
| | $CF_3$ | 6 | 3.352 0 | 0.966 7 | 0.713 6 | 1.417 0 | 0.354 7* |
| S92 | L | 5 | 2.425 9 | 0.966 7 | 0.597 7 | 1.033 2 | 0.617 4*** |
| | $CF_1$ | 4 | 2.910 9 | 0.857 1 | 0.672 5 | 1.147 5 | 0.274 5 |
| | $CF_2$ | 3 | 2.389 7 | 0.968 8 | 0.590 8 | 0.951 4 | 0.639 8*** |
| | $CF_3$ | 3 | 2.322 6 | 1.000 0 | 0.579 1 | 0.918 4 | 0.726 8*** |
| S162 | L | 2 | 1.300 6 | 0.266 7 | 0.235 0 | 0.392 7 | 0.134 9 |
| | $CF_1$ | 2 | 1.048 8 | 0.047 6 | 0.047 6 | 0.112 5 | 0.000 0 |
| | $CF_2$ | 2 | 1.168 3 | 0.156 2 | 0.146 3 | 0.274 2 | 0.067 7 |
| | $CF_3$ | 2 | 1.033 9 | 0.033 3 | 0.033 3 | 0.084 8 | 0.000 0 |

续 表

| 位 点 | 群 体 | 等位基因数 | 有效等位基因数 | 观测杂合度 | 期望杂合度 | 多态信息含量 | 遗传偏离指数 |
| --- | --- | --- | --- | --- | --- | --- | --- |
| BL5 | L | 13 | 8.530 8 | 0.900 0 | 0.897 7 | 2.291 5 | 0.002 6 |
| | $CF_1$ | 11 | 6.732 8 | 0.952 4 | 0.872 2 | 2.137 9 | 0.092 0 |
| | $CF_2$ | 11 | 6.804 0 | 0.906 2 | 0.866 6 | 2.114 8 | 0.045 7 |
| | $CF_3$ | 10 | 6.923 1 | 0.533 3 | 0.870 1 | 2.061 8 | 0.387 1 |
| BL52 | L | 6 | 3.191 5 | 0.666 7 | 0.698 3 | 1.397 5 | −0.045 3 |
| | $CF_1$ | 5 | 2.183 2 | 0.714 3 | 0.555 2 | 1.070 0 | 0.286 6 |
| | $CF_2$ | 4 | 1.963 6 | 0.687 5 | 0.498 5 | 0.822 0 | 0.379 1* |
| | $CF_3$ | 3 | 1.948 1 | 0.600 0 | 0.494 9 | 0.768 9 | 0.212 4 |
| BL55 | L | 11 | 6.293 7 | 0.766 7 | 0.855 4 | 2.028 4 | −0.103 7*** |
| | $CF_1$ | 9 | 4.523 1 | 0.666 7 | 0.797 9 | 1.768 8 | −0.164 4 |
| | $CF_2$ | 7 | 4.911 3 | 0.562 5 | 0.809 0 | 1.717 3 | −0.304 7* |
| | $CF_3$ | 10 | 5.202 3 | 0.533 3 | 0.821 5 | 1.900 9 | −0.350 8*** |
| BL56 | L | 7 | 4.904 6 | 0.733 3 | 0.809 6 | 1.708 7 | −0.094 2 |
| | $CF_1$ | 6 | 2.854 4 | 0.857 1 | 0.665 5 | 1.312 7 | 0.287 9 |
| | $CF_2$ | 5 | 2.595 7 | 0.437 5 | 0.624 5 | 1.185 0 | −0.299 4* |
| | $CF_3$ | 4 | 2.352 9 | 0.300 0 | 0.584 7 | 1.069 1 | −0.486 9*** |
| BL58 | L | 8 | 4.054 1 | 0.800 0 | 0.766 1 | 1.665 1 | 0.044 3 |
| | $CF_1$ | 4 | 2.051 2 | 0.476 2 | 0.525 0 | 0.912 4 | −0.093 0 |
| | $CF_2$ | 3 | 2.124 5 | 0.500 0 | 0.537 7 | 0.810 0 | 0.070 1 |
| | $CF_3$ | 3 | 2.125 1 | 0.566 7 | 0.538 4 | 0.813 9 | 0.052 6 |
| BL62 | L | 6 | 3.296 7 | 0.733 3 | 0.708 5 | 1.430 5 | 0.035 |
| | $CF_1$ | 6 | 3.291 0 | 0.857 1 | 0.713 1 | 1.357 0 | 0.201 9 |
| | $CF_2$ | 7 | 3.555 6 | 0.718 8 | 0.730 2 | 1.537 2 | −0.015 6 |
| | $CF_3$ | 5 | 3.290 7 | 0.600 0 | 0.707 9 | 1.347 2 | −0.152 4 |
| BL82 | L | 6 | 3.854 4 | 0.833 3 | 0.753 1 | 1.526 3 | 0.106 5* |
| | $CF_1$ | 4 | 2.549 1 | 0.666 7 | 0.622 5 | 1.078 9 | 0.071 0* |
| | $CF_2$ | 3 | 2.608 9 | 0.656 2 | 0.626 5 | 1.028 1 | 0.047 4* |
| | $CF_3$ | 4 | 3.025 2 | 0.466 7 | 0.680 8 | 1.153 3 | −0.314 5 |

续 表

| 位 点 | 群 体 | 等位基因数 | 有效等位基因数 | 观测杂合度 | 期望杂合度 | 多态信息含量 | 遗传偏离指数 |
|---|---|---|---|---|---|---|---|
| BL101 | L | 7 | 2.657 2 | 0.689 7 | 0.634 6 | 1.213 2 | 0.086 8 |
| | $CF_1$ | 4 | 2.403 3 | 0.714 3 | 0.598 1 | 0.993 9 | 0.194 3 |
| | $CF_2$ | 3 | 2.723 4 | 0.531 2 | 0.642 9 | 1.043 4 | −0.173 7 |
| | $CF_3$ | 4 | 3.130 4 | 0.500 0 | 0.692 1 | 1.197 5 | −0.277 6 |
| BL106−2 | L | 8 | 6.081 1 | 0.800 0 | 0.849 7 | 1.899 3 | −0.058 5 |
| | $CF_1$ | 8 | 4.846 2 | 0.952 4 | 0.813 0 | 1.726 1 | 0.171 5 |
| | $CF_2$ | 7 | 5.081 9 | 0.750 0 | 0.816 | 1.750 6 | −0.080 9 |
| | $CF_3$ | 7 | 4.000 0 | 0.733 3 | 0.762 7 | 1.538 9 | −0.038 5 |
| BL109 | L | 12 | 8.653 8 | 0.633 3 | 0.899 4 | 2.284 4 | −0.295 9*** |
| | $CF_1$ | 12 | 5.919 5 | 0.952 4 | 0.851 3 | 2.037 2 | 0.118 8 |
| | $CF_2$ | 11 | 5.031 9 | 0.781 2 | 0.814 0 | 1.901 9 | −0.040 3*** |
| | $CF_3$ | 10 | 5.263 2 | 0.800 0 | 0.823 7 | 1.842 0 | −0.028 8** |
| BL116 | L | 5 | 2.922 1 | 0.566 7 | 0.668 9 | 1.232 3 | −0.152 8 |
| | $CF_1$ | 3 | 2.065 6 | 0.571 4 | 0.528 5 | 0.781 9 | 0.081 2 |
| | $CF_2$ | 3 | 2.429 4 | 0.531 2 | 0.597 7 | 0.980 6 | −0.111 3 |
| | $CF_3$ | 3 | 2.455 7 | 0.600 0 | 0.602 8 | 0.992 3 | −0.004 6 |

注：L 为长江鲢；$CF_1$ 为长丰鲢子一代；$CF_2$ 为长丰鲢子二代；CF3 为长丰鲢子三代。* 数值间差异显著（$P<0.05$）；** 数值间差异显著（$P<0.01$）；*** 数值间差异显著（$P<0.001$）。

在长江鲢(L)群体中有 8 个位点的 Hardy-Weinberg 平衡检测 $d$ 值为负数，而在长丰鲢子一代($CF_1$)、子二代($CF_2$)和子三代中($CF_3$) $d$ 值为负数的位点数量分别有 5 个、11 个和 13 个（表 2－31）。4 个群体的平均 $d$ 值分别为 0.004 4、0.068 1、−0.034 5、−0.117 8，表明 $CF_2$ 和 $CF_3$ 两个群体可能存在杂合子缺失情况，且 $CF_3$ 杂合子缺失最为严重。此外，4 个群体的平均 Hardy-Weinberg 平衡 $P$ 值分别为 0.309 6、0.423 0、0.284 4 和 0.163 5，$P$ 值均大于 0.05，4 个群体都处于 Hardy-Weinberg 平衡状态。

长江鲢(L)与长丰鲢子一代($CF_1$)、子二代($CF_2$)和子三代($CF_3$)平均近交系数($F_{is}$)分别为−0.057、−0.001 7 和 0.037 2，遗传分化指数($F_{st}$)分别为 0.031 9、0.030 1 和 0.035 2；在长丰鲢子代中，$CF_1$ 与 $CF_2$ 间遗传分化指数($F_{st}$)为 0.016 4，$CF_1$ 与 $CF_3$ 间遗

传分化指数为0.0286，$CF_2$与$CF_3$间遗传分化指数为0.0176，其中$CF_1$与$CF_2$间遗传分化指数最小，其遗传变异主要是来自个体之间（表2-32）。

表2-31 · Hardy-Weinberg平衡检测*d*值及*P*值

| 位 点 | L | | $CF_1$ | | $CF_2$ | | $CF_3$ | |
|---|---|---|---|---|---|---|---|---|
| | *d* | *P* | *d* | *P* | *d* | *P* | *d* | *P* |
| H111 | -0.1656 | 0.4625 | 0.1058 | 0.4663 | 0.0589 | 0.8750 | -0.1315 | 0.1296 |
| H121 | -0.5280 | 0.0002 | -0.4730 | 0.0221 | -0.7136 | 0.0001 | -0.3883 | 0.0478 |
| H129 | 0.2534 | 0.0000 | -0.3834 | 0.0003 | -0.0699 | 0.0000 | 0.6194 | 0.0000 |
| S65 | 0.0221 | 0.2899 | 0.3221 | 0.0044 | -0.2476 | 0.0019 | -0.2870 | 0.0015 |
| S78 | 0.2198 | 0.0240 | 0.3432 | 0.0194 | 0.2667 | 0.0277 | 0.3547 | 0.0157 |
| S92 | 0.6174 | 0.0000 | 0.2745 | 0.0686 | 0.6398 | 0.0000 | 0.7268 | 0.0000 |
| S162 | 0.1349 | 1.0000 | 0.0000 | 1.0000 | 0.0677 | 1.0000 | 0.0000 | 1.0000 |
| BL5 | 0.0026 | 0.2866 | 0.0920 | 0.7415 | 0.0457 | 0.7032 | -0.3871 | 0.0000 |
| BL52 | -0.0453 | 0.2493 | 0.2866 | 0.7198 | 0.3791 | 0.0432 | 0.2124 | 0.3929 |
| BL55 | -0.1037 | 0.0000 | 0.1644 | 0.4377 | 0.3047 | 0.0282 | -0.3508 | 0.0000 |
| BL56 | -0.0942 | 0.3072 | 0.2879 | 0.1830 | -0.2994 | 0.0184 | 0.4869 | 0.0004 |
| BL58 | 0.0443 | 0.8536 | -0.0930 | 0.8803 | -0.0701 | 0.5635 | 0.0526 | 0.4731 |
| BL62 | 0.0350 | 0.9016 | 0.2019 | 0.1932 | -0.0156 | 0.8856 | -0.1524 | 0.1016 |
| BL82 | 0.1065 | 0.0108 | 0.0710 | 0.0322 | 0.0474 | 0.0302 | -0.3145 | 0.0660 |
| BL101 | 0.0868 | 0.5506 | 0.1943 | 0.5647 | -0.1737 | 0.1935 | -0.2776 | 0.1149 |
| BL106-2 | -0.0585 | 0.2240 | 0.1715 | 0.4786 | 0.0809 | 0.0798 | -0.0385 | 0.2237 |
| BL109 | -0.2959 | 0.0000 | 0.1188 | 0.9990 | -0.0403 | 0.0003 | -0.0288 | 0.0023 |
| BL116 | -0.1528 | 0.4126 | 0.0812 | 0.8020 | -0.1113 | 0.6691 | 0.0046 | 0.5119 |
| 平均数 | 0.0044 | 0.3096 | 0.0681 | 0.4230 | -0.0345 | 0.2844 | -0.1178 | 0.1712 |
| 标准差 | 0.2396 | 0.3323 | 0.2349 | 0.3677 | 0.2899 | 0.3759 | 0.3252 | 0.2668 |

表2-32 · 长江鲢和长丰鲢各世代间$F_{st}$值（下三角）和$F_{is}$值（上三角）

| | L | $CF_1$ | $CF_2$ | $CF_3$ |
|---|---|---|---|---|
| L | | -0.0570 | -0.0017 | 0.0372 |
| $CF_1$ | 0.0319 | | -0.0364 | 0.0053 |

续 表

| | L | $CF_1$ | $CF_2$ | $CF_3$ |
|---|---|---|---|---|
| $CF_2$ | 0.030 1 | 0.016 4 | | 0.060 7 |
| $CF_3$ | 0.035 2 | 0.028 6 | 0.017 6 | |

长丰鲢子代群体有一定程度观测杂合度过剩现象，$CF_1$、$CF_2$ 和 $CF_3$ 群体杂合子过剩位点数分别为 13 个、7 个和 6 个，长江鲢群体中近交系数（$F_{is}$）最高的位点是 H121（0.520 0），该位点在群体内遗传变异程度低，遗传多样性也较低（表 2－33）；4 个群体微卫星位点中 BL55 遗传分化指数（$F_{st}$）值最大（0.064 2）、BL116 值最小（0.017 8），平均值为 0.040 6；遗传分化程度较弱的位点有 13 个、中等的位点 5 个；长丰鲢子代在检测的 18 个多态位点上都表现出遗传分化不明显，处于低等水平（表 2－33）。

表 2－33 · **长江鲢和长丰鲢各世代 18 对微卫星位点的 F 检验**

| 位 点 | 近交系数（$F_{is}$） | | | | 4 个群体的 $F_{is}$ | 4 个群体的 $F_{st}$ | 3 个群体的 $F_{is}$ | 3 个群体的 $F_{st}$ |
|---|---|---|---|---|---|---|---|---|
| | L | $CF_1$ | $CF_2$ | $CF_3$ | | | | |
| H111 | 0.151 0 | 0.082 9 | 0.075 6 | 0.116 8 | 0.074 9 | 0.052 5 | 0.047 5 | 0.030 0 |
| H121 | 0.520 0 | 0.460 2 | 0.709 1 | 0.377 8 | 0.520 8 | 0.055 2 | 0.521 2 | 0.003 9 |
| H129 | −0.274 5 | 0.368 4 | 0.055 2 | 0.612 9 | 0.174 9 | 0.060 0 | 0.341 4 | 0.038 3 |
| S65 | −0.039 5 | −0.355 9 | 0.235 7 | 0.274 9 | 0.029 9 | 0.029 5 | 0.054 6 | 0.029 6 |
| S78 | −0.240 5 | −0.376 0 | −0.286 9 | −0.377 7 | −0.317 6 | 0.034 5 | −0.346 4 | 0.029 9 |
| S92 | −0.644 6 | −0.305 7 | 0.665 8 | −0.756 1 | 0.583 4 | 0.027 4 | −0.563 5 | 0.027 0 |
| S162 | −0.153 8 | −0.024 4 | −0.084 7 | 0.016 9 | 0.108 8 | 0.046 6 | −0.062 2 | 0.029 9 |
| BL5 | −0.019 5 | −0.118 5 | −0.062 4 | 0.376 6 | 0.043 8 | 0.049 5 | 0.065 7 | 0.048 5 |
| BL52 | 0.029 1 | −0.318 0 | −0.401 0 | −0.232 9 | 0.209 6 | 0.047 7 | −0.317 5 | 0.028 5 |
| BL55 | 0.088 5 | 0.144 1 | 0.293 7 | 0.339 8 | 0.215 6 | 0.064 2 | 0.260 4 | 0.061 0 |
| BL56 | 0.078 9 | −0.319 4 | 0.288 3 | 0.478 3 | 0.116 2 | 0.038 9 | 0.133 1 | 0.003 9 |
| BL58 | −0.061 9 | 0.070 8 | 0.055 4 | −0.070 3 | −0.007 9 | 0.051 2 | 0.018 0 | 0.036 9 |
| BL62 | −0.052 6 | −0.231 3 | 0.000 0 | 0.138 1 | −0.036 2 | 0.027 0 | −0.030 7 | 0.010 2 |
| BL82 | −0.125 3 | −0.097 | −0.064 1 | 0.302 9 | 0.004 4 | 0.034 2 | 0.055 1 | 0.030 7 |

续 表

| 位 点 | 近交系数($F_{is}$) | | | | 4个群体的 $F_{is}$ | 4个群体的 $F_{st}$ | 3个群体的 $F_{is}$ | 3个群体的 $F_{st}$ |
|---|---|---|---|---|---|---|---|---|
| | L | $CF_1$ | $CF_2$ | $CF_3$ | | | | |
| BL101 | −0.105 8 | −0.223 3 | 0.160 5 | 0.265 3 | 0.034 0 | 0.021 1 | 0.080 0 | 0.018 2 |
| BL106-2 | 0.042 6 | −0.200 0 | 0.066 3 | 0.022 2 | −0.016 7 | 0.036 5 | −0.037 9 | 0.027 7 |
| BL109 | 0.283 9 | −0.146 0 | 0.025 0 | 0.012 3 | 0.048 0 | 0.036 9 | −0.037 4 | 0.036 5 |
| BL116 | 0.138 5 | −0.107 7 | 0.097 1 | −0.012 2 | 0.036 3 | 0.017 8 | −0.003 3 | 0.017 0 |
| Mean | −0.021 4 | −0.094 3 | 0.019 2 | 0.102 9 | 0.001 1 | 0.040 6 | 0.009 9 | 0.028 2 |

4个群体间的遗传距离为0.029 9~0.093 4，长江鲢(L)与长丰鲢子三代($CF_3$)的遗传距离最远(0.117 4)，与长丰鲢子二代($CF_2$)的遗传距离为0.111 5，与长丰鲢子一代($CF_1$)的遗传距离为0.111 4，随着子代的增加，长江鲢与长丰鲢的遗传距离逐渐上升(表2-34)；在长丰鲢子代间，$CF_1$ 与 $CF_2$ 之间的遗传距离为0.039 2，$CF_1$ 与 $CF_3$ 之间的遗传距离为0.095 1，$CF_2$ 与 $CF_3$ 之间的遗传距离为0.054 4(表2-34)。长江鲢与长丰鲢各子代之间的遗传相似性系数为0.889 2~0.894 6，群体间遗传相似度较高，但长丰鲢子代群体间的遗传相似性系数更高，其中 $CF_1$ 与 $CF_2$ 间的遗传相似度最高(0.961 6)，$CF_1$ 与 $CF_3$ 间的遗传相似度相对较低(0.909 3)(表2-34)。依据4个群体间的遗传距离值，采用UPGMA法构建聚类图，$CF_1$ 群体最先与 $CF_2$ 群体汇成一支，接着与 $CF_3$ 汇成一簇，最后与长江鲢(L)聚在一起(图2-9)。

表2-34 · 长江鲢和长丰鲢4个群体的 $N_{ei}$ 氏遗传距离(下三角)及遗传相似性系数(上三角)

| | L | $CF_1$ | $CF_2$ | $CF_3$ |
|---|---|---|---|---|
| L | | 0.894 6 | 0.894 5 | 0.889 2 |
| $CF_1$ | 0.111 4 | | 0.961 6 | 0.909 3 |
| $CF_2$ | 0.111 5 | 0.039 2 | | 0.947 0 |
| $CF_3$ | 0.117 4 | 0.095 1 | 0.055 4 | |

② 广西普通鲢和长丰鲢群体遗传多样性分析：长丰鲢和广西普通鲢分别来自广西崇左市扶绥县和广西钦州市灵山县，引物见表2-35。

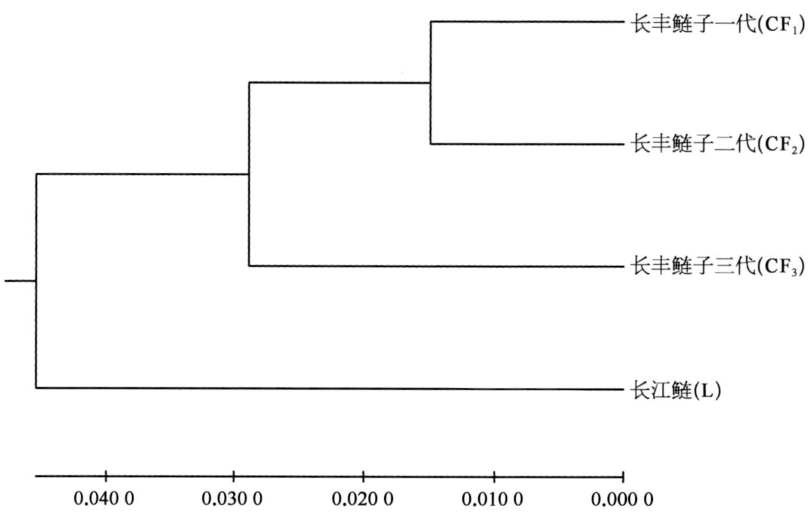


图 2-9 · 长江鲢和长丰鲢 4 个群体基于 $N_{ei}$ 氏遗传距离的 UPGMA 进化树

表 2-35 · 鲢 32 对微卫星引物序列信息

| 位点 | SSR 重复区 | 引物序列(5′-3′) | 复性温度(℃) |
|---|---|---|---|
| BL5 | $(TG)_{27}$ | F：CCTGTGCCTTTGAACTCTGA<br>R：CCCTCCACCATACTGACAAG | 52 |
| BL6 | $(TG)_{8}$ | F：TTCTATAGCAGTCCTGCTGATTTAC<br>R：CACTAGCGTGACGGGAAATA | 57 |
| BL8-1 | $(TCCA)_{6}$ | F：TATTGACTGCATCTGGGTCTT<br>R：AGGTTATGTTTAGCCCAGTCG | 58 |
| BL8-2 | $(GT)_{9}$ | F：CCCGACTGGGCTAAACATA<br>R：TCATTTGGGAGGCAGACAC | 52 |
| BL12 | $(TG)_{9}$ | F：AATGAGCAATCAGGCACAGAG<br>R：GGGTGTAATGAGGCTATGTTT | 54 |
| BL13 | $(TG)_{13}$ | F：CGGCACTCAGAAATGATGGGG<br>R：CATGGAGAGCAGGAAGAGTTG | 54 |
| BL42 | $(GT)_{14}$ | F：TGCCGATGTTATGTTTGCT<br>R：TGCTTGTGGGTGAGTTTCT | 52 |
| BL46 | $(GT)_{9}$ | F：AGTCCTGCTGTTGCTGTATG<br>R：CTCCTGCTCCACCTTCCT | 55 |
| BL52 | $(TG)_{12}$ | F：CAGAATCCAGAGCCGTCAG<br>R：CACCGAACAGGGAACCAA | 54 |
| BL55 | $(GT)_{14}$ | F：AAGGAAAGTTGGCTGCTC<br>R：GGCTCTGAGGGAGATACCAC | 52 |

续 表

| 位点 | SSR 重复区 | 引物序列(5′-3′) | 复性温度(℃) |
| --- | --- | --- | --- |
| BL56 | $(GT)_{16}$ | F: TTAGGTGAACCCAGCAGC<br>R: AAGAAGCATTAGTGCAGATGAGTAC | 54 |
| BL58 | $(GT)_9$ | F: TTCCTGCCTGTGCTCCAT<br>R: TTGCATTGATGCTGTCCC | 52 |
| BL62 | $(TG)_{11}$ | F: ATATTAACATCTGCCGAAGC<br>R: ACAACCAGCAGTCTGAAGC | 52 |
| BL66 | $(TG)_9$ | F: TTTGTTTCCGCCGTGGTG<br>R: GGTTCAGGGTTCAATGTCC | 54 |
| BL73 | $(AC)_6$ | F: TGACTTTACACGGCTCCA<br>R: TTACTCTGTTATGGTGGGTCA | 53 |
| BL75 | $(TG)_9$ | F: GCATACCAGCAGCAAGAAGT<br>R: CAAGTTATAGCCTCTGCCTCAC | 55 |
| BL82 | $(GA)_{12}(TG)_4TT(TG)_4$ | F: GTTGCTGCTTTATCTTTGGA<br>R: AACCACTTCACATAGGCTTG | 51 |
| BL83 | $(AC)_6$ | F: CTATCCGCCCTGTTCTGA<br>R: ACCAAACATCCCTCAAGC | 53 |
| BL92 | $(TG)_5CGGT(TG)_3TC(TG)_4$ | F: TGGTAACAGATGTGCCCGAC<br>R: AAAGATGACACAGTGGACAGA | 54 |
| BL92 | $(TG)_5CGGT\ (TG)_3TC$ | F: TGGTAACAGATGTGCCCGAC<br>R: AAAGATGACACAGTGGACAGA | 54 |
| BL101 | $(TG)_4(AC)_{10}A_7$ | F: CCATCAGACAGCCAAAGACAA<br>R: TGAAGGCAAGGTCAAGGTTTT | 54 |
| BL101 | $(AC)_{10}A_7$ | F: CCATCAGACAGCCAAAGACAA<br>R: TGAAGGCAAGGTCAAGGTTTT | 54 |
| BL102 | $(AC)_6TC(AC)_3TT(AC)_3$ | F: GGCACAATAATGTCAGCAAT<br>R: CTCAAAAACTTTAAATCCAGC | 50 |
| BL102 | $(AC)_6TC(AC)_3TT(AC)_3$ | F: GGCACAATAATGTCAGCAAT<br>R: CTCAAAAACTTTAAATCCAGC | 50 |
| BL106-2 | $(AC)_{14}$ | F: TTTAATTCTTCTAGCTGGACACG<br>R: CACTCCTCTTCCCTCGTAAAT | 54 |
| BL106-2 | $(AC)_{14}$ | F: TTTAATTCTTCTAGCTGGACACG<br>R: CACTCCTCTTCCCTCGTAAAT | 54 |
| BL108 | $(GT)_9$ | F: GATGAATCGCAGGGCGTGAGG<br>R: GCAGAACACGCACAATGGAGA | 57 |

续 表

| 位点 | SSR 重复区 | 引物序列(5′-3′) | 复性温度(℃) |
|---|---|---|---|
| BL109 | $(TG)_{21}$ | F: GTGTCCTGGATTCTAGCCG<br>R: CATGAGAGAAACACCTGAACA | 54 |
| BL110 | $TGAG(TG)_2$;$TA(TG)_5$ | F: GTACCGTATGTGGGTGGAC<br>R: GGACTGGACTGGGAGATGAA | 57 |
| BL111 | $(TG)_2TT(TG)_5$ | F: ATCATCCGTCCGCCCCGCACAT<br>R: GGCAAGAAAATGACCGCAAG | 55 |
| BL116 | $(CT)_{15}$ | F: GCGGGATGAGITTGAAGAA<br>R: TATGGACTGGACTGCTGGAT | 53 |
| BL133 | $(AC)_9$;$AT(AC)_2$;$TC(AC)_2$ | F: GTTGCTAGTCCATTGGGCTTCA<br>R: GCTGTCCGCTCTGCTGTCCTT | 58 |
| BL138 | $(TG)_8$ | F: ACTGAAAACATCACTGCCACG<br>R: CTCCTTACATCTGCAAGAACG | 56 |
| BL144 | $(TG)_8$;$TA(TG)_8$ | F: CTGTGATGGGTAGGTTTAGGG<br>R: AGGAGCAGAAAGCATGGAAGT | 56 |

注：下标数字表示重复次数。

采用的32对引物在广西普通鲢和长丰鲢群体中均能获得清晰、稳定的条带；利用聚丙烯酰胺凝胶电泳进行基因分型，均呈现出清晰的分型条带(图2-10)。

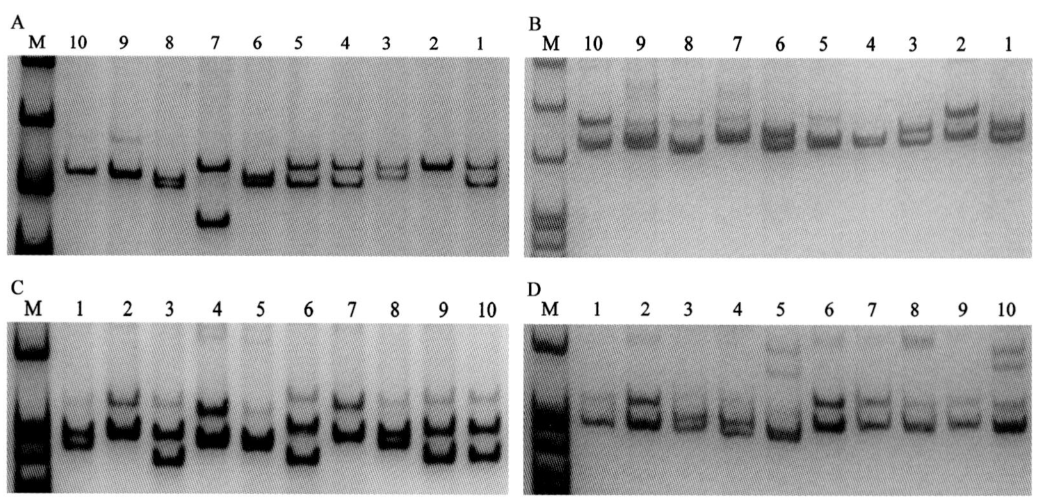


图2-10 · 部分引物在广西普通鲢和长丰鲢中的扩增情况

A. 引物 BL101 在广西普通鲢群体中的扩增；B. 引物 BL101 在长丰鲢群体中的扩增；C. 引物 BL106-2 在广西普通鲢群体中的扩增；D. 引物 BL106-2 在长丰鲢群体中的扩增

32 个微卫星位点在两个鲢群体共检测到等位基因 119 个,广西普通鲢和长丰鲢群体分别具有 94 个和 109 个等位基因,其中 88 个为两个群体所共有。32 个微卫星位点中 BL23、BL92、BL102、BL110、BL111 这 5 个位点在两个鲢群体均表现为单态,在 BL6 位点和 BL8-1 位点表现为部分单态,其余 25 个位点在两个鲢群体中均表现为不同程度的多态,两个群体的多态位点百分率均为 81.25%(表 2-36)。广西普通鲢和长丰鲢群体的平均等位基因数(*N*a)分别为 2.937 5 和 3.406 2;在普通鲢群体,*N*a 最高的位点有 3 个(BL5、BL55、BL144);在长丰鲢群体,*N*a 最高的位点是 BL5。普通鲢和长丰鲢群体的平均有效等位基因数(*N*e)分别为 1.787 3 和 2.074 7,平均 Shannon 指数分别为 0.594 8 和 0.731 3(表 2-36)。

表 2-36 · 鲢各微卫星位点的等位基因数及有效等位基因数

| 位　点 | 广西普通鲢群体 | | | 长丰鲢群体 | | |
|---|---|---|---|---|---|---|
| | 等位基因数 | 有效等位基因数 | Shannon 指数 | 等位基因数 | 有效等位基因数 | Shannon 指数 |
| BL5 | 6.000 0 | 4.173 6 | 1.588 5 | 6.000 0 | 4.576 0 | 1.625 8 |
| BL6 | 1.000 0 | 1.000 0 | 0.000 0 | 2.000 0 | 1.492 2 | 0.511 7 |
| BL8-1 | 2.000 0 | 1.064 4 | 0.139 1 | 1.000 0 | 1.000 0 | 0.000 0 |
| BL8-2 | 4.000 0 | 1.212 3 | 0.401 6 | 4.000 0 | 1.478 3 | 0.651 5 |
| BL12 | 2.000 0 | 1.064 4 | 0.139 1 | 2.000 0 | 1.021 1 | 0.057 9 |
| BL13 | 4.000 0 | 3.323 2 | 1.279 8 | 5.000 0 | 3.645 6 | 1.438 3 |
| BL15 | 2.000 0 | 1.882 4 | 0.661 6 | 2.000 0 | 1.999 1 | 0.692 9 |
| BL23 | 1.000 0 | 1.000 0 | 0.000 0 | 1.000 0 | 1.000 0 | 0.000 0 |
| BL42 | 3.000 0 | 2.373 5 | 0.940 3 | 9.000 0 | 2.712 2 | 1.271 4 |
| BL.46 | 3.000 0 | 1.567 3 | 0.608 1 | 2.000 0 | 1.729 1 | 0.612 6 |
| BL52 | 3.000 0 | 1.313 0 | 0.437 4 | 4.000 0 | 2.208 0 | 0.900 4 |
| BL55 | 6.000 0 | 2.554 0 | 1.246 1 | 5.000 0 | 2.969 1 | 1.210 3 |
| BL56 | 4.000 0 | 1.908 9 | 0.852 6 | 5.000 0 | 2.561 4 | 1.151 4 |
| BL58 | 5.000 0 | 2.949 1 | 1.293 7 | 6.000 0 | 3.122 0 | 1.352 0 |
| BL62 | 3.000 0 | 1.628 5 | 0.614 1 | 4.000 0 | 1.821 3 | 0.872 2 |
| BL66 | 3.000 0 | 1.645 4 | 0.714 8 | 3.000 0 | 1.572 1 | 0.674 3 |

续 表

| 位 点 | 广西普通鲢群体 | | | 长丰鲢群体 | | |
|---|---|---|---|---|---|---|
| | 等位基因数 | 有效等位基因数 | Shannon指数 | 等位基因数 | 有效等位基因数 | Shannon指数 |
| BL73 | 3. 000 0 | 1. 532 8 | 0. 645 2 | 3. 000 0 | 1. 237 9 | 0. 373 5 |
| BL75 | 2. 000 0 | 2. 000 0 | 0. 693 1 | 2. 000 0 | 1. 958 4 | 0. 682 5 |
| BL82 | 2. 000 0 | 1. 114 6 | 0. 211 1 | 5. 000 0 | 1. 622 5 | 0. 781 1 |
| BL83 | 3. 000 0 | 1. 249 6 | 0. 385 0 | 2. 000 0 | 1. 411 3 | 0. 466 9 |
| BL92 | 1. 000 0 | 1. 000 0 | 0. 000 0 | 1. 000 0 | 1. 000 0 | 0. 000 0 |
| BL101 | 5. 000 0 | 2. 869 2 | 1. 193 3 | 4. 000 0 | 3. 222 0 | 1. 259 2 |
| BL102 | 1. 000 0 | 1. 000 0 | 0. 000 0 | 1. 000 0 | 1. 000 0 | 0. 000 0 |
| BL106－2 | 4. 000 0 | 2. 257 7 | 1. 051 2 | 5. 000 0 | 2. 234 7 | 0. 046 2 |
| BL108 | 2. 000 0 | 1. 156 3 | 0. 261 1 | 3. 000 0 | 2. 083 2 | 0. 779 7 |
| BL109 | 4. 000 0 | 2. 987 2 | 1. 215 2 | 5. 000 0 | 3. 882 1 | 1. 465 9 |
| BL110 | 1. 000 0 | 1. 000 0 | 0. 000 0 | 1. 000 0 | 1. 000 0 | 0. 000 0 |
| BL111 | 1. 000 0 | 1. 000 0 | 0. 000 0 | 1. 000 0 | 1. 000 0 | 0. 000 0 |
| BL116 | 2. 000 0 | 1. 180 3 | 0. 286 8 | 3. 000 0 | 2. 010 5 | 0. 761 9 |
| BL133 | 3. 000 0 | 1. 159 2 | 0. 304 7 | 2. 000 0 | 1. 704 1 | 0. 603 6 |
| BL138 | 2. 000 0 | 1. 332 8 | 0. 415 4 | 3. 000 0 | 2. 030 9 | 0. 741 1 |
| BL144 | 6. 000 0 | 3. 695 3 | 1. 454 5 | 7. 000 0 | 4. 085 1 | 1. 601 2 |
| 平均 | 2. 937 5 | 1. 787 3 | 0. 594 8 | 3. 406 2 | 2. 074 7 | 0. 737 1 |

普通鲢和长丰鲢 2 个群体的平均观测杂合度分别为 0. 373 9 和 0. 559 7，平均期望杂合度分别为 0. 327 1 和 0. 413 3，广西普通鲢群体均低于长丰鲢群体，两个群体的多样性均不很高（表 2－37）。普通鲢的多态信息含量在 0. 000 0~0. 727 1 之间，平均为 0. 293 6；长丰鲢群体的多态信息含量在 0. 000 0~0. 748 4 之间，平均为 0. 360 0。32 个位点在两个群体中只有 9 个位点具有较高的多态性（表 2－37）。通过计算 Hardy-Weinberg 平衡偏离常数，发现两个鲢群体大部分位点均处于不平衡状态。广西普通鲢在 BL5、BL8－1、BL15、BL55、BL56、BL62、BL101、BL138 位点和长丰鲢群体在 BL62、BL66、BL101 位点的 Hardy-Weinberg 平衡偏离指数（$d$）为负，两个鲢群体在这些基因位点上存在杂合子缺失的情况（表 2－37）。

表 2-37 · 2 个鲢群体在 32 个微卫星标记的遗传多样性

| 位　点 | 广西普通鲢 | | | | 长丰鲢 | | | |
|---|---|---|---|---|---|---|---|---|
| | 观测杂合度（Ho） | 期望杂合度（He） | 多态信息含量（PIC） | Hardy-Weinberg 平衡偏离指数（d） | 观测杂合度（Ho） | 期望杂合度（He） | 多态信息含量（PIC） | Hardy-Weinberg 平衡偏离指数（d） |
| BL5 | 0. 739 1 | 0. 768 8 | 0. 727 1 | −0. 038 6 | 0. 875 0 | 0. 789 7 | 0. 748 4 | 0. 108 0 |
| BL6 | 0. 000 0 | 0. 000 0 | 0. 000 0 | 0. 000 0 | 0. 416 7 | 0. 333 3 | 0. 275 4 | 0. 250 2 |
| BL8－1 | 0. 020 8 | 0. 061 2 | 0. 056 2 | −0. 660 1 | 0. 000 0 | 0. 000 0 | 0. 000 0 | 0. 000 0 |
| BL8－2 | 0. 187 5 | 0. 177 0 | 0. 169 3 | 0. 059 3 | 0. 333 3 | 0. 327 0 | 0. 302 0 | 0. 019 3 |
| BL12 | 0. 062 5 | 0. 061 2 | 0. 058 6 | 0. 021 2 | 0. 020 8 | 0. 020 8 | 0. 020 4 | 0. 000 0 |
| BL13 | 1. 000 0 | 0. 707 3 | 0. 644 0 | 0. 413 8 | 1. 000 0 | 0. 733 3 | 0. 685 0 | 0. 363 7 |
| BL15 | 0. 166 7 | 0. 473 7 | 0. 358 9 | −0. 648 1 | 0. 979 2 | 0. 505 0 | 0. 374 9 | 0. 939 0 |
| BL23 | 0. 000 0 | 0. 000 0 | 0. 000 0 | 0. 000 0 | 0. 000 0 | 0. 000 0 | 0. 000 0 | 0. 000 0 |
| BL42 | 1. 000 0 | 0. 585 0 | 0. 489 9 | 0. 709 4 | 1. 000 0 | 0. 637 9 | 0. 561 9 | 0. 567 0 |
| BL46 | 0. 437 5 | 0. 365 8 | 0. 309 8 | 0. 196 0 | 0. 562 5 | 0. 426 1 | 0. 332 8 | 0. 320 1 |
| BL52 | 0. 272 7 | 0. 241 1 | 0. 214 9 | 0. 131 1 | 0. 895 8 | 0. 552 9 | 0. 452 6 | 0. 620 2 |
| BL55 | 0. 565 2 | 0. 615 1 | 0. 574 5 | −0. 081 1 | 1. 000 0 | 0. 670 2 | 0. 602 0 | 0. 492 1 |
| BL56 | 0. 347 8 | 0. 481 4 | 0. 424 0 | −0. 277 5 | 0. 645 8 | 0. 616 0 | 0. 554 9 | 0. 048 4 |
| BL58 | 0. 869 6 | 0. 668 2 | 0. 616 9 | 0. 301 4 | 1. 000 0 | 0. 686 8 | 0. 629 7 | 0. 456 0 |
| BL62 | 0. 244 4 | 0. 390 3 | 0. 319 5 | −0. 373 8 | 0. 395 8 | 0. 455 7 | 0. 417 0 | −0. 131 4 |
| BL66 | 0. 478 3 | 0. 396 6 | 0. 358 4 | 0. 206 0 | 0. 347 8 | 0. 367 9 | 0. 334 7 | −0. 054 6 |
| BL73 | 0. 413 0 | 0. 351 4 | 0. 318 7 | 0. 175 3 | 0. 212 8 | 0. 194 2 | 0. 177 4 | 0. 095 8 |
| BL75 | 1. 000 0 | 0. 505 3 | 0. 375 0 | 0. 979 0 | 0. 854 2 | 0. 494 5 | 0. 369 6 | 0. 727 4 |
| BL82 | 0. 108 7 | 0. 103 9 | 0. 183 7 | 0. 046 2 | 0. 458 3 | 0. 387 7 | 0. 357 3 | 0. 182 1 |
| BL83 | 0. 222 2 | 0. 202 | 0. 183 7 | 0. 100 0 | 0. 354 2 | 0. 294 5 | 0. 249 0 | 0. 202 7 |
| BL92 | 0. 000 0 | 0. 000 0 | 0. 000 0 | 0. 000 0 | 0. 000 0 | 0. 000 0 | 0. 000 0 | 0. 000 0 |
| BL101 | 0. 645 8 | 0. 658 3 | 0. 584 8 | −0. 019 0 | 0. 577 8 | 0. 697 4 | 0. 632 3 | −0. 171 5 |
| BL102 | 0. 000 0 | 0. 000 0 | 0. 000 0 | 0. 000 0 | 0. 000 0 | 0. 000 0 | 0. 000 0 | 0. 000 0 |
| BL106－2 | 0. 750 0 | 0. 562 9 | 0. 514 7 | 0. 332 4 | 0. 625 0 | 0. 558 3 | 0. 506 4 | 0. 119 5 |

续 表

| 位　点 | 广西普通鲢 | | | | 长 丰 鲢 | | | |
|---|---|---|---|---|---|---|---|---|
| | 观测杂合度（$Ho$） | 期望杂合度（$He$） | 多态信息含量（$PIC$） | Hardy-Weinberg平衡偏离指数（$d$） | 观测杂合度（$Ho$） | 期望杂合度（$He$） | 多态信息含量（$PIC$） | Hardy-Weinberg平衡偏离指数（$d$） |
| BL108 | 0.145 8 | 0.136 6 | 0.126 0 | 0.067 3 | 1.000 0 | 0.525 4 | 0.404 7 | 0.903 3 |
| BL109 | 0.808 5 | 0.672 4 | 0.610 8 | 0.202 4 | 1.000 0 | 0.750 2 | 0.700 9 | 0.333 0 |
| BL110 | 0.000 0 | 0.000 0 | 0.000 0 | 0.000 0 | 0.000 0 | 0.000 0 | 0.000 0 | 0.000 0 |
| BL111 | 0.000 0 | 0.000 0 | 0.000 0 | 0.000 0 | 0.000 0 | 0.000 0 | 0.000 0 | 0.000 0 |
| BL116 | 0.166 7 | 0.154 4 | 0.141 1 | 0.079 7 | 0.833 3 | 0.507 9 | 0.395 5 | 0.640 7 |
| BL133 | 0.145 8 | 0.138 8 | 0.131 9 | 0.050 4 | 0.583 3 | 0.417 5 | 0.327 8 | 0.397 1 |
| BL138 | 0.166 7 | 0.251 8 | 0.218 1 | −0.338 0 | 0.937 5 | 0.512 9 | 0.388 9 | 0.827 8 |
| BL144 | 1.000 0 | 0.737 1 | 0.684 2 | 0.356 7 | 1.000 0 | 0.763 2 | 0.718 7 | 0.310 3 |
| 平均 | 0.373 9 | 0.327 1 | 0.293 6 | 0.143 1 | 0.559 7 | 0.413 3 | 0.360 0 | 0.354 2 |

广西普通鲢和长丰鲢群体间遗传相似系数为 0.742 5，群体间遗传距离为 0.297 7（$P<0.5$）（表 2－38）。两个鲢群体的平均近交系数（$F_{is}$）为−0.274 4，总群体平均近交系数（$F_{it}$）为 0.039 4，平均遗传分化指数（$F_{st}$）为 0.171 7，$F_{st}$ 最高的位点为 BL6，说明有 17.17%的变异存在于群体间（表 2－39）。

**表 2－38 · 两个鲢群体的遗传距离和遗传相似系数**

| | 广西普通鲢 | 长 丰 鲢 |
|---|---|---|
| 广西普通鲢 | — | 0.742 5 |
| 长丰鲢 | 0.297 7 | — |

**表 2－39 · 两个鲢群体的遗传分化和基因流**

| 位　点 | 样本数 | $F_{is}$ | $F_{it}$ | $F_{st}$ | $N_m$ |
|---|---|---|---|---|---|
| BL5 | 188 | −0.046 9 | 0.010 8 | 0.055 1 | 4.287 0 |
| BL6 | 192 | −0.263 2 | 0.564 4 | 0.655 2 | 0.131 6 |
| BL8－1 | 192 | 0.655 9 | 0.661 4 | 0.015 9 | 15.500 0 |

续 表

| 位 点 | 样本数 | $F_{is}$ | $F_{it}$ | $F_{st}$ | $N_m$ |
|---|---|---|---|---|---|
| BL8-2 | 192 | -0.044 4 | 0.540 7 | 0.560 2 | 0.196 2 |
| BL12 | 192 | -0.026 7 | -0.021 3 | 0.005 3 | 46.750 0 |
| BL13 | 182 | -0.403 8 | -0.278 3 | 0.089 4 | 2.546 5 |
| BL15 | 192 | -0.183 1 | -0.167 2 | 0.013 4 | 18.442 1 |
| BL23 | 192 | — | — | 0.000 0 | — |
| BL42 | 188 | 0.652 9 | 0.268 3 | 0.232 7 | 0.824 4 |
| BL46 | 192 | -0.276 1 | 0.193 6 | 0.368 1 | 0.429 2 |
| BL52 | 184 | -0.487 7 | -0.335 7 | 0.102 2 | 2.196 7 |
| BL55 | 188 | -0.230 9 | -0.180 4 | 0.041 0 | 5.845 0 |
| BL56 | 188 | 0.084 8 | 0.319 6 | 0.256 6 | 0.724 4 |
| BL58 | 188 | -0.394 6 | -0.225 5 | 0.121 3 | 1.811 7 |
| BL62 | 186 | 0.234 9 | 0.259 8 | 0.032 5 | 7.448 9 |
| BL66 | 184 | -0.092 5 | -0.091 8 | 0.000 6 | 400.000 0 |
| BL73 | 186 | -0.159 4 | 0.478 7 | 0.550 4 | 0.204 2 |
| BL75 | 192 | -0.874 1 | -0.864 1 | 0.005 3 | 46.520 4 |
| BL82 | 188 | -0.165 6 | -0.106 2 | 0.051 0 | 4.654 8 |
| BL83 | 186 | -0.173 4 | 0.527 1 | 0.597 0 | 0.168 8 |
| BL92 | 192 | — | — | 0.000 0 | — |
| BL101 | 188 | 0.087 6 | 0.095 4 | 0.008 6 | 28.845 3 |
| BL102 | 186 | — | — | 0.000 0 | — |
| BL106-2 | 192 | -0.239 2 | -0.222 1 | 0.013 8 | 17.877 6 |
| BL108 | 192 | -0.748 9 | -0.299 4 | 0.257 0 | 0.722 6 |
| BL109 | 190 | -0.284 8 | -0.247 9 | 0.028 7 | 8.451 7 |
| BL110 | 192 | — | — | 0.000 0 | — |
| BL111 | 192 | — | — | 0.000 0 | — |
| BL116 | 192 | -0.525 8 | -0.263 9 | 0.171 7 | 1.206 1 |
| BL133 | 192 | -0.324 4 | -0.208 4 | 0.087 6 | 2.604 7 |

续 表

| 位 点 | 样本数 | $F_{is}$ | $F_{it}$ | $F_{st}$ | $N_m$ |
|---|---|---|---|---|---|
| BL138 | 192 | −0. 459 1 | −0. 120 6 | 0. 232 0 | 0. 827 5 |
| BL144 | 192 | −0. 347 2 | −0. 255 3 | 0. 068 2 | 3. 417 1 |
| 平均 | 190 | −0. 274 4 | −0. 039 4 | 0. 184 4 | 1. 105 7 |

注：“—”表示只有 1 个等位基因。

综上所述，长丰鲢与长江鲢 15 个表型形态性状的主成分分析表明，长丰鲢第一主成分为宽度因子、贡献率最高(33. 84%)，第二主成分为头型因子；长丰鲢第三至第七主成分分别为尾柄因子、体型因子、背鳍因子、臀鳍因子、腹鳍因子；长江鲢第三至第七主成分分别为体型因子、尾柄因子、长度因子、腹鳍因子和背部因子。长丰鲢不同月龄(6 月龄、12 月龄、36 月龄)体重的变异系数均最大，分别为 26. 78%、28. 63%和 7. 23%。3 个不同月龄长丰鲢的 4 个主成分累计贡献率分别为 86. 363%、95. 391%和 70. 465%。其中，12 月龄的长丰鲢第一主成分的贡献率最高(87. 89%)(长度因子)，其次 6 月龄长丰鲢第一主成分的贡献率为 67. 53%(宽度因子)，36 月龄长丰鲢的第一主成分贡献率为 40. 61%(体型因子)。按 3 个月龄建立的多元回归方程能准确反映长丰鲢形态性状与体重之间的关系。

生长特性方面，6 月龄长丰鲢体重的变异系数最大，为 23. 28%；17 月龄体重和头长的变异系数均远大于其他生长性状，分别为 7. 21%和 10. 49%；36 月龄体重的变异系数最大、为 7. 15%，相对其他生长性状，体重具有更大的选择潜力。在 15 个微卫星位点中，各月龄共筛选出 6 个与生长性状显著相关的微卫星位点。6 月龄长丰鲢群体中，位点 BL55、BL109 均与体高显著相关；17 月龄 SCE65 位点与体高显著相关；36 月龄位点 BL55 与全长显著相关($P<0.05$)，位点 BL106－2、BL116 均与体重显著相关。标记 BL55 在长丰鲢群体中均适用，且 225/231 基因型在该群体中可能与生长性状负相关，而 231/245 基因型与生长性状呈正相关。

营养成分方面，普通鲢肌肉粗脂肪和粗灰分含量显著高于长丰鲢，长丰鲢比普通鲢肌肉更符合人体高蛋白、低脂肪的营养需求。长丰鲢肌肉的硬度、弹性和咀嚼性指标分别比普通鲢高 41. 08%、28. 89%和 81. 73%。

耐低氧能力方面，长丰鲢较普通鲢的平均耗氧率低 30. 10%，普通鲢窒息点比长丰鲢高 28. 57%，长丰鲢较普通鲢更耐低氧。

遗传多样性方面，长江鲢杂合度较长丰鲢高。长丰鲢、长丰鲢子一代、长丰鲢子二代和长丰鲢子三代4个群体间的遗传距离为0.029 9~0.093 4,长江鲢与长丰鲢子三代的遗传距离最远;随着长丰鲢子代的增加,长江鲢与长丰鲢的遗传距离逐渐上升。

### 2.1.3 · 养殖性能

#### (1) 历年小试情况

2006年,利用4个面积为1 000 $m^2$ 和2个面积为1 333 $m^2$ 的6个池塘进行长丰鲢与普通鲢鱼种(当年)不同池塘养殖对比试验,长丰鲢和荆州养殖的普通鲢各3个池,放养密度1 000尾/667 $m^2$,长丰鲢和普通鲢苗种规格为体重2.2 g/尾。经过122天±3天的养殖,长丰鲢平均体重为139.5 g,普通鲢平均体重为141.6 g。从数据来看,普通鲢较长丰鲢重2.1 g,但从统计学上分析并无显著差异。

2007年,在石首老河四大家鱼原种场长江故道网箱中(4 m×5 m)开展长丰鲢与普通鲢1龄幼鱼的对比试验,长丰鲢与普通鲢规格平均为4.6 g/尾,放养密度为200尾/箱,设3个平行重复。结果显示,长丰鲢平均体重70.23 g/尾,普通鲢平均体重70 g/尾,两者比较无显著差异。同时,在5个主养草鱼的池塘中(分2地)进行10 g左右长丰鲢及普通鲢2龄鱼的同池对比试验,放养密度均为100尾/667 $m^2$。结果表明,长丰鲢体重增长平均比普通鲢快17.9%(3个池塘数据)。由于该年气温及管理疏忽等原因,造成2个池塘发生了“泛塘”,但在“泛塘”的两个池塘中,长丰鲢较普通鲢成活率高32%,暗示了长丰鲢经过选育,可能具有耐低氧、抗“泛塘”的潜力。

2008年,在中国水产科学研究院长江水产研究所试验场选择6个大小一致的池塘进行2龄长丰鲢与长江鲢对比试验,其中2个池塘同池对比、4个池塘非同池对比。每池固定投苗重量(15 kg或20 kg),池塘主养草鱼,套养鲢、鳙等。结果显示,长丰鲢平均实测总产量为705 kg,长江鲢实测总产量为620 kg,长丰鲢比长江鲢增产13.71%。

2009年,利用6个池塘(2地),继续开展2龄长丰鲢与普通鲢同池养殖对比试验,同池中两种鱼的放养规格基本一致,尾数相差小于5尾。养殖模式:主养草鱼,套养鲢,搭配鲫、鳙等。结果显示,在6个池塘生长对比试验中,长丰鲢体重增长平均比普通鲢快7.35%~22.22%,总平均快13.9%,增产15%~25.34%。

2010年,继续利用6个池塘开展2龄长丰鲢与荆州普通鲢、江苏邗江鲢的同池养殖对比试验,并且在4个池塘进行3龄长丰鲢与普通鲢同池对比试验。同池中两种鱼的放养规格和尾数基本一致。结果显示,长丰鲢2龄鱼个体增重较江苏邗江鲢群体快13.72%,较普通鲢群体快13.33%。长丰鲢3龄个体增重比普通鲢平均快20.47%。

#### (2) 生产性养殖试验情况

2007 年主要在湖北省国营白鹭湖农场和石首市湖北五湖渔业集团公司进行长丰鲢的规模化养殖,分别引进春片鱼种 2 000 尾和 10 000 尾,套养在 6 670 $m^2$ 和 33 350 $m^2$ 的池塘中,用当地养殖的普通鲢作对照进行同池养殖试验,长丰鲢分别比当地繁育的普通鲢平均增产 17.72%和 16.40%,成活率提高 7%以上。

2008 年继续在潜江市湖北省国营白鹭湖农场和湖北五湖渔业集团公司进行生产性中试养殖,分别引进春片鱼种 6 000 尾和 15 000 尾,养殖在 20 000 $m^2$ 和 50 000 $m^2$ 池塘中。结果表明,长丰鲢分别比当地繁育的普通鲢增产 20.98%和 17.2%。

2009 年,除继续在潜江市湖北省国营白鹭湖农场和湖北五湖渔业集团公司进行生产性中试养殖外,还向陕西省水产技术推广与研究工作站、安徽省农业科学院水产研究所等单位进行推广,共推广长丰鲢水花鱼苗 400 多万尾,推广养殖面积达到 200 $hm^2$,长丰鲢比当地繁育普通鲢平均增产 18.3%以上。根据湖北五湖渔业集团公司 2007—2009 年 3 年的养殖数据统计表明,长丰鲢在养殖条件较差的情况下,较当地繁育普通鲢单产提高 11%以上;在水质较好的养殖条件下,单产提高 27%。

2010 年,长丰鲢在湖北、湖南、安徽、四川、重庆、广东和宁夏等省(自治区、直辖市)进行了中试推广,推广养殖面积达到 733 $hm^2$,养殖者普遍反映长丰鲢生长速度较普通鲢快。

从连续 4 年的中试养殖情况来看,长丰鲢生长快、体型好、成活率高、增产效果明显,深受广大养殖者的欢迎。

## 2.2 津 鲢

### 2.2.1 · 选育过程

1957 年,国家级天津市换新水产良种场(宁河县境内)以长江水系的 1 000 尾鲢苗作为基础群体,培育至性成熟进行鲢苗种生产和优良种质资源的保存,以生长速度快、繁殖力高、形态学性状稳定作为选育目标,采用群体繁殖和混合选择相结合的方法进行群体选育,选育亲本要求 4 龄鱼在 4 kg 以上、5 龄鱼在 5 kg 以上、6 龄鱼在 6.5 kg 以上、7 龄鱼在 7.5 kg 以上。经 40 余年、6 代人工选育,保存了鲢优良种质特性。2010 年通过全国水产原种和良种审定委员会的审定,正式命名为津鲢(GS01-002-2010)。

## 2.2.2 · 品种特性

### (1) 形态特征

体形长而侧扁,腹缘呈刀口状,自胸鳍基部至肛门前部有腹棱,头较大。胸鳍末端达到或超过腹鳍基部。吻短钝而圆。眼小,位于体轴下方。口宽大,口裂略倾斜向上,下颌稍向上突起。口腔后方具螺旋形鳃上器。鳃孔大,鳃盖膜很宽,左右相愈合,与颊部不相连。鳃耙特化,同侧的鳃耙彼此相联合呈海绵状膜质片。咽齿一行,4/4,齿面有羽状纵沟。体被细小的圆鳞,侧线在胸鳍后上方呈弧形下弯。鳔发达,二室。体色除背部稍带棕黑色外,其余均呈银白色(付连君,2011a)。津鲢外部形态见图2-11。

图2-11 · 津鲢

### (2) 津鲢与长江鲢形态差异

津鲢在可数性状上与长江鲢原种相比,一些数值在种的范围内更加集中、缩小,如侧线鳞的范围由长江鲢原种的97~124缩小为津鲢的96~107(表2-40)。

表2-40 · 津鲢和长江鲢可数性状比较

| 性 状 | | 津 鲢 | 长 江 鲢 | | |
|---|---|---|---|---|---|
| | | | GB 17717—1999 鲢 | 李思发(2001) | 湖北武汉① |
| 背鳍 | 不分支鳍条数 | 3 | 3 | 3 | 3 |
| | 分支鳍条数 | 6~7(6.97±0.18) | 6~7 | 7.01±0.01 | 7(7.0±0) |
| 胸鳍 | 不分支鳍条数 | 1 | — | — | 1 |
| | 分支鳍条数 | 17~20(18.30±0.93) | — | — | 16~19(17.33±0.99) |

续 表

| 性 状 | | 津 鲢 | 长 江 鲢 | | |
|---|---|---|---|---|---|
| | | | GB 17717—1999 鲢 | 李思发(2001) | 湖北武汉[①] |
| 腹鳍 | 不分支鳍条数 | 2 | — | — | 2 |
| | 分支鳍条数 | 7~8(7.16±0.38) | — | — | 7~8(7.08±0.29) |
| 臀鳍 | 不分支鳍条数 | 3 | 3 | 3 | 3 |
| | 分支鳍条数 | 12~15(12.70±0.75) | 11~14 | 12.62±0.67 | 10~13(12.67±0.89) |
| 尾鳍鳍条数 | | 30~34(31.96±0.93) | — | | 30~34(31.67±1.44) |
| 侧线鳞 | | 96~107(101.27±3.19) | 97~124 | 110.51±3.94 | 98~113(108.25±4.69) |
| 侧线上鳞 | | 29~34(31.87±1.17) | 26~27 | — | 28~33(30.92±2.97) |
| 侧线下鳞 | | 17~20(18.10±0.88) | 16~18 | — | 15~19(17.58±1.16) |
| 下咽齿 | | 4/4 | 4/4 | 4/4 | 4/4 |
| 脊椎骨 | | 39~40(39.6±0.23) | 40~42 | 40.95±0.76 | 36~39(38.0±0.95) |

注:① 2006年6月由湖北武汉运来,是采自长江鲢原种鱼苗。

津鲢与湖北武汉长江鲢在8项可量性状比例上,除体长/头长和头长/吻长2项性状差异不显著外,其余6项性状差异较显著(表2-41);与国标中鲢的8项可量性状比例相比,只有头长/眼间距差异不显著,其余性状差异较显著(表2-41)。可见,津鲢与湖北武汉长江鲢及国标鲢的可量性状上已有所变化,并且部分性状差异较显著(全国水产技术推广总站,2012)。

表2-41 · 津鲢和长江鲢可量性状比较

| 种 类 | 津 鲢 | 长 江 鲢 | | |
|---|---|---|---|---|
| | | GB 17717—1999 鲢 | 李思发(2001) | 湖北武汉[①] |
| 全长/体长 | 1.22±0.02 | 1.170±0.34 | 1.15±0.02 | 1.20±0.01 |
| 体长/体高 | 3.19±0.11 | 3.349±0.193 | 3.29±0.20 | 3.42±0.10 |
| 体长/头长 | 3.71±0.15 | 3.84±0.246 | 3.66±0.22 | 3.60±0.10 |
| 头长/吻长 | 4.10±0.72 | 3.619±0.480 | 3.21±0.32 | 4.37±0.30 |
| 头长/眼径 | 5.19±0.33 | 8.443±1.552 | 10.16±1.08 | 5.82±0.34 |
| 头长/眼间距 | 1.97±0.07 | 1.936±0.155 | 1.96±0.21 | 2.30±0.10 |

续 表

| 种 类 | 津 鲢 | 长 江 鲢 | | |
|---|---|---|---|---|
| | | GB 17717—1999 鲢 | 李思发(2001) | 湖北武汉[①] |
| 体长/尾柄长 | 6.95±0.52 | 8.296±0.896 | 8.15±0.78 | 5.59±0.32 |
| 尾柄长/尾柄高 | 1.34±0.11 | 1.127±0.123 | 1.16±0.09 | 1.79±0.11 |

注:① 2006 年 6 月由湖北武汉运来,是采自长江鲢原种鱼苗。

### (3) 生长特性

1 龄鱼生长对照采用 4 只网箱,分两组平行进行,前期同水体异箱饲养,饲养至能进行标记时,标记后以同一放养密度放入同箱;1 龄和 2 龄鱼生长对照均采用剪鳍标记同塘对照,每月测定 1 次生长情况,饲养结束时再测定 1 次。

从表 2-42 可见,津鲢 1 龄和 2 龄鱼的生长均快于长江鲢。2006 年 1 龄津鲢在网箱养殖条件下比长江鲢生长快 23.26%,池塘养殖条件下比长江鲢生长快 10.55%;2 龄津鲢在池塘养殖条件下比长江鲢生长快 13.25%。2007 年 1 龄津鲢在网箱养殖条件下比长江鲢生长快 14.74%、池塘养殖条件下比长江鲢生长快 4.06%;2 龄津鲢在池塘养殖条件下比长江鲢生长快 7.06%。连续两年试验表明,津鲢 1 龄鱼比长江鲢生长快 13.18%,2 龄鱼比长江鲢生长快 10.16%(付连君,2011b)。

表 2-42 · 津鲢和长江鲢 1 龄、2 龄鱼生长对比情况

| 年度 | 年龄(龄) | 养殖方式 | 饲养时间 | 津 鲢 | | | | 长 江 鲢 | | | |
|---|---|---|---|---|---|---|---|---|---|---|---|
| | | | | 体长(cm) | | 体重(g) | | 体长(cm) | | 体重(g) | |
| | | | | 范 围 | 平均 | 范 围 | 平均 | 范 围 | 平均 | 范 围 | 平均 |
| 2006 | 1 | 网箱 | 08.01—10.29 | 9.5~12.81 | 11.86 | 18~41 | 32 | 10.85~12.37 | 11.31 | 16~33 | 26.1 |
| | | 池塘 | 08.01—11.09 | 14.38~18.62 | 16.86 | 51~114 | 90 | 14.26~19.46 | 16.75 | 54~136 | 81.48 |
| | 2 | 池塘 | 03.23—11.09 | 30.8~40.2 | 38.64 | 595~1 335 | 945.86 | 28.3~36.4 | 32.37 | 480~912 | 653.53 |
| 2007 | 1 | 网箱 | 07.26—09.26 | 13.11~15.9 | 14.24 | 47~83 | 61.858 | 12.74~15.31 | 13.98 | 41~73 | 54.635 |
| | | 池塘 | 07.21—09.21 | 21.5~23.0 | 22.25 | 199~256 | 225.97 | 19.0~23.0 | 21.68 | 176~263 | 217.71 |
| | 2 | 池塘 | 06.03—10.07 | 28.02~34.22 | 31.47 | 507~860 | 694.72 | 27.8~34.0 | 30.26 | 484~850 | 652.1 |

津鲢雄性 3~6 龄鱼的退算体长,前 5 龄的生长比长江鲢快 0.87%~16.7%,6 龄的生长比

长江鲢慢2.99%(表2－43、表2－44);雌性3~6龄鱼的退算体长,前3龄的生长比长江鲢快1.41%~13.33%(表2－43、表2－44),而4~6龄的生长比长江鲢慢0.72%~4.48%;从雌雄综合测定结果看,津鲢1~6龄鱼的退算体长,除4龄慢于长江鲢(慢1.53%)外,其他5龄均比长江鲢生长快(快0.13%~7.46%)(表2－43、表2－44)。从表2－45可见,津鲢3龄和5龄鱼的体长平均值和年增长值均大于长江鲢,1龄、3龄和5龄鱼的体重平均值和年增长值均大于长江鲢。

### (4) 繁殖性能

津鲢与长江鲢相比,初次性成熟年龄晚1年。津鲢4龄鱼的绝对繁殖力比长江鲢提高34.1%,5龄和6龄分别提高157.2%和30.7%;相对繁殖力津鲢4龄个体比长江鲢提高59.3%,5龄和6龄分别提高68.9%和37.9%(表2－46)(金万昆等,2009)。

表2－43 · 津鲢不同性别各年龄组实测体长、体重与退算体长

| 性别 | 年龄(龄) | 样本数(尾) | 体长(cm) | 体重(g) | 退算体长 | | | | | |
|---|---|---|---|---|---|---|---|---|---|---|
| | | | | | $L_1$ | $L_2$ | $L_3$ | $L_4$ | $L_5$ | $L_6$ |
| 雄 | 3⁺ | 5 | 58.7~63.3 | 3 683~4 607 | 22.6 | 40.1 | 53.5 | | | |
| | 4⁺ | 4 | 59.8~66.0 | 3 800~6 650 | 23.9 | 35.0 | 48.3 | 58.3 | | |
| | 5⁺ | 5 | 67.8~77.0 | 5 300~8 400 | 24.9 | 40.0 | 49.4 | 62.1 | 69.1 | |
| | 6⁺ | 2 | 73.4~75.1 | 6 700~7 600 | 23.7 | 33.6 | 44.1 | 53.4 | 62.5 | 71.5 |
| | | | 均值 | | 23.8 | 37.2 | 48.8 | 57.9 | 65.8 | 71.5 |
| 雌 | 3⁺ | 1 | 64.5 | 4 685 | 21.1 | 46.9 | 57.9 | | | |
| | 4⁺ | 6 | 58.5~67.5 | 4 300~6 650 | 23.2 | 39.1 | 49.6 | 57.7 | | |
| | 5⁺ | 11 | 64.8~80.5 | 5 900~10 750 | 21.2 | 35.0 | 48.1 | 59.3 | 69.5 | |
| | 6⁺ | 10 | 72.6~89.5 | 7 600~11 200 | 23.0 | 33.8 | 45.3 | 55.6 | 67.4 | 74.7 |
| | | | 均值 | | 22.1 | 38.7 | 50.2 | 57.5 | 68.5 | 74.7 |
| 雌雄综合 | 1⁺ | 15 | 24.5~36.2 | 271~903 | 17.6 | | | | | |
| | 2⁺ | 5 | 36.3~48.2 | 965~2 273 | 21.0 | 38.7 | | | | |
| | 3⁺ | 6 | 58.7~64.5 | 3 683~4 685 | 22.3 | 41.3 | 54.3 | | | |
| | 4⁺ | 10 | 58.5~67.5 | 3 800~6 650 | 23.5 | 37.5 | 49.1 | 57.9 | | |
| | 5⁺ | 16 | 64.8~80.5 | 5 300~10 750 | 22.3 | 36.5 | 48.5 | 60.2 | 69.4 | |
| | 6⁺ | 12 | 72.6~89.5 | 6 700~11 200 | 23.1 | 33.8 | 45.1 | 55.2 | 66.6 | 74.2 |
| | | | 均值 | | 21.6 | 37.6 | 49.3 | 57.8 | 68.0 | 74.2 |

表 2-44 · 长江鲢不同性别各年龄组的实测体长、体重与退算体长

| 性别 | 年龄（龄） | 样本数（尾） | 体长(cm) | 体重（g） | 退算体长 | | | | | |
|---|---|---|---|---|---|---|---|---|---|---|
| | | | | | $L_1$ | $L_2$ | $L_3$ | $L_4$ | $L_5$ | $L_6$ |
| 雄 | $1^+$ | 44 | 31.9~52.6 | 495~2 400 | 22.8 | | | | | |
| | $2^+$ | 10 | 45.5~61.2 | 1 715~4 450 | 20.4 | 39.7 | | | | |
| | $3^+$ | 17 | 45.7~67.0 | 1 920~6 800 | 23.0 | 36.7 | 46.6 | | | |
| | $4^+$ | 22 | 54.0~74.5 | 4 400~7 500 | 19.0 | 35.5 | 48.8 | 59.0 | | |
| | $5^+$ | 7 | 63.5~79.2 | 4 700~9 500 | 20.5 | 35.4 | 46.0 | 56.3 | 63.8 | |
| | $6^+$ | 1 | 77.0 | 9 500 | 16.6 | 33.6 | 44.8 | 56.8 | 65.4 | 73.7 |
| | | | 均值 | | 20.4 | 36.2 | 46.5 | 57.4 | 64.6 | 73.7 |
| 雌 | $1^+$ | 42 | 30.3~53.5 | 500~2 800 | 21.2 | | | | | |
| | $2^+$ | 23 | 38.3~62.7 | 900~4 250 | 19.1 | 35.0 | | | | |
| | $3^+$ | 32 | 54.0~68.5 | 3 000~6 800 | 24.2 | 40.2 | 52.2 | | | |
| | $4^+$ | 22 | 53.3~76.0 | 2 500~9 500 | 16.3 | 33.6 | 48.7 | 60.3 | | |
| | $5^+$ | 22 | 66.5~84.0 | 6 500~12 500 | 15.8 | 30.1 | 44.4 | 56.0 | 66.5 | |
| | $6^+$ | 3 | 81.0~91.0 | 11 000~12 500 | 20.1 | 36.7 | 52.9 | 62.4 | 71.6 | 78.2 |
| | | | 均值 | | 19.5 | 35.1 | 49.5 | 59.6 | 69.0 | 78.2 |
| 雌雄综合 | $1^+$ | 102 | 30.3~53.5 | 495~2 800 | 22.4 | | | | | |
| | $2^+$ | 45 | 38.3~62.7 | 900~4 450 | 20.9 | 37.1 | | | | |
| | $3^+$ | 53 | 45.7~73.4 | 1 500~6 800 | 23.9 | 39.0 | 50.3 | | | |
| | $4^+$ | 46 | 53.3~81.7 | 2 500~9 500 | 18.1 | 35.0 | 49.1 | 59.9 | | |
| | $5^+$ | 29 | 63.5~84.0 | 4 700~12 500 | 17.0 | 31.5 | 44.8 | 56.2 | 65.9 | |
| | $6^+$ | 3 | 77.0~82.5 | 9 500~12 500 | 18.2 | 34.1 | 50.4 | 60.1 | 68.4 | 74.1 |
| | | | 均值 | | 20.1 | 35.3 | 48.7 | 58.7 | 67.2 | 74.1 |

表 2-45 · 津鲢与长江鲢各年龄组的生长比较

| 年龄（龄） | 长江鲢 | | | | 津鲢 | | | |
|---|---|---|---|---|---|---|---|---|
| | 体长(cm) | | 体重(kg) | | 体长(cm) | | 体重(kg) | |
| | 平均 | 年增长 | 平均 | 年增长 | 平均 | 年增长 | 平均 | 年增长 |
| 1 | 29.8 | 29.8 | 0.49 | 0.49 | 29.51 | 29.51 | 0.54 | 0.54 |
| 2 | 48.2 | 18.4 | 2.03 | 1.54 | 45.08 | 15.57 | 1.83 | 1.30 |

续 表

| 年 龄(龄) | 长江鲢 | | | | 津鲢 | | | |
|---|---|---|---|---|---|---|---|---|
| | 体长(cm) | | 体重(kg) | | 体长(cm) | | 体重(kg) | |
| | 平均 | 年增长 | 平均 | 年增长 | 平均 | 年增长 | 平均 | 年增长 |
| 3 | 58.4 | 10.2 | 3.50 | 1.47 | 61.33 | 16.25 | 4.22 | 2.39 |
| 4 | 66.7 | 8.3 | 5.31 | 1.81 | 63.92 | 2.59 | 5.18 | 0.95 |
| 5 | 72.9 | 6.2 | 7.62 | 2.31 | 74.54 | 10.62 | 8.05 | 2.88 |
| 6 | 82.7 | 9.8 | 10.72 | 3.14 | 78.84 | 4.3 | 9.22 | 1.17 |

注:津鲢各年龄组生长数据是池塘饲养生长的实测值。

表 2-46 · 津鲢与长江鲢的繁殖性能比较

| 种类 | 年龄(龄) | 尾数 | 体长(cm) | 体重(g) | 绝对繁殖力 | | 相对繁殖力(粒/g) | 成熟系数(%) | 卵密度(粒) |
|---|---|---|---|---|---|---|---|---|---|
| | | | | | 卵总重(g) | 粒数($10^5$ 粒) | | | |
| 津鲢 | 4 | 4 | 60.1±1.4 | 4712.0±471.8 | 584.3±108.9 | 8.34±1.94 | 176.2±33.6 | 15.4±2.4 | 1417.8±67.9 |
| | 5 | 3 | 75.1±3.9 | 9083.3±1179.2 | 1524.3±500.2 | 17.21±2.73 | 190.0±18.2 | 21.1±5.1 | 1201.0±267.8 |
| | 6 | 3 | 75.1±2.3 | 8516.7±980.2 | 1093.3±322.6 | 11.28±5.09 | 129.1±44.6 | 15.7±3.5 | 998.3±173.1 |
| | 均值 | | 69.1±8.2 | 7164.8±2293.7 | 1019.0±530.5 | 11.88±4.88 | 166.2±39.8 | 17.2±4.5 | 1226.9±240.7 |
| 长江鲢 | 4 | 26 | 66.7±3.2 | 5713.5±806.7 | 753.8±222.7 | 6.22±1.92 | 110.6±36.2 | 13.3±3.8 | 830.6±137.6 |
| | 5 | 27 | 68.1±3.0 | 5959.3±682.3 | 783.3±198.1 | 6.69±1.35 | 112.5±27.6 | 13.2±3.0 | 859.4±120.9 |
| | 6 | 14 | 73.5±3.6 | 7321.4±894.4 | 992.9±221.8 | 8.63±1.55 | 119.7±30.9 | 14.5±5.2 | 878.3±130.1 |
| | 均值 | | 69.1±4.3 | 6206.5±1006.0 | 814.9±220.5 | 6.88±2.04 | 116.6±30.7 | 12.9±3.5 | 848.3±133.1 |

## 2.2.3 · 养殖性能

2006 年,开展了津鲢与长江鲢 1 龄幼鱼的网箱生长对比试验,津鲢和长江鲢的规格平均为 0.9 g/尾,放养密度为 27 尾/$m^2$。经 89 天的饲养,津鲢平均体重为 32.0 g/尾,长江鲢平均体重为 26.1 g/尾,津鲢体重增长平均比长江鲢快 23.4%、成活率比长江鲢高 22.2%。同年,开展津鲢与长江鲢 1 龄、2 龄鱼的同池生长对比试验(剪左右腹鳍标记),1 龄津鲢和长江鲢的规格平均为 0.9 g/尾,2 龄津鲢和长江鲢的规格平均为 192.0 g/尾。1 龄幼鱼经过为期 100 天的饲养,津鲢平均体重为 90.0 g/尾,长江鲢平均体重为 81.5 g/尾,津鲢体重增长平均比长江鲢快 10.6%、成活率比长江鲢低 4.4%。2 龄鱼经过 228 天的饲养,津鲢平均体重为 945. 9 g/尾,长江鲢平均体重为 744. 5 g/尾,津鲢体重增长平均比长江鲢快 13. 3%、成活率比长江鲢高 18. 0%。

2007 年,开展了津鲢与长江鲢 1 龄、2 龄鱼的同池生长对比试验,1 龄津鲢和长江鲢的规格平均为 14. 7 g/尾,2 龄津鲢和长江鲢的规格平均为 77. 0 g/尾。1 龄幼鱼经过 62 天的养殖,津鲢平均体重为 226. 0 g/尾,长江鲢平均体重为 217. 7 g/尾,津鲢体重增长平均比长江鲢快 4. 06%、成活率比长江鲢高 7. 8%。2 龄鱼经过 126 天的养殖,津鲢平均体重为 695. 4 g/尾,长江鲢平均体重为 651. 8 g/尾,津鲢体重增长平均比长江鲢快 7. 1%。

2006 年和 2007 年连续两年的生长对照试验表明,在同一养殖环境条件下,津鲢 1 龄鱼比长江鲢生长快 4. 1% ~ 23. 4%,平均为 13. 2%;津鲢 2 龄鱼比长江鲢生长快 7. 1% ~ 13. 3%,平均为 10. 2%。

自通过审定以来,津鲢先后推广至天津、河北、辽宁、吉林、黑龙江、内蒙古、山东、山西等 12 个省(自治区、直辖市)进行养殖,养殖效果表明津鲢生长速度较长江鲢快。

(撰稿:罗相忠、李晓晖、梁宏伟、邹桂伟)

# 3

# 鲢繁殖技术

3.1

# 亲本的培育

## 3.1.1 · 亲鱼放养

鲢后备亲本的体重应大于 3.5 kg,年龄 3 龄(足龄)以上,但不得超过 12 龄。采取当年产卵亲鱼主养,也可和不同种后备亲鱼进行混养。主养时一般混养一些鲤、鲫、草鱼等底层与中层鱼以调节水质。放养密度依水源而定,一般放养密度控制在鲢亲鱼 15~20 尾/667 $m^2$ 或总重量 100~120 kg/667 $m^2$,并搭养鳙后备亲鱼 2~3 尾/667 $m^2$。雌雄比 1∶(1.0~1.5)为好。为清除培育池中杂草、螺蛳和野杂鱼,可搭配适量草鱼、青鱼和其他肉食性鱼类。如放养后备亲本,则视规格大小适当多放;如在其他养殖池中套养,则放养密度为 7~10 尾/667 $m^2$。

## 3.1.2 · 亲鱼培育

在冬季,专池培育的鲢亲本可采取“大肥”的方式进行培育,施用 400~500 kg/667 $m^2$ 腐熟的畜禽粪肥(或生物肥),使水体呈茶褐色或绿褐色,透明度保持在 15~20 cm,同时补施 10 kg/667 $m^2$ 的磷肥,以后每隔 2~3 天追施适量腐熟的有机粪肥,以保持肥度稳定。此外,还应加深池水,利于亲鱼安全越冬。开春后通过降低水位来提温,用流水或同种鱼异性刺激等方式使其达到性成熟。专养鲢亲本,2—3 月仍以“大肥”为主,同时清除池塘中丝状藻类或水草。进入 4 月,施生物肥或磷肥及芽孢杆菌以改善水环境、培育浮游生物,其间应使透明度保持在 25~35 cm。夏、秋季鲢培育池每 2 000~3 000 $m^2$ 水面应配备 1 台 3 kW 增氧机;在高温或气候突变前及时开启增氧机,夜晚加强巡塘。此外,还应避免藻类大量繁殖后死亡及水体呈红褐色且严重缺氧威胁亲鱼安全的现象发生,如出现此情况应及时增氧和大量更换新水。夏、秋季应加强培育,每 7~10 天施一定量生物肥;定期施用磷肥或微生态制剂。加注新水或开启增氧机能减轻有害藻类过度繁殖,一旦暴发蓝藻可用漂白粉、蓝藻净或硫酸铜等药物全池泼洒。切记此阶段不可施有机粪肥,以免“泛塘”。施用药物时一般应选择晴天上午进行。

## 3.1.3 · 日常管理

亲鱼培育期应根据水体肥度适时加注新水或更换部分老水。加水或排水时应安装过滤网,防止野杂鱼进入培育池耗氧及与亲鱼争食或逃鱼。春季每隔 15 天注水 1 次,产前 1 个月每周注水 1 次,并加大冲水量,刺激亲鱼性腺发育成熟,注水每次控制在 2~4 h。做到每天早、晚各巡池 1 次,发现问题应及时处理,发现鱼病及时治疗,并做好管理日志。

# 人 工 繁 育

## 3.2.1 · 产前准备

### (1) 催产池

催产池为圆形,内径 8~10 m,池深 2. 0~2. 5 m,水深 1. 8~2. 3 m,池底四周向中央倾斜(便于排干池水)。排水口在池底中央,配备拦鱼栅,受精卵可直接从池底排水口流进集苗箱或孵化环道。

### (2) 孵化设施

常用的孵化设施有孵化环道、孵化桶和孵化槽等。

## 3.2.2 · 亲鱼的挑选

### (1) 成熟鲢亲鱼的选择

用手摸雌鱼胸鳍内侧呈光滑感,胸鳍、鳃盖上追星不明显或无追星。成熟良好的雌鱼腹部膨大、较松软,仰腹可见明显的卵巢轮廓,腹中线凹陷,腹部有弹性,泄殖孔稍突出、微红。也可用挖卵器从亲鱼泄殖孔内取少许卵样放入培养皿中,加入卵球透明液[配方 1: 85%乙醇溶液;配方 2: 95%乙醇 85 份、福尔马林(40%甲醛)10 份、冰乙酸 5 份],静置 3~5 min 观察,成熟卵子大小整齐、颗粒饱满,全部或大部分卵子卵核偏位。成熟雄鱼胸鳍内侧用手横摸呈粗糙感,胸鳍、鳃盖上有追星。雌鱼体长大于 60 cm,体重大于 4. 5 kg,年龄 4 龄或以上;雄鱼体长大于 50 cm,体重大于 3. 5 kg,年龄 3 龄以上。允许繁殖用亲鱼最小年龄与体重见表 3 - 1。

表 3-1 · 鲢繁殖用亲鱼年龄与体重

| 流　域 | 亲鱼性别 | 允许繁殖最小年龄(龄) | 允许繁殖最小体重(kg) |
|---|---|---|---|
| 珠江 | 雌 | 4 | 4.0 |
| | 雄 | 3 | 3.5 |
| 长江 | 雌 | 4 | 5.0 |
| | 雄 | 3 | 3.5 |
| 黄河 | 雌 | 5 | 5.0 |
| | 雄 | 4 | 3.5 |
| 黑龙江 | 雌 | 5 | 5.0 |
| | 雄 | 4 | 3.5 |

#### (2) 使用年限

用作繁殖的鲢亲鱼,长江、珠江流域使用不得超过 12 足龄,黄河、黑龙江流域使用不得超过 15 足龄。鲢各年龄组雌鱼个体平均繁殖力如表 3-2 所示。

表 3-2 · 鲢各年龄组雌鱼个体平均繁殖力(长江流域)

| 年龄(龄) | 体重(kg) | 体重均值(kg) | 体长(cm) | 体长均值(cm) | 绝对怀卵量(粒) |
|---|---|---|---|---|---|
| 3 | 2.2~3.7 | 2.83 | 47.4~56.0 | 50.78 | 94 044~1 016 238 |
| 4 | 4.5~6.6 | 5.84 | 60.7~69.0 | 65.74 | 534 620~1 227 736 |
| 5 | 6.8~7.7 | 7.23 | 69.0~71.0 | 70.12 | 1 146 203~1 970 308 |
| 6 | 7.4~8.3 | 7.83 | 68.0~75.0 | 70.92 | 1 326 344~1 874 262 |

从表 3-2 得出,鲢性成熟后雌性绝对怀卵量随年龄增加而不断增大(3~6 龄),显示旺盛生命力。5 龄后雌性个体绝对怀卵量增长变缓。因而,长江流域鲢亲本繁殖年龄以 4~6 龄为好。

人工催产且人工授精时,雌雄亲鱼配比以(2~3)∶1 为宜;人工催情自然产卵时,雌雄比以 1∶(1.2~1.5)为好。建议性成熟好的亲鱼催产后进行人工授精,发育稍差的亲鱼在人工催情后可进行自然产卵受精。

### 3.2.3 · 催产

生产实践中根据现有亲鱼数量、成熟情况、催产技术、繁殖条件等因素来综合考虑,灵活掌握。

### （1）催产时期和水温

长江流域人工繁殖时间为4月下旬至5月，珠江流域一带可提早1个月进行，华北与东北流域可推迟1个月进行。亲鱼催产水温为20~29℃，适宜水温为24~26℃。

### （2）催产药物与剂量

催产药物主要有绒毛膜促性腺激素（HCG）、鲤脑垂体（PG）、促黄体素释放激素类似物（LRH－$A_2$或LRH－$A_3$），混合激素有鲢鱼欢（催产灵）、多巴胺抑制剂、地欧酮（DOM）等。可单用或混合使用。

### （3）雌鱼不同药物催产总剂量

如表3－3所示，雄鱼减半使用。两针注射时，第一针雌鱼注射总剂量的1/8至1/6，第二针注射余量。雄鱼注射剂量为雌鱼总剂量的一半，且在雌鱼第二针注射时开始注射。两针间距为8~10 h。

### （4）催产效果

不同催产药物、剂量和注射次数对鲢亲鱼人工催产效果见表3－3。

表3－3 不同药物和剂量对鲢亲鱼催产效果（水温23~27℃）

| 药物种类 | 剂　量 | 催产亲鱼组数 | 注射次数（针） | 催产率（%） |
|---|---|---|---|---|
| PG | 3~5 mg/kg | 22 | 2 | 86.4 |
| LRH－$A_2$或LRH－$A_3$ | 5~6 μg/kg | 20 | 2 | 95.0 |
| HCG | 900~1 100 IU/kg | 25 | 1 | 92.0 |
| 鲢鱼欢 | 300 IU/kg | 30 | 2 | 99.7 |
| HCG+LRH－$A_2$ | （600 IU+3 μg）/kg | 24 | 2 | 95.8 |
| HCG+LRH－$A_2$+PG | （800 IU+1~2 μg+2 mg）/kg | 20 | 2 | 95.0 |
| HCG+LRH－$A_2$+DOM | （800 IU+1~2 μg+2~4 mg）/kg | 22 | 2 | 95.6 |

从表3－3可以看出，鲢对催产的不同药物敏感度不一样，尤以混合激素鲢鱼欢及

HCG 与 DOM、LRH－$A_2$ 相配合催产效果较好，催产率在 95%以上。雌鱼 2 针注射比 1 针效果好，但考虑到雌鱼不宜过多操作，也可以采用 1 针注射；雄鱼则采用 1 针注射。

#### （5）效应时间

鲢效应时间与水温密切相关，在适温范围内温度越高效应时间相对越短，呈负相关。一般情况下，水温 23～30℃时的效应时间为 8～18 h。雌鱼两针注射时，效应时间从第二针注射开始时间起计算。通常雌鱼采用 1 针注射的效应时间相对较长一些。

### 3.2.4 · 人工授精

临近效应时间时，勤观察亲鱼发情状况，如水面产生波浪或周边呈现白色泡沫、雄鱼追赶雌鱼并用头部顶雌鱼腹部出现“翻花”或水体出现少许鱼卵且未吸水膨胀时，方可降水将亲鱼捕获进行人工授精。授精时用手压住亲鱼生殖孔，将“担架”提出水面，擦拭去鱼体表水分，轻压腹部将卵挤入盆中，同时将雄鱼精子挤入，用手轻轻搅拌 1～2 min，然后加入清水再搅拌 1～2 min，静置 1 min 后倒掉盆中水，再用清水洗受精卵 2～3 次，最后移入孵化器中孵化。其优点是受精率相对较高，在雄鱼较少的情况下卵子受精有保证。进行人工授精时操作要轻快，防止亲鱼受伤害；还要遮阳，避免精液、卵子及受精卵受阳光直射。如采用自然受精，亲鱼在产卵池完成发情产卵与受精，通过连接管道让其直接流进环道进行流水孵化或定时直接在收集池收卵放入孵化器中孵化。孵化器放卵密度为 50 万～80 万粒/$m^2$。孵化过程中勤洗纱窗，出膜时加大水流。水质始终保持清新干净，无污染物，溶氧维持在 5 mg/L 以上为好。

### 3.2.5 · 孵化

受精卵在水温 25℃孵化约 1 天出膜，出膜后 3～4 天发育至腰点（鳔）长齐成能逆水平游的鱼苗，方可供下池进行苗种培育或对外销售。

（撰稿：罗相忠、郭红会、梁宏伟、邹桂伟）

4

# 鲢苗种培育与成鱼养殖

4.1

# 苗种培育

## 4.1.1 · 池塘条件

鲢苗种池面积以 2 600~4 000 $m^2$ 为宜,水深要求 0.5~1.8 m,池底应平坦,少淤泥,壤土或沙壤土为好。鱼池不渗漏,水源充足,水质清新,进排水方便。放苗种前应干池暴晒或清整消毒。

## 4.1.2 · 苗种放养

池塘消毒并注水,待毒性消失或经苗种“试水”确定安全后方可投放,在进水管口装有过滤密眼网布,防敌害生物及杂物入池。苗种可清水下池亦可肥水下池,投放时选择晴天,在上风口进行。注意与池水温差,温差大则内外水体先平衡后再投放。投放鲢苗密度为 40 万~60 万尾/667 $m^2$,实行单养。培育大规格鱼种则进行混养,可投放 3~4 cm 的鱼种 6 000~8 000 尾/667 $m^2$,其中鲢占 60%~65%,混养鳙 10%、草鱼 30%;或混养鳙 10%、鲤 20%、草鱼 10%;或混养鳙 15%、草鱼 20%;或混养青鱼 35%~40%。

## 4.1.3 · 饲养管理

水花鱼苗通常用熟鸡蛋蛋黄浆开口,每 10 万尾投喂 1 个蛋黄,将其化水成浆并用密眼网过滤后在小箱体中投喂。鱼苗下池后,依据水体肥度可采用泼洒经浸泡发酵而成的豆浆、浸泡发酵的微颗粒饼肥或生物肥等方法进行培苗。具体用量:黄豆(干重)每天 3.0~4.0 kg/667 $m^2$,1 周后增至 5~6 kg/667 $m^2$;或浸泡的菜饼、豆饼粉或微颗粒料(干重)每天 2.0~2.5 kg/667 $m^2$;或生物肥每周 1 次,每次 2.0~2.5 kg/667 $m^2$。豆浆或饼肥兑水全池泼洒,每天上午、下午各 1 次。当鱼苗长至 3 cm 以上时需分池稀养。大规格鱼种培育可投喂配合粉状或微颗粒饲料或面粉、米糠类等浮性料。日投饲量为鱼总重的 6%~10%;随鱼体长大,投饲量则逐渐减至鱼总重的 3%~5%。投饲做到“四定”。每天做到早、晚巡池两次,查看苗种吃食、活动与健康状况,发现问题及时处理,并做好鱼病预防工作。鲢水花鱼苗下池时水深 30~50 cm;随鱼个体长大,可定期加注新水,至培育后期水深可达 1.5~1.8 m。也可在鱼种培育期定期开启增氧机;经常采用施肥或加水来调节水体肥度。此外,还可用微生态制剂调水,通常选用液态 EM 菌,其有效活菌数≥200 亿个/ml。EM 菌采用泼洒的方式使用,用量为 1 000 g/667 $m^2$(水深 1 m),每 7~8 天泼洒 1 次,泼洒前将 EM 菌搅拌均匀,并按照使用量 500~1 000 倍稀释后使用。培育鲢苗种是一项精细活,一定要尽职尽责,精心投喂,把控好水质并做好管理日志。

# 成鱼养殖

## 4.2.1 · 养殖池塘的环境条件

### (1) 池塘条件

池塘土质为壤土、黏土或沙壤土,保水性能好。养殖池的底质应无工业废弃物和生活垃圾、无大型植物碎屑和动物尸体;底质无异色、异臭。鲢养殖池宜为长方形,东西向,面积可以根据实际情况来确定,一般为 3 000~7 000 $m^2$。水深 2.0~2.5 m。塘基坚固,不渗漏。池底的四周都统一设有坡度,以避免死角。淤泥层的厚度保持在 10~15 cm 比较合适。此外,还要在池塘内配备增氧设施,增氧设施要根据鱼的密度酌情配备,一般每 2 500~3 500 $m^2$ 水面配备 1 台 1.5 kW 的增氧机。

### (2) 注水、施肥

池塘经清整消毒后,要暴晒 2~3 天,然后再往池内注水,第一次往池内注水 1 m 左右即可。进水后要及时施基肥,用发酵过的有机肥 200~400 kg/667 $m^2$,堆在池四周的浅滩处。另外,还可以加施氨水 5~10 kg/667 $m^2$、过磷酸钙 1.0~1.5 kg/667 $m^2$,兑水均匀地泼洒到水面上,以培育饵料生物,使池水水色为油绿色或茶褐色,透明度 25~30 cm。池水中主要生物因子指标是浮游生物总量 60~100 mg/L。

## 4.2.2 · 鱼种放养

### (1) 鱼种来源

从苗种繁育基地引进经检疫过的鱼种,或引进苗种培育成亲本再繁殖的苗种。放养鱼种应体质健壮,无伤病,鳞片、鳍条齐全,规格整齐,鱼种全长应在 12~18 cm 以上,以放养大规格鱼种为宜。

### （2）放养时间

池塘养殖鲢鱼种放养有两个时间。第一个时间是每年的11月底到12月上中旬，即秋末冬初。这时水温在5～15℃波动，且在越冬前，鱼体健壮，鳞片紧密、不易受伤，适合鱼种拉网、搬运和放养。第二个时间是冬末春初，即每年的2月中下旬到3月初。冬季，水温在0℃左右，不适合鱼种投放。

### （3）放养密度与模式

放养密度与计划产量、轮捕次数、养殖模式、不同区域等相关，放养密度与计划产量见表4－1。鲢可作为主养品种，也可作搭养品种。滤食性鱼类与吃食性鱼类搭养比例应根据各地鱼池条件、当地饲料和肥料来源、鱼种来源、技术与管理水平等因素来灵活掌握，适当调整。

表4－1 鱼类净产量750 kg/667 $m^2$以上的放养与收获模式（长江流域）

| 种 类 | 放 养 | | | | 收 获 | | | |
|---|---|---|---|---|---|---|---|---|
| | 规格（g/尾） | 数量（尾） | 重量（kg） | 占总放重量（%） | 成活率（%） | 毛产量（kg/667 $m^2$） | 净产量（kg/667 $m^2$） | 占总净产比（%） |
| 鲢 | 250～300 | 200 | 60 | 26 | 95 | 130 | 70 | 9 |
| | 30～100 | 400 | 31 | 14 | 90 | 224 | 198 | 25.6 |
| | 10～20 | 300 | | | 85 | 65 | 61 | 7.8 |
| | 合计 | 900 | 91 | 40 | 90 | 418 | 328 | 42.4 |
| 鳙 | 300～400 | 20 | 7 | 3 | 95 | 418 | 8 | 1 |
| | 30～100 | 30 | 2 | 1 | 90 | 15 | 14 | 1.8 |
| | 合计 | 50 | 9 | 4 | 92 | 16 | 22 | 2.8 |
| 草鱼 | 250～750 | 150 | 75 | 33 | 80 | 300 | 225 | 28.8 |
| | 50～100 | 250 | 19 | 8 | 60 | 113 | 94 | 12 |
| | 合计 | 400 | 94 | 41 | 68 | 413 | 319 | 40.8 |
| 团头鲂 | 50～150 | 80 | 10 | 5 | 95 | 30 | 22 | 208 |
| | 10～15 | 150 | | | 80 | 12 | 10 | 1.3 |
| | 合计 | 230 | 10 | 5 | 85 | 42 | 32 | 4.1 |

续 表

| 种 类 | 放养 | | | | 收获 | | | |
|---|---|---|---|---|---|---|---|---|
| | 规格（g/尾） | 数量（尾） | 重量（kg） | 占总放重量（%） | 成活率（%） | 毛产量（kg/667 $m^2$） | 净产量（kg/667 $m^2$） | 占总净产比（%） |
| 鲤 | 100～200 | 100 | 16 | 7 | 95 | 48 | 33 | 4.2 |
| | 10～15 | 50 | | | 80 | 8 | 7 | 0.9 |
| | 合计 | 150 | 16 | 7 | 90 | 56 | 40 | 5.1 |
| 银鲫 | 10 | 500 | 5 | 2 | 80 | 40 | 35 | 4.5 |
| 青鱼 | 250～750 | 3 | 2 | 1 | 80 | 5 | 3 | 0.4 |
| 累计 | | 2 233 | 227 | 100 | 85 | 1 006 | 780 | 100 |

注：7—8 月可轮捕达到上市规格的鲢、鳙 4～5 次。

### 4.2.3 · 肥料与饲料

以有机肥、生物菌肥、微生态制剂、青饲料和配合饲料组成肥料与饲料系统。

#### （1）有机肥

生产 700 kg/667 $m^2$ 成鱼需有机肥 7 200 kg/667 $m^2$ 或生物菌肥 50～60 kg/667 $m^2$，实际应用时可配合使用。各类有机肥质量要保持各自的自然含水量，应经发酵腐熟后兑水泼洒使用。绿肥要求鲜嫩。

#### （2）青饲料

常用的鱼类青饲料有野生陆草、人工种植的黑麦草和苏丹草及各种嫩菜叶等。生产 700 kg/667 $m^2$ 成鱼需青饲料 8 000～9 000 kg/667 $m^2$。其质量要求鲜嫩、适口、无毒。

### 4.2.4 · 养殖技术

#### （1）施肥

施肥有施基肥与追肥两种。施基肥时一次施足。总体施肥原则为做到看水色、看鱼活动、健康与吃食情况、看天气变化、看水体肥度（透明度大小）、看水温、看肥料来源、看池塘条件等，灵活掌握。

### （2）水质观测与调控

良好的水质，一般大多为绿褐色和茶褐色。这种水，一般春、夏、秋季每天都有变化，即早淡、晚浓。这是池塘养鱼所追求和保持的水质。凡不好的水质，一般为蓝绿色、砖红色、淡灰色和黑灰色或乳白色。这些不好的水质，都发生在夏天高温季节，而且无早、晚淡浓变化。鱼池水质调控技术是建立在池塘生态学的基础上，通过鱼池水质周年和季节性变化规律，并在鱼类饲养过程中对水质变化的具体观测综合进行人工调控。

池塘水质调控的具体方法：对于蓝绿色和砖红色水，采取大量换水至尾水处理池处理、搅动水体增氧，必要时局部用硫酸铜或络合碘等药杀，配合加水防泛塘、增施磷肥或微生态菌肥等综合方法进行调控。对于淡灰色和黑灰色水，采取补磷或增施磷肥的方法调节。对于乳白色水，采用杀虫剂药杀浮游动物和增施化肥的方法进行调节。如果施化肥方法效果不佳，显示水体中还缺乏其他营养素，则采取施用适量腐熟的有机肥配合调节。鲢养殖池应定期补水，补水次数：3—4 月每月加水 1～2 次；5—6 月每月加水 2～3 次；7—8 月每月加水 3～4 次，高温季节 5～7 天就要加注新水 1 次；9—10 月每月加水 2～3 次。加水量依池塘水位高低、渗水情况灵活掌握，一般每次加水 20 cm 左右。当池塘保水性能好、水位高时，可抽提原池水冲回原池。机械增氧调节：开动增氧机，能直接使池水平面流动、上下水层翻动，并有吸入水面上的空气溶于水中增加氧气的作用。特别是天气剧烈变化之前和之后应进行池塘增氧，以防止鱼类严重浮头和泛塘。

（撰稿：罗相忠、沙航、梁宏伟、邹桂伟）

# 鲢养殖病害防治

随着高密度、集约化水产养殖模式的快速发展，鲢病害种类和发病频率不断增多，危害程度不断加剧，已对鲢养殖业造成巨大的经济损失。据估算，2021 年全国鲢病害造成的经济损失约 6 亿元。

对于鲢病害的防控措施，主要是预防疾病的发生。鲢病害难以治疗的主要原因有两个方面：一是鲢在水中的活动情况不易被观察到，一旦能观察到疾病发生，通常都已经比较严重，治疗比较困难；二是鲢一般食用天然饵料，很难进行内服药物治疗。因此，只有贯彻“全面预防、积极治疗”的方针，采取“无病先防、有病早治”的防治方法，才能做到减少或避免鲢疾病的发生。

## 5.1 病害发生的原因与发病机理

### 5.1.1 · 非病原性疾病

环境胁迫因子、营养代谢障碍、机械损伤等非病原生物因素引起的鱼类病害，称为非病原性疾病（non-infectious diseases）。上述非病原性因素中，有的单独引起水产养殖动物发病，有的由多个因素共同作用于水产养殖动物，当这些胁迫因子强度达到一定阈值或持续时间达到一定程度时，就会引发疾病。在当前高密度养殖条件下，非病原性疾病发生日益频繁和严重。对于鲢养殖而言，水质是最主要的胁迫因子。

由于高蛋白饲料的大量投喂，残饵、排泄物的分解常常引起水体中氨氮含量过高。氨氮包括非离子氨（$NH_3$）和离子铵（$NH_4^+$）。在中性和酸性水体中，氨氮绝大部分以离子铵的形式存在；在碱性水体中，分子氨的含量随着碱性增加而迅速增加。在室温下，当 pH 为 7.5 时，分子氨含量为 1.2%；而当 pH 为 9 时，分子氨含量上升到 28%。在水中溶解氧充足的情况下，氨氮会被氧化成亚硝酸盐（$NO_2^-$）和硝酸盐。亚硝酸盐和分子氨具有较高的毒性，由鳃丝进入血液，与血红蛋白结合形成高铁血红蛋白，降低运输氧气的能力，使鳃丝呈暗红色，影响鱼的呼吸和摄食甚至导致鱼死亡，长期暴露在这样的环境中则会引起鳃丝肿大和鳃增生，降低鱼体免疫力。水体中分子氨浓度应控制在 0.02 mg/L 以下，同时避免水体 pH 偏高。可通过生物过滤、硝化细菌、有机酸和补充氧气等途径去除和转化有毒的分子氨和亚硝酸盐，还可通过接种藻类和种植水生植物及时吸收和转移水体的总氨氮含量。

### 5.1.2 · 病原性疾病

水产养殖动物因感染病毒、细菌、真菌、寄生虫等病原生物而发生疾病，称病原性疾病。疾病的发生一般是病原体、宿主和环境三者相互作用的结果。

病原体通常寄生于鱼体，直接引起病害。不同种类的病原体对宿主的致病力不同，病毒、细菌等传染性病原生物具有较强的毒力和传播能力，直接引起宿主细胞凋亡，或通过毒素作用于宿主细胞和组织；寄生虫寄生于宿主的不同部位，有的因夺取宿主营养而影响生长，有的则因宿主产生机械损伤而引起炎症或继发性感染。

水产养殖动物（宿主）先天具有抵抗病原微生物感染的能力，但这种免疫力与宿主的年龄、生理状态、营养条件和生活环境等密切相关。如果宿主免疫力较高，则对病原生物不敏感，即不容易感染，或者感染后并不发生病害。因此，疾病发生与否还与宿主的免疫力密切相关。水温、溶解氧、pH 等环境因子不仅影响病原生物生长、繁殖和传播，也严重影响宿主的生理状态和免疫力。

## 5.2 鲢养殖病害生态防控关键技术

对鲢的疾病防控有三条途径，即免疫防控、药物防控和生态防控。生态防控就是通过采用各种生态养殖（ecological aquaculture）措施，达到减少养殖动物疾病发生的目的；药物防控主要是通过养殖动物体内、体外给药，达到杀灭病原、预防和治疗疾病目的的措施和手段。免疫防控主要是指对水产养殖动物接种疫苗，通过受体水产养殖动物对所接种的疫苗产生特异性的免疫应答，从而对与疫苗相应的病原生物产生特异性的免疫保护能力。在我国渔业发展“提质增效、绿色发展、富裕渔民”的政策指导下，药物防控疾病的途径由于存在影响养殖动物的品质以及对养殖环境造成药物污染的问题，必将被免疫防控和生态防控所替代。目前，针对鲢病害的疫苗还未上市。因此，生态防控技术成为保障鲢养殖业健康发展，以及保护水环境安全、水产品质量安全和人类健康的重要保障。病害的生态防控要根据病原的流行病学，通过生物、物理和药物等措施和方法，达到控制传染源、切断传播途径和保护易感宿主的目的，从而预防和控制病害的发生和流行。

### 5.2.1 · 控制传染源的措施

准备养殖前用生石灰、漂白粉或茶饼等药物清塘，杀灭养殖水体和底泥中的病原体；在鱼种放养前，用高锰酸钾或食盐进行消毒，清除体表病原体，防止苗种携带的病原体进入养殖系统；养殖过程中，如果发现鲢死亡，应及时捞出病鱼。

### 5.2.2 · 切断传播途径的措施

根据病原生物的流行病学控制每一个关键环节，阻断病原的发生、繁殖和传播。通过生物过滤、种植水生植物和接种藻类、泼洒益生菌等改善养殖水质，限制水体中病原体的生长和繁殖；用药物杀灭和清除寄生虫的中间宿主，阻断寄生虫的生长发育；利用病原体的宿主特异性进行不同鱼类的合理混养，以减少病原体与易感鱼类的接触；控制鱼类养殖密度，以减少病原体的传播。

### 5.2.3 · 保护易感宿主的措施

通过免疫刺激剂和益生菌等提高宿主免疫能力，降低健康鱼类感染病原生物的风险；改善水质，降低鱼类的环境胁迫，提高免疫力；建立无特定疫病区，避免养殖鱼类与病原体接触。

## 5.3 鲢主要病害防治

鲢常见的细菌性疾病有细菌性败血症、烂鳃病、白头白嘴病和打印病，真菌性疾病有水霉病，寄生虫病有鲢疯狂病、车轮虫病、三代虫病、指环虫病和锚头鳋病，还有近年来新出现的越冬综合征。

### 5.3.1 · 细菌性败血症

病原：有嗜水气单胞菌(*Aeromonas hydrophila*)、温和气单胞菌(*Aeromonas sobria*)，革兰氏阴性菌，呈杆状，两端钝圆，能运动，极端单鞭毛，无芽孢，无荚膜。琼脂平板上菌落呈圆形，灰白色，半透明，表面光滑、湿润、微凸，边缘整齐，不产生色素。R－S 选择性培养基上菌落呈黄色，圆形。

症状与诊断：病鱼口腔、头部、眼眶、鳃盖表皮和鳍条基部充血，鱼体两侧肌肉轻度充血，鳃瘀血或苍白（图5-1）；随着病情的发展，病鱼体表各部位充血加剧，眼球突出，口腔颊部和下颌充血发红，肛门红肿。肠道部分或全部充血发红，呈空泡状，很少有食物，肠或有轻度炎症或积水；肝组织易碎，呈糊状或呈粉红色水肿，有时脾脏瘀血呈紫黑色，胆囊呈棕褐色，胆汁清淡。

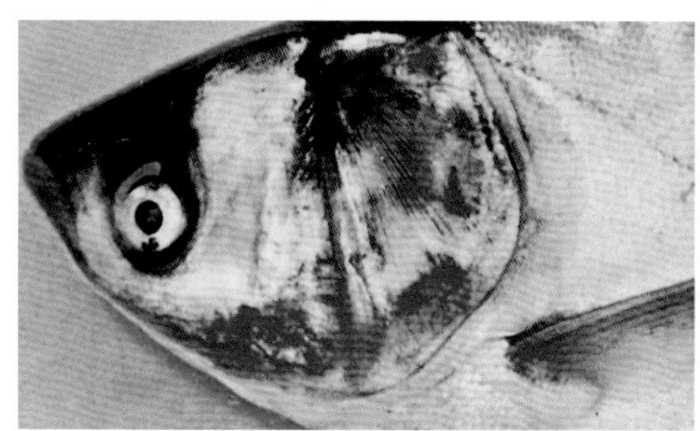
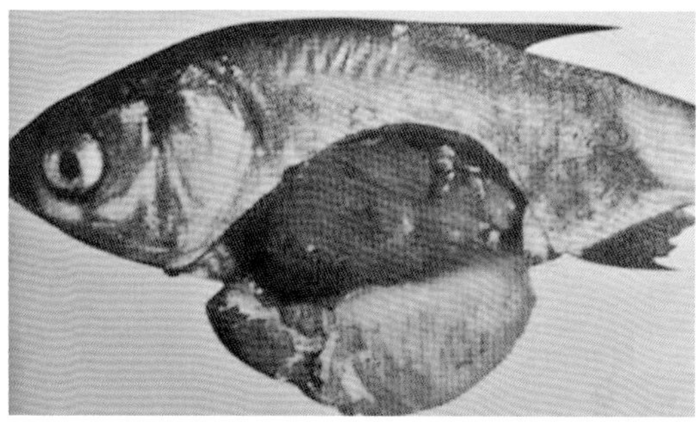

图5-1 · 患细菌性败血症的鱼（头部充血、体表和内脏充血）

流行与危害：细菌性败血症是我国养鱼史上危害鱼的种类最多、危害年龄范围最大、流行地区最广、流行季节最长、造成损失最大的一种急性传染病。在池塘养殖中，一般最早发病的是鲫、鲢，随后是团头鲂、鳙。流行温度在9~36℃，其中28~32℃为流行高峰，7—9月容易急性暴发。该病的发生通常与池塘中淤泥累积、水质恶化、养殖密度过大、投喂变质饲料和池塘未消毒等因素有关。

防治：① 鱼种入池前要用生石灰或漂白粉等药物彻底清塘消毒，池底淤泥过厚时应及时清除；② 鱼种放养前，用2%食盐药浴5 min，或用0.5 mg/L二氧化氯药浴10~20 min，或用10 mg/L漂白粉加8 mg/L硫酸铜药浴10~20 min；③ 经常全池泼洒EM菌粉，以改善池塘水质。

### 5.3.2 · 细菌性烂鳃病

病原：柱状黄杆菌（*Flavobacterium columnaris*）。曾用名：柱状屈挠杆菌（*Flexibacter columnaris*）、鱼害黏球菌（*Myxococcus pisciola*）、柱状嗜纤维菌（*Cytophaga columnaris*）。革兰氏阴性菌，好气兼性厌气菌，菌体细长、柔软易弯曲，两端钝圆。菌体长2~24 μm，无鞭毛，横分裂。在胰胨琼脂平板上，菌落呈黄色，扩散性，中央厚。最适生长温度28℃，氯化钠浓度0.6%以上不生长。

症状与诊断：病鱼在池中离群独游，行动缓慢，反应迟钝，呼吸困难，食欲减退；肉眼检查，病鱼鱼体发黑，特别是头部。鳃丝上黏液增多，鳃丝肿胀、点状充血，呈红白相间

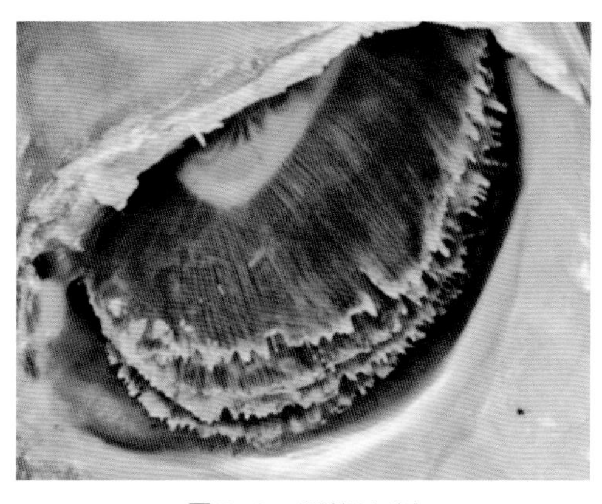

图 5-2 · 患烂鳃病的鱼

的"花瓣鳃";严重时,鳃丝末端坏死、腐烂,软骨外露,鳃瓣边缘黏附大量污泥,病鱼鳃盖内表面充血、出血,中间腐蚀形成一个圆形或不规则的椭圆形透明小窗,俗称"开天窗"(图 5-2);常伴随蛀鳍、断尾情况。

流行与危害:该病全国各养殖区都有流行,常年可见,每年 4—10 月为流行季节,以 7—9 月最为严重。对各种养殖品种的鱼类都有危害,但主要危害草鱼、青鱼、鲢、鳙、鲫。水温 20℃以上开始流行,28~35℃是最流行的温度。常与肠炎、赤皮病并发死亡率高。水中病原菌的浓度越大或鱼的密度越高,鱼的抵抗力越小。水质越差,则越易暴发流行。

防治方法:① 彻底清塘,鱼种下塘前用 2%~4%的食盐水浸浴 5~10 min;② 发病池塘用碘制剂或二氧化氯或生石灰遍洒消毒;③ 动物的粪便中含有该病原,池塘施肥时应经发酵处理;④ 全池泼洒大黄 2~3 mg/L,其用法为每 1 kg 大黄用 20 kg 水加 0.3%氨水(含氨量 26%~28%)置木制容器内浸泡 12~24 h,使药液呈红棕色。

## 5.3.3 · 白头白嘴病

病原:一种黏球菌(*Myxococcus* sp.)。菌落淡黄色,稀薄地平铺在琼脂上,边缘假根状,中央较厚而高低不平,有黏性,似一朵菊花。菌体细长,粗细一致而长短不一。革兰氏阴性菌,无鞭毛,滑行运动。

症状:病鱼从吻端到眼球一端的皮肤色素消退而变成乳白色。唇似肿胀,张闭失灵,造成呼吸困难。口周围皮肤糜烂,微有絮状物黏附其上。在池边观察水面游动的病鱼,可见"白头白嘴"症状;个别病鱼颅顶充血,出现"红头白嘴"症状。病鱼反应迟钝,漂游于下风近岸水面,不久死亡。

流行情况:该病是淡水养殖中夏花培育池中常见的一种严重疾病。一般鱼苗养殖 20 天后,如不及时分塘,易发生该病。病鱼表现为发病快、来势猛、死亡率高,一日之间能造成大量夏花死亡。该病流行于夏季,5 月下旬开始,6 月份为发病高峰,7 月下旬以后少见。我国长江流域各地都有此病发生,尤以华中、华南地区最为流行。

防治方法:① 每 667 $m^2$ 用生石灰 150 kg 或漂白粉 20 kg 清塘消毒;② 合理控制养殖密度,及时分池;③ 发病鱼池,全池泼洒 0.2 mg/L 的二氧化氯或 0.25 mg/L 的聚维酮碘溶液。

## 5.3.4 · 打印病

病原：病原菌为点状气单胞菌点状亚种（*Aeromonas punctata*）。革兰氏阴性菌，短杆状，极端单鞭毛，有运动力，无芽孢。琼脂平板上菌落呈圆形，微凸，表面光滑、湿润，边缘整齐，灰白色。R－S 培养基上的菌落呈黄色。

症状与诊断：在病鱼肛门附近的两侧或尾柄基部，先出现圆形、椭圆形红斑，似在鱼体表加盖红色印章，故称“打印病”（图 5－3）。随着病情发展，病灶中间鳞片脱落，坏死的表皮和肌肉腐烂，病灶直径逐渐扩大和深度加深，形成溃疡，严重的甚至露出骨骼和内脏。病鱼游动缓慢，食欲减退，身体瘦弱，最终因衰竭而死亡。

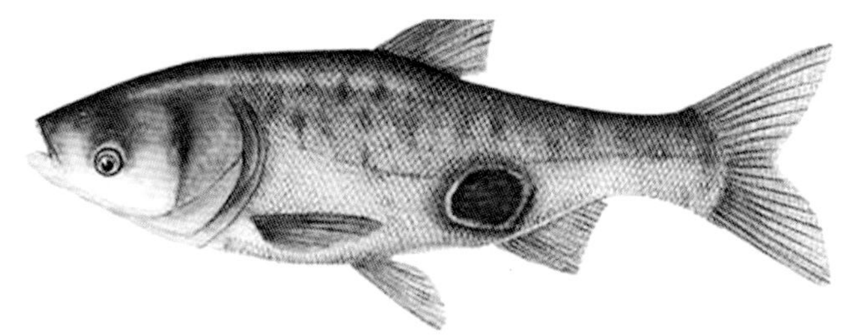

图 5－3 · 打印病症状

流行与危害：鲢从鱼种到亲鱼均可受害，特别是亲鱼更易被感染，严重的发病率可达 80%以上。病程较长，虽不引起大批死亡，但严重影响鱼的生长、商品价值和亲鱼的性腺发育和产卵，严重的可导致死亡。全国各地都有流行，一年四季均可发生，尤以夏、秋季常见。该病原菌为条件致病菌，当鱼体受伤时易感染发病。

治疗方法：① 同细菌性烂鳃病的预防；② 发病池塘可用 1 mg/L 的漂白粉或 0.4 mg/L 的三氯异氰脲酸全池泼洒；③ 每 667 $m^2$ 水体用 2.0～2.5 kg 苦参熬汁，或用五倍子 1～4 g/$m^3$，全池泼洒；④ 亲鱼患病时，可用 1%高锰酸钾溶液消毒病灶。

## 5.3.5 · 水霉病

病原：水霉病又称肤霉病。在我国淡水水产动物的体表及卵上发现的水霉有十多种，其中最常见的是水霉（*Saprolegnia*）、绵霉（*Achlya*）和丝囊霉（*Aphanomyces*）三个属的种类，隶属于卵菌纲（Oomycetes）、水霉目（Saprolegniales）。由于表现出丝状生长等特点，水霉目的种类传统上都归为真菌类，也叫腐生菌。但是，最新的分类系统将卵菌纲从真菌界（Fungi）划分到藻界或不等鞭毛类（stramenopiles）。

症状与诊断：菌丝从伤口侵入时，肉眼看不出异常，当肉眼看到向外长出的棉花样菌丝时，菌丝已深入肌肉，并蔓延扩展；向外生长的菌丝似灰白色棉花状，故称“白毛病”（图

5－4)。病鱼通常在水面游动迟缓。

图 5－4 · 患水霉病的鱼

流行与危害：水霉在淡水水域中广泛存在，在国内外养殖地区都有流行；水霉病虽然一年四季都可发生，但水霉菌繁殖的适温为 13～18℃，早春和晚冬最易发生；鱼体受伤是水霉病发生的重要诱因，捕捞、运输、体表寄生虫寄生和越冬冻伤等均可引起鱼体表受伤，导致水霉病发生。

当环境条件不良时，外菌丝的尖端膨大成棍棒状，同时其内积聚稠密的原生质，并生出横壁与其余部分隔开，形成抵抗恶劣环境的厚垣孢子(*Chlamydospore*)，有时在 1 根菌丝上反复进行数次分隔，形成 1 串念珠状的厚垣孢子。在环境适宜时，厚垣孢子就萌发成菌丝或形成动孢子囊。水霉的有性繁殖是通过藏卵器中卵孢子与雄器内雄核结合形成受精的卵孢子，最后藏卵器壁分解后释放出的休眠孢子经过几个月萌发成有短柄的动孢子或菌丝。

由于霉菌能分泌一种酵素分解鱼组织，鱼体受刺激后分泌大量黏液，病鱼表现为焦躁不安，运动不正常；患病后期，病鱼游动迟缓，食欲减退，最后瘦弱而死。

防治方法：① 捕捞、运输后，用 2%～5%的食盐溶液浸洗 6～10 min；② 用 400 mg/L 的食盐+400 mg/L 的小苏打(碳酸氢钠)合剂浸泡病鱼 24 h；③ 0.16～0.20 mg/L 的二氧化氯全池泼洒，隔天重复 1 次；④ 3～5 mg/L 的五倍子全池泼洒，维持 24 h 换水，连续使用 2～3 次。

## 5.3.6 · 鲢疯狂病

病原：为鲢碘泡虫(*Myxobolus drjagini*)，也叫杜氏碘泡虫。该病只感染鲢，主要寄生在神经系统和感觉系统，如脑、脊髓、脑颅腔的拟淋巴液、脑神经等处。

症状与诊断：由于病原体侵入鱼的中枢神经系统和感觉器官，病症不严重的病鱼作波浪式旋转运动，表现出极度疲乏无力；严重的病鱼在水中离群独自狂游乱窜，抽搐打转，经常跳出水面又钻入水中，反复多次，最后死亡。病鱼头大体瘦，尾部极度上翘，头部呈黄色，脑血管充血，肝脏发紫，有时有腹水。

杜氏碘泡虫寄生于鲢脑与头皮，可形成白色孢囊，大部分孢囊呈圆形（图 5－5）。孢子正面观呈椭圆形，下端稍尖，缝脊宽而弯曲，孢子表面光滑。孢子长 11.0~14.0 μm，两极囊呈梨形，大小相差较大，呈“八”字形分开，极丝 6~7 圈；囊间突明显。

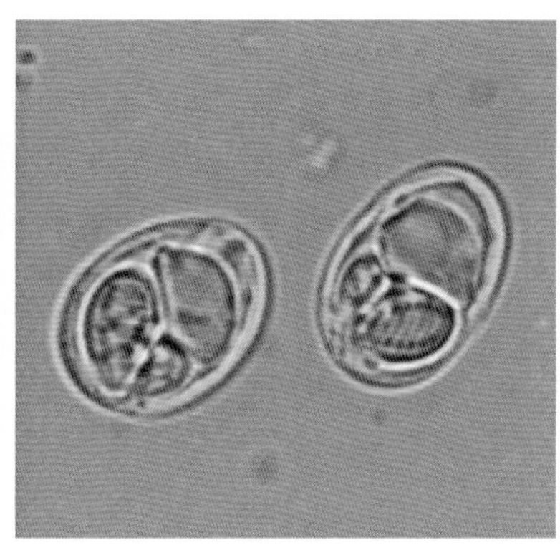

图 5－5 · 寄生鲢脑颅腔的杜氏碘泡虫包囊及孢子形态

流行与危害：此病主要发生在 2 龄的鲢，可引起大批死亡。在浙江、江苏、湖北、湖南等地区都有发生，其中尤以杭州地区最为严重，且在池塘、湖泊、水库中都有发生。夏花饲养阶段的鲢被鲢碘泡虫感染后，7—9 月多为营养体阶段，到 10 月份后逐渐形成孢子。越冬的鱼种，脑颅腔内即可见到白色包囊，次年 5 月份包囊内的孢子排到体内各器官，部分排出体外，进入水体和底泥，成为传染源。该病一年四季都可发生，以春秋两季较为普遍。

防治方法：由于药物很难进入孢子，且药物对脑部寄生虫的作用有效，故此病要着重于预防。① 每 667 $m^2$ 水体用 125 kg 的生石灰彻底清塘，杀灭底泥中的孢子和寡毛类中间宿主，切断传播途径；② 冬天鱼种放养前，用 500 mg/L 的高锰酸钾溶液浸泡 30 min，可杀灭大部分孢子；③ 7—9 月，处于营养阶段的病原可用 0.5 mg/L 的敌百虫溶液全池遍洒，可降低感染率。

## 5.3.7 · 车轮虫病

病原：车轮虫（*Trichodina*）为淡水鱼类中常见的纤毛虫，寄生于鲢的鳃和体表，寄生种类有显著车轮虫（*T. nobillis*）、杜氏车轮虫（*T. domergues*）、卵形车轮虫（*T. oviformis*）、微小车轮虫（*T. minuta*）和眉溪小车轮虫（*T. myakkae*）等。

症状与诊断：病鱼焦躁不安，呼吸困难，集群沿塘边狂游，不摄食，鱼体消瘦发黑，俗称“跑马病”。车轮虫虫体较小，肉眼很难看到，但可见病鱼体表、鳃黏液分泌增多，体表有时有一层白翳。

车轮虫外形侧面观呈帽形或碟形，隆起的一面为口面，另一面为反口面。反口面为圆盘形，周缘有1圈较长的纤毛，在水中不停地波动，使虫体运动。内部结构主要由许多个齿体逐个嵌接而成的齿轮状结构——齿环，运动时犹如车轮旋转，故称车轮虫（图5-6）。

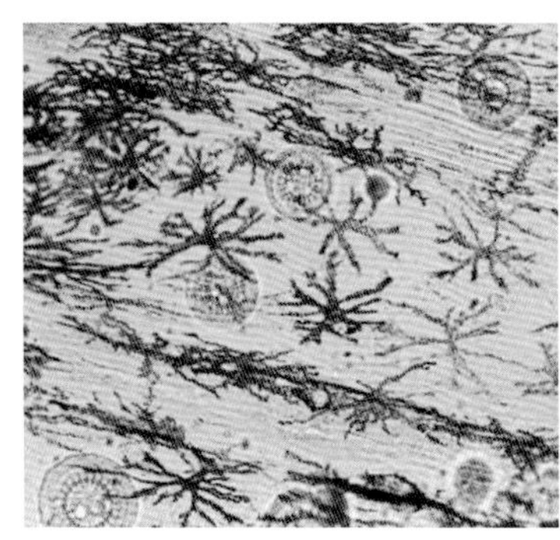
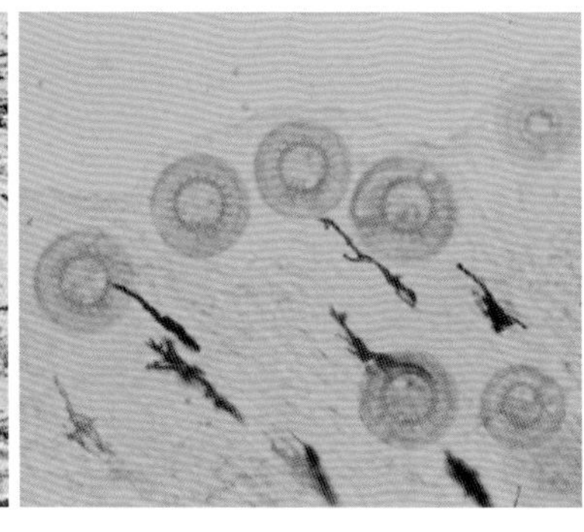
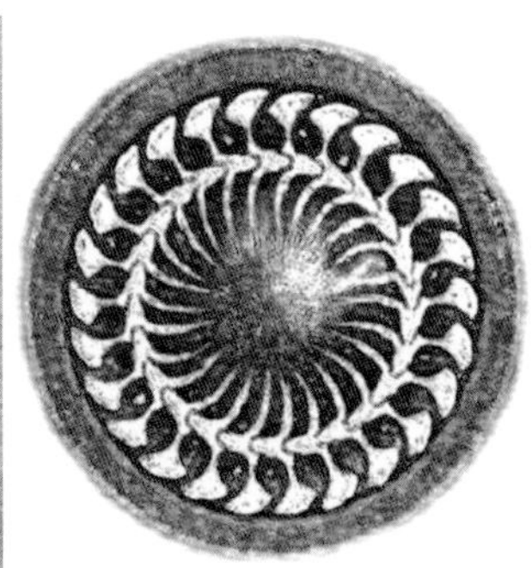

图5-6 · **鱼体表寄生的车轮虫及车轮虫的形态**

流行与危害：车轮虫病的流行范围广泛，我国几乎所有的鱼类养殖区都有可能发生和流行。可以感染几乎所有的淡水养殖鱼类，是淡水养殖鱼类最严重的寄生虫病之一。对鱼的年龄没有选择性，但主要危害苗种。车轮虫一年四季都有发生，但主要发生季节在4—8月；另外，在越冬密养的鱼池中也会出现这种病，并造成危害。车轮虫为兼性寄生的寄生虫，它们离开鱼体一样可以生活，并且随时可以感染鱼类。在水质不良、食料不足、放养过密、连续阴雨等条件下容易发生车轮虫病。

防治方法：① 苗种放养前，用8 mg/L的硫酸铜或2%的食盐溶液浸泡10～20 min；② 治疗用0.7 mg/L的硫酸铜、硫酸亚铁合剂（5∶2）全池遍洒。

### 5.3.8 · 三代虫病

病原：寄生于鲢鳃和体表的三代虫是鲢三代虫（*Gyrodatylus hypophthalmichthysi*）。最新研究发现，感染斑马鱼的三代虫（*G. banmae*）也能大量感染鲢的苗种。三代虫为卵胎生，大约3天一胎；靠宿主间接进行传播，脱落的三代虫在短时间内也能再次感染新宿主。

三代虫虫体较小，一般长0.2～0.5 mm，作蚂蟥状伸缩运动。头器分成2叶，虫体前部无黑色眼点，后端有一膨大呈盘状的固着器，内有1对中央大钩、联接棒和7对边缘小钩。由于三代虫个体较小,肉眼很难看到,但仔细观察鱼体表可发现因三代虫的刺激而导致病鱼分泌一层灰白色的黏液。患病鱼常出现蛀鳍现象,鳃部黏液增多(图 5-7)。

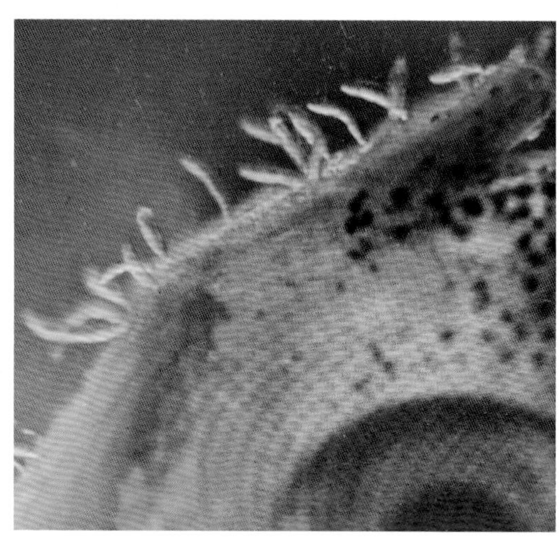
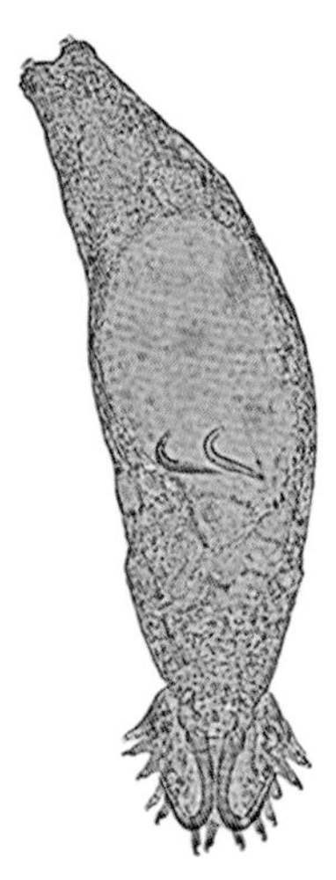

图 5-7 · 寄生于鱼头部的三代虫及其形态

症状与诊断:在感染早期,鱼类会用鳍条刮擦池壁,鱼体表黏液增多。在中度到偏重度感染时,病鱼会出现跳跃行为,在池壁上摩擦鳍条,黏液进一步增多。重度感染的病鱼变得反应迟钝,游动缓慢,经常在水流速较缓慢的地方出现,体表会因为黏液的增多而变得灰白,或者体色暗黑无光泽,背鳍、尾鳍和胸鳍的边缘出现糜烂,食欲减退,呼吸困难。

流行与危害:三代虫病主要发生在春季,全国各地都有发现。以前三代虫病主要流行于长江流域和两广地区,但是,近些年来北方发现的病例较多。三代虫主要危害鲢鱼苗和鱼种。三代虫主要依靠锚钩和边缘小钩固定在鳃丝和体表上,利用口器吸食宿主鳃部的黏液和上皮细胞,直接造成机械损伤,刺激分泌大量的黏液,直接引起宿主死亡。

防治方法:① 0.2~0.4 mg/L 的晶体敌百虫或 0.7 mg/L 的甲苯咪唑全池泼洒;② 0.2 mg/L 的次氯酸钠全池泼洒可以将三代虫从鱼体驱离。

### 5.3.9 · 指环虫病

病原:小鞘指环虫(*Dactylogyrus vaginulatus*)和鲢指环虫(*D. hypophthalmichthys*)。指环虫通常寄生于鱼的鳃部,其生活史不需要中间宿主,通过纤毛幼虫直接感染宿主;每天持续产卵 6~10 枚,1 周左右即可孵化出纤毛幼虫,因此,指环虫病传播迅速。指环虫通常有较强的宿主特异性,即一种指环虫只寄生一种鱼类。指环虫遇到药物等刺激后,会从鱼体脱落,并发生应激性产卵。

指环虫虫体较小,一般长 0.1~2.0 mm,作蚂蟥状伸缩运动;头器分成 4 叶,虫体前部有 4 个黑色眼点,后端有一膨大呈盘状的固着器,内有 1 对中央大钩、联接棒和 7 对边缘小钩。小鞘指环虫虫体稍大,长 0.98~1.40 mm,大钩粗壮,联结片矩形、较宽、中部似有空缺,交接管粗壮而弯曲;鲢指环虫较小,长 0.25~0.60 mm,固着器粗壮,联接棒两端膨大、中间稍弯曲(图 5-8)。

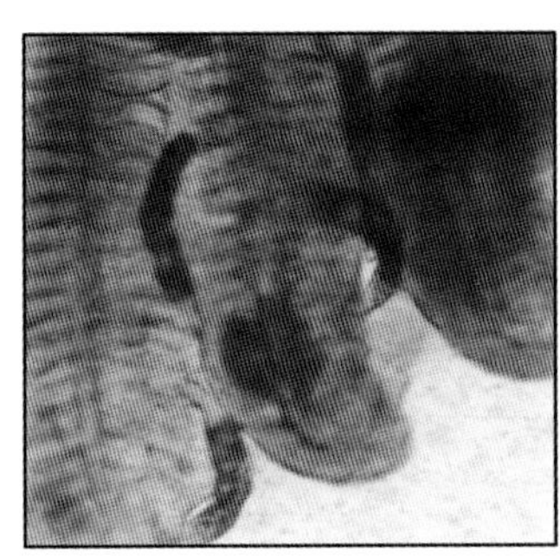
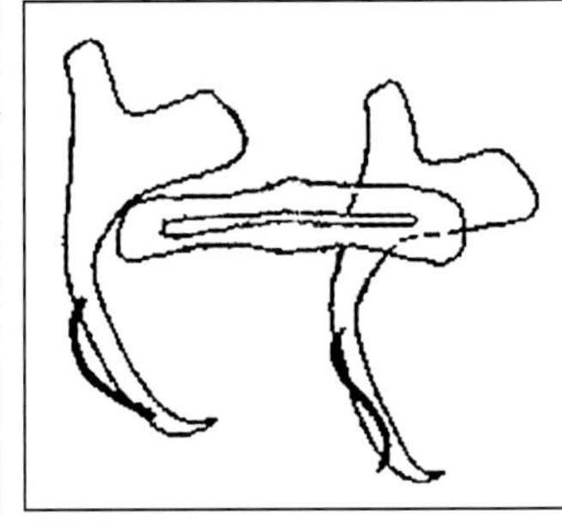
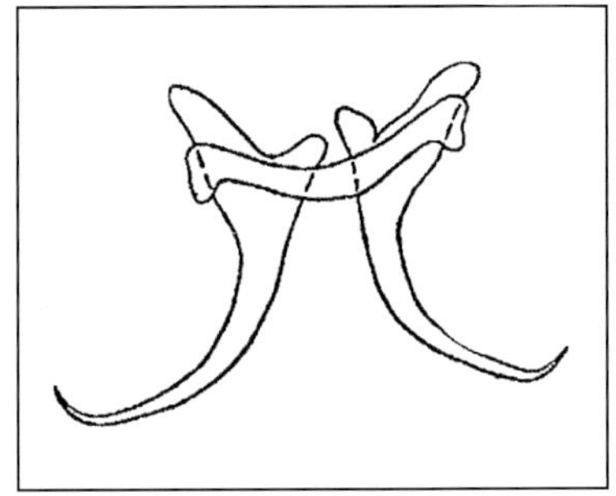

图 5-8 · 鱼鳃部寄生的指环虫及小鞘指环虫和鲢指环虫的锚钩和联结棒形态

症状与诊断: 严重感染指环虫的病鱼,体色发黑,游动缓慢,食欲减退,瘦弱;鳃丝黏液增多,鳃瓣呈灰白色,呼吸困难;幼小的鱼苗常呈现鳃部浮肿,鳃盖难以闭合。

流行与危害: 以前认为指环虫病主要流行区在长江流域,但是,近些年来北方发现的病例越来越多,南方流行的势头也未减弱。鲢的 2 种指环虫主要发生在春季,但在冬末(2 月份)开始就有较高的感染数量,在秋季也有一个感染高峰。指环虫主要危害苗种,但对成鱼的危害也很大。

指环虫主要依靠锚钩和边缘小钩固定在鳃丝上,利用口器吸食宿主鳃部的黏液和上皮细胞,直接造成鳃部的机械损伤,刺激鳃部分泌大量的黏液,影响呼吸功能,直接引起宿主死亡。同时,还会引起病毒、细菌等病原生物的继发性感染。

防治方法: ① 鱼种下塘前,用 1 mg/L 的晶体敌百虫或 16~20 mg/L 的高锰酸钾浸泡鱼体 20~30 min。② 用 0.2~0.4 mg/L 的晶体敌百虫全池泼洒。③ 用 0.1~0.2 mg/L 的晶体敌百虫和碳酸钠(按 1∶0.6 混匀)全池泼洒。由于指环虫受到药物刺激后会发生应急性产卵,所以必须连续用药 2 次,且第 2 次用药应在第 1 次用药后 6~7 天进行,在幼虫成熟前将其杀灭。④ 狼毒大戟的乙酸乙酯提取物也有较好的杀灭效果。

## 5.3.10 · 锚头鳋病

病原: 寄生于鲢体表和口腔的锚头鳋种类是多态锚头鳋(*Lernaea polymorhpa*)。

虫体较大,细长,成虫一般长 6~15 mm,圆筒状,肉眼可见;虫体分头胸、胸、腹三部分,各部分没有明显的界线;头胸部最明显的是几丁质的分角;胸部较长,不分节;腹部有一对卵囊,末端2根尾叉。多态锚头鳋头胸部的背角呈“一”字形,与身体纵轴垂直,向两端逐渐变细,稍向上翘起;在背角左右两侧的中间部向背面各分生出一短枝,有时或缺(图5-9)。腹角短小,位于背角中央,似1对乳突。

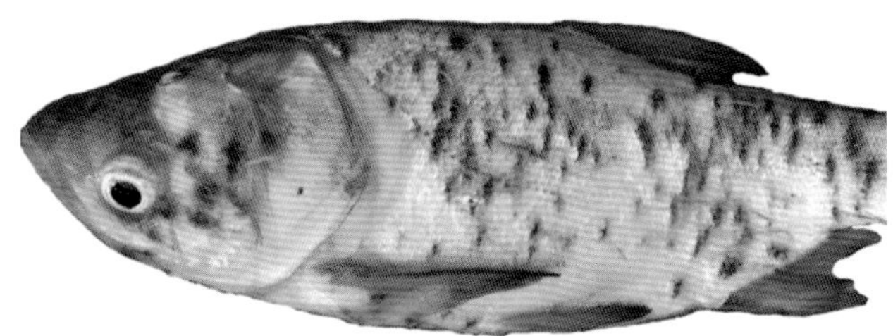
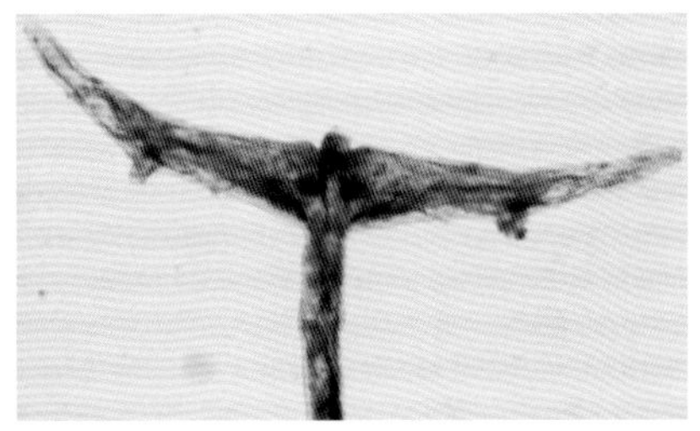

图5-9 鲢体表寄生的锚头鳋及多态锚头鳋形态

由于对不同发育时期锚头鳋的防治策略不一样,因此要仔细分清楚虫体处于“幼虫、童虫、壮虫和老虫”的哪一个时期。幼虫:从无节幼体到第4桡足幼体生活在水中,头胸部有2对触肢,身体节数逐渐增加;第5桡足幼体寄生鱼体表。童虫:寄生鱼体的第5桡足幼体各胸节伸长,头胸部开始出现分角。整个虫体如细毛,白色,无卵囊,着生部位有血斑。壮虫:头胸部分角明显,身体透明,后部常有一对绿色的卵囊。老虫:身体混浊,变软,体表常着生许多藻类或原生动物。

症状与诊断:病鱼在发病初期烦躁不安,食欲减退,继而身体消瘦,行动迟缓。小鱼会失去平衡,活动失常。鱼体表上有突出的红肿斑点,血斑上面有针状物,称“针虫病”;大量感染时,鱼体上好似披着蓑衣,故也叫“蓑衣虫病”。

流行与危害:锚头鳋病在我国呈全国性分布,流行季节在南、北方有所差异,在华南地区春、夏、秋季都能流行,在长江流域及以北地区一般以秋季比较严重。锚头鳋病可致鱼种大面积死亡,也可影响2龄以上鱼的生长和繁殖。虫体在夏季寿命为20天左右,春季1~2个月,而在秋、冬季节可达6~7个月。

锚头鳋依靠几丁质头角插入鱼体肌肉,引起体表寄生部位出血,导致鲢的摄食减少,游动失去平衡,生长发育缓慢,甚至引起其他病原菌的继发性感染。

防治方法:① 用生石灰清塘,杀灭水中幼虫;② 放养鱼种时,如发现锚头鳋寄生,可用10~20 mg/L的高锰酸钾药浴;③ 对发病鱼池,可用菊酯类农药全池泼洒;④ 用90%的晶体敌百虫按0.3~0.5 mg/L的浓度全池泼洒,以杀灭水中的幼虫,每7~10天用药1次,童虫阶段至少用药3次,壮虫阶段需用药1~2次,老虫阶段可不用药,待虫体脱落后即可获得一定的免疫力。

### 5.3.11 · 越冬综合征

病原：鲢在越冬过程中由于营养不足、体表受伤等综合因素导致鱼体免疫力下降，从而受嗜水气单胞菌(*Aeromonas hydrophila*)、维氏气单胞菌(*Aeromonas veronii*)、水霉(*Saprolegnia*)、丝囊霉菌(*Aphanomyces*)等病原感染。

症状与诊断：感染初期部分鱼眼球突出、充血；头部一侧或整体肿胀，甚至溃烂；体表病灶部位鳞片脱落、赤皮及溃烂，偶见伴随竖鳞的情况；鳍条基部充血或出血，部分鱼鳍条腐蚀(图5－10)；随着病程的发展，体表溃烂加深，形成深浅不一的溃疡灶，严重时烂及肌肉甚至露出骨骼。

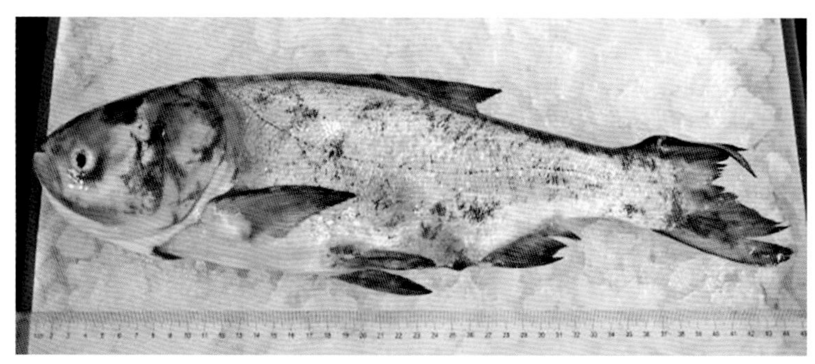

图5－10 · 患越冬综合征的鱼(鳍条基部充血)

流行与危害：流行于早春时节，气温进入上升期，水温上升至10℃左右时开始发病。鲢经历了漫长的冬季，鱼体质虚弱，肠道功能退化，免疫系统和消化系统极为脆弱，有的鱼体在越冬前或越冬过程中体表受过伤，随着温度升高，病原菌活跃度上升，导致病原菌的感染，出现大量死鱼。

防治：① 越冬前和越冬期间强化鱼种培育。② 冬季规范转塘、并塘和鱼种投放等操作。越冬鱼池尽可能不转塘；尽量减少捕捞和转运过程中鱼体机械损伤；鱼种下塘前使用食盐小苏打合剂、高锰酸钾或聚维酮碘等药物进行鱼体消毒。③ 加强管理，防止冻伤。查看鲢活动状况、摄食情况、水质变化情况以及天气变化情况，防止疾病的暴发与流行；越冬期保持一定水位，防止鱼体冻伤。④ 发病后全池泼洒聚维酮碘或生石灰等消毒剂，以杀灭病原体；泼洒生石灰前，池塘水体pH不超过8.5。⑤ 内服天然植物药物，如鱼腥草、大黄、黄芪、大青叶、板蓝根等的合剂。煮水拌饲料投喂或超微粉拌饲料投喂均可，剂量为0.6~0.8 g/kg体重，连续投喂6~7天。

(撰稿：李文祥、周勇)

# 6 贮运流通与加工技术

根据2023年《中国渔业年鉴》统计数据,2022年我国鲢养殖产量达387.98万吨,在全国淡水养殖鱼类中位居第二,仅次于草鱼。湖北、江苏、湖南、四川等地是我国鲢养殖的主要产区,年产量均超过30万吨,其中湖北省是全国唯一鲢年养殖产量超过50万吨的省份。鲢肉质鲜嫩、营养丰富、价格低廉,但由于鲢以摄食浮游生物为主,其土腥味通常较草鱼、鲫、鳊等更重,鲜销烹饪食用的市场接受度低于草鱼、鲫等淡水鱼,这些特点也为鲢规模化的加工提供了基础。目前,鲢已形成了以鱼糜及鱼糜制品、分割调理食品、休闲零食等为主的加工产业,如安井食品、井力水产、湖北土老憨、湖南喜味佳等已发展成为国内具有较大影响力的鲢加工龙头企业,鲢加工产业的发展为渔民增收和渔业增效起到了积极作用。尽管鲢加工已形成了较好的产业基础,但仍存在加工产品种类少、加工比例不高、资源综合利用水平较低等产业问题。近年来,国内外专家学者围绕鲢绿色加工、保质保鲜和高值化综合利用等方面开展了系列基础研究与技术应用开发工作,并取得了显著进展,为促进鲢加工产业可持续发展提供了重要科技支撑。

# 加 工 特 性

## 6.1.1 · 冷冻变性

蛋白质冷冻变性是指蛋白质在冻结过程中分子空间结构发生变化,解冻后蛋白质原有的某些性质发生改变的现象。目前,在学术上对于蛋白质的冷冻变性机制尚未形成统一的共识,主流学说包括结合水分离、水化作用以及细胞浓缩(余璐涵等,2020)。在冻藏过程中鱼肉蛋白的聚集或展开变性会引起各种理化性质的改变,进而导致功能特性变化,具体表现为持水性变差、肌原纤维蛋白溶解性降低、蛋白凝胶形成能力和肌肉组织弹性下降等,最终影响鱼肉的加工品质。与其他大宗淡水鱼类似,鲢肌原纤维蛋白组织比较脆弱,直接进行冻结贮藏极易发生蛋白质冷冻变性,且冻结速度、冻藏温度和时间及贮藏过程中的温度波动是影响蛋白变性程度的重要因素。冻结速率越快、冻藏温度越低,鱼肉蛋白变性程度越小。目前,研究中测定鱼肉蛋白质冷冻变性程度的理化指标主要有蛋白质的空间结构、$Ca^{2+}$-ATPase活性、巯基和二硫键含量、蛋白溶解性以及蛋白表面疏水性等。根据$Ca^{2+}$-ATPase活性评价指标,在-18℃和-50℃冻藏12周的鲢肌原纤维蛋白的$Ca^{2+}$-ATPase活性分别比新鲜鱼肉肌原纤维蛋白降低了55.4%和30.2%,同时也发现不同冻藏温度对$Ca^{2+}$-ATPase活性的下降速率有很大影响,冷冻贮藏温度越高,$Ca^{2+}$-

ATPase 活性下降速率越大(任丽娜,2014)。另外,鱼肉蛋白冷冻变性难易度与原料鱼冻前的新鲜度密切相关。鱼肉冷冻变性不仅会导致蛋白凝胶形成能力下降,也会影响肌肉组织的质构、风味、色泽等食用品质,长时间冷冻的鱼肉往往会出现不同程度的肉质发暗、发柴、鲜味下降等品质劣化问题。

鱼肉蛋白质的冷冻变性在低温贮藏过程中无法避免,目前主要采用添加抗冻剂的方法降低水产品蛋白的冷冻变性程度。常用的抗冻剂主要包括糖类、酚类和以磷酸盐为主的盐类抗冻剂,同时新型抗冻剂如抗冻肽也有研究报道。海藻糖、低聚木糖、麦芽糖、蔗糖等糖和糖醇类物质在实际应用中较为普遍,这些物质含有大量的游离羟基,不仅可以与鱼肉蛋白质活性基团结合,增加蛋白聚集变性的难度,还可以结合水分子,减缓冰晶的形成与生长,从而抑制蛋白质冷冻变性。磷酸盐是另一类常用的抗冻剂,其作用机理主要有以下几个方面:① 磷酸盐可提高鱼肉的 pH,增加蛋白质结合水能力;② 磷酸盐可以螯合肌肉中的金属离子,使肌原纤维蛋白带更多负电荷,提高蛋白持水性能;③ 磷酸盐所提供的离子强度有利于肌原纤维蛋白的溶出和肌动球蛋白的解离,从而增加结合水能力。在实际生产应用过程中可以根据产品品质要求选择一种或几种抗冻剂组合,以提高抗冻效果。

### 6.1.2 · 加热变性

热处理也是导致蛋白质变性的一个重要因素。热处理可以破坏鱼肉蛋白质分子间的共价键,使原本紧密的内部结构变得松散,内部结构逐步散开,肌肉收缩失水、蛋白质热凝固,质构与持水性发生变化。研究发现,不同温度下加热鲢蛋白 5 min,随着温度升高,其溶解度先增大后降低,在 35℃时溶解度达到最大,且在 35℃下随着加热时间延长溶解度增大(陈琼希,2012)。出现这一现象的原因,一方面是由于不溶性蛋白聚集体受热解聚,另一方面是多肽链的适当展开,肽链间形成可溶性聚集体导致。与海水鱼类相比,大宗淡水鱼类栖息水域温度较高,其蛋白质热稳定性高于海水鱼。在不同种类的淡水鱼之间,鲢蛋白质的热稳定性相对较差。鱼的种类、新鲜程度、养殖水域温度以及加工过程中的腌制预处理等工序均会影响蛋白的热变性程度和过程。

### 6.1.3 · 凝胶特性

形成凝胶的能力是鱼肉蛋白在加工过程中重要的理化特性,也是影响鱼糜制品品质优劣的关键因素。肌原纤维蛋白是鱼糜形成弹性凝胶体的主要蛋白组分。在一定食盐浓度(一般 2%~3%)条件下,肌原纤维蛋白在鱼糜斩拌或擂溃过程中充分溶出并形成肌动球蛋白溶胶,经加热等处理后鱼糜溶胶失去可塑性形成富有弹性的蛋白凝胶体。鱼糜凝胶化的方法主要包括热诱导凝胶化、生物发酵诱导凝胶化、酶诱导凝胶化、压力诱导凝胶化等，其中热诱导凝胶化是最常见的鱼糜凝胶形成的加工方式。热诱导的蛋白质凝胶形成需要两步，一是蛋白质受热发生变性和展开；二是蛋白质展开后，疏水基团暴露出来，蛋白分子间相互作用增加，蛋白发生交联而形成聚集体，当聚集体达到一定程度后，形成稳定、连续的网络结构。影响鱼糜凝胶性能的因素有很多，主要包括鱼种、捕获季节、新鲜度、漂洗工艺、擂溃条件以及加热条件和添加剂等。与海水鱼糜相比，淡水鱼糜凝胶形成能力较差，易发生凝胶劣化。目前主要通过添加外源添加剂或配料来提高鱼糜的凝胶强度，常用的添加剂和食品配料有淀粉、亲水胶体、蛋白类物质、有机酸及盐类、酶抑制剂等(王聪，2019)。

### 6.1.4 · 加工适应性

鲢营养丰富、价格低廉，但其肉薄刺多、土腥味较重，在一定程度上限制了其鲜销烹饪食用。研究证实，鲢鱼糜具有较好的白度和凝胶特性，其已成为淡水鱼糜及鱼糜制品生产的主要原料鱼。目前，鲢是我国大宗淡水鱼类加工水平较高的代表性鱼种之一，鲢鱼糜及鱼糜制品、分割调理食品、休闲零食等产业已经形成较大的产业规模，一定程度上促进了我国淡水鱼加工产业的提质增效。随着人们生活方式和消费习惯转变，消费者对于水产食品营养、健康、方便、美味属性的要求更高，鲢加工也需要符合新时代要求，通过技术创新与应用，实现鲢绿色高效加工与高值化综合利用，促进产业可持续发展。

## 6.2 保鲜贮运与加工技术

### 6.2.1 · 低温保鲜技术

鲢含有丰富的蛋白质和较高的水分，在加工与流通过程中易发生腐败变质。一方面，鲢死亡后，通过糖酵解反应降低 pH，ATP 分解升高体温，导致蛋白质变性和肌原纤维收缩进入僵直期。随后内源酶水解蛋白质，肌肉松弛软化进入解僵和自溶期。蛋白质水解生成的代谢物又为微生物的生长提供营养，加速鱼体腐败变质。另一方面，不饱和脂肪酸氧化分解生成的有机物与蛋白质、磷脂等，引起产品风味和感官品质变化。因此，在加工、流通过程中必须采取有效的保鲜措施，以防止其鲜度快速下降和腐败变质。保鲜是指采用冷藏、速冻、气调或使用食品添加剂等方法，使产品基本保持原有风味、形态和营养价值,延长产品保质期的过程。目前,低温保鲜是淡水鱼保鲜中最常用、最直接、最有效的保鲜方法,能够较大限度地抑制微生物和酶的活性,较好地保持鱼肉的鲜度和品质。目前在鲢低温保鲜技术方面的研究和应用主要有冷藏保鲜、微冻保鲜和冻藏保鲜(夏文水等,2014)。

#### (1) 冷藏保鲜

冷藏保鲜,又称冷却保鲜,是指鱼体在低于常温但不低于冻结点温度的条件下贮藏水产品的过程,一般指在 0~8℃条件下保藏的一种保鲜方法。冷却方法主要有冷风冷却、接触冰冷却、冷水冷却和真空冷却。冰藏保鲜是鱼类保鲜中使用最早、应用较普遍的一种冷藏保鲜方式,该方法将冰或冰水混合物与鱼体接触,利用冰或冰水降温达到低温保鲜的效果。鱼体的冷却速度与鱼体的大小、初始温度以及冰量有关。鱼类冰藏保鲜期与鱼的种类、用冰前的鲜度、碎冰大小、冰撒布均匀、隔热效果和环境温度相关。由于冷藏温度不足以使微生物完全被抑制,且规格较大的鱼体降温缓慢,因此该方法仅适用于短期保鲜。王秀等(2017)研究发现,4℃冷藏鲢鱼片的挥发性盐基氮(TVB－N)值、菌落总数值均随贮藏时间的延长而呈增长趋势,第 8 天时,生物胺发生显著变化。针对低温保鲜鲢货架期短的实际问题,在低温基础上组合应用具有抗菌、抗氧化等生物活性的天然物质来延长鱼肉货架期的研究也在逐渐开展。研究表明,经过壳聚糖涂抹处理或添加茶多酚辅助保鲜处理后,4℃冷藏鲢保质期相对于未处理组可以延长 3~5 天(范文教等,2009;张进杰等,2013)。

#### (2) 微冻保鲜

微冻保鲜是将水产品置于产品冰点和-5℃之间的温度范围进行贮藏的一种轻度冷冻保鲜的方法。与冷藏相比,微冻技术所需的贮藏温度更低,可更好地抑制微生物的生长、内源酶活性和脂肪氧化,且与冻藏相比能更好地抑制蛋白质冷冻变性,延缓品质劣变。一般情况下,微冻鱼肉货架期比冷藏产品延长 1.5~3.0 倍。然而,微冻过程中鱼肉表面发生部分冻结现象,生成的冰晶会一定程度上造成鱼肉组织结构的损伤,引起汁液流失增加和鱼肉品质下降。目前,鱼类的微冻保鲜法主要有冰盐混合微冻法、鼓风冷却微冻法和低温盐水微冻法。其中冰盐混合微冻保鲜方法研究较多。近年来,国内外学者对鲢在微冻贮藏过程中品质变化规律进行研究,为微冻保鲜技术在鲢贮运流通中的应用提供理论参考。陈思等(2015)比较了冷藏和微冻条件下鲢品质的变化规律,发现 4℃冷藏和-2℃微冻条件下鲢鱼片的货架期分别为 6 天和 18 天,表明微冻保鲜明显优于冷藏保鲜。张龙腾等(2016)发现-3℃微冻条件下鲢鱼片的 TVB－N 值不断上升,但在 30 天贮藏时间内未超过国家规定的二级新鲜度标准(20 mg/100 g)。由于微冻温度带范围较窄,对于控温设备要求较高,因此微冻保鲜目前多处于研究阶段,在工业生产上的应用还比较有限。

#### (3) 冻藏保鲜

冻藏保鲜指将鱼体中心温度降至-18℃以下并在-18℃冷库中贮藏的保鲜技术,适用于长期保鲜。冻藏使水产品处于冻结状态,有效抑制了微生物生长繁殖和酶活性,减缓体内生化反应进程,延长货架期。姚燕佳等(2011)对不同贮藏条件下的鲢鲜度品质变化情况进行研究,发现-20℃条件下可储藏超过 15 天。然而,经长期冻藏,冰晶的形成及生长使水产品组织结构遭到破坏、蛋白冷冻变性、脂质氧化、质地劣变等,导致其质量随着冻藏时间的延长发生不同程度的损失。目前,国内外学者在鲢冻藏保鲜方面的研究主要集中于产品品质的变化规律、冻藏保鲜工艺优化及新型保水剂开发利用等方面。刘铁玲等(2010)对鲢冻结前后进行全质构分析(TPA)测定,发现冻藏 15 天的鲢硬度、弹性、黏附性、回复性都有所下降。任丽娜(2014)通过鱼肉的保水性、色泽、质构特性、凝胶性等指标研究了鲢鱼肉在冻藏过程中的品质变化。结果表明,随着冻藏时间的延长,鲢鱼肉的品质发生一定程度的劣变。抗冻剂能够抑制冰晶生长,减缓对鱼肉品质的损伤。黄建联(2019)以鲢为原料制备鱼滑,发现在冻藏期间添加抗冻剂能有效减缓鲢鱼滑的品质劣变,防止蛋白质的冷冻变性。

### 6.2.2 · 鱼糜及鱼糜制品加工技术

#### (1) 冷冻鱼糜加工技术

冷冻鱼糜是以鲢为原料,经清洗、采肉、漂洗、精滤、脱水、添加抗冻剂混合而成的能够在低温条件下长期贮存的鱼肉蛋白浓缩物。鱼糜加工已成为我国低值淡水鱼类加工产业发展的一个主要方向。近年来,为了提高以鲢鱼糜为代表的淡水鱼糜品质,国内外学者在冷冻淡水鱼糜加工方面的研究主要集中在漂洗工艺和冷冻保鲜与抗冻保护方面。

① 鱼糜漂洗工艺:漂洗作为鱼糜加工的关键环节,能够较好地去除鱼肉中的有色物质、脂肪、血液、水溶性蛋白质、无机盐类等,从而提高肌原纤维蛋白浓度和鱼糜白度及弹性(袁凯等,2017)。实际生产中通常采用 2~3 次漂洗,鱼肉与漂洗水的比例控制在 1∶(1~5),水温控制在 3~10℃。过低的水温不利于水溶性蛋白质的溶出,过高则易导致蛋白质的变性。此外,漂洗时间不宜过长,一般每次 10 min 左右,否则鱼肉易吸水膨胀影响后续脱水。但是,传统漂洗方法耗水量较大,回收处理成本较高,蛋白损失较多,开展鱼

糜节水漂洗的研究势在必行。国内外研究人员针对漂洗工艺如漂洗次数、漂洗温度、漂洗液种类等对不同鱼糜品质的影响开展了大量研究。研究发现，适当减少漂洗次数能够有效减少蛋白质流失，而适当降低漂洗温度可以有效抑制蛋白质氧化（张顺治等，2022）。也有学者采取了与物理方法相结合的漂洗工艺，以提高漂洗效率并减少用水量。李玮（2015）以羧甲基壳聚糖和臭氧（$O_3$）为漂洗剂，采用超声波辅助漂洗，相对于传统方法，该工艺可节水约 33%，但存在流程复杂、难以实现工业化的问题。因此，减少用水量的新型漂洗方式仍需要更深入地系统研究。

② 冷冻保鲜与抗冻保护技术：鱼糜因水分含量高、营养丰富，易受到微生物污染。冷冻技术因其能有效抑制微生物和酶的活性，降低蛋白质内部的生化反应速度，保持水产品原有的新鲜度和口感而被广泛应用（Liu 等，2019）。鱼糜肌肉细胞之间的水分在冻结时会形成冰晶，而冰晶的生长会对细胞造成机械损伤，从而导致组织结构的破坏。在冻结速率较快时，冰晶的分布更加均匀、数量更多、体积更小，进而减小了对组织结构的破坏（边楚涵和谢晶，2022）。传统的平板式冷冻和风冷冻结等冷冻方式存在冷冻速度慢、占用空间大和资源浪费等问题，在冻结过程中易形成大尺寸冰晶，导致鱼糜品质下降。近年来，国内外涌现出了几种新型冻结技术，可有效调控冷冻过程中的冰晶粒度及分布，改善鱼糜冻结后的品质（陈聪等，2019）。高文宏等（2018）提出了一种液氮协同水溶性大豆多糖冷冻鱼糜的方法，采用该方法可有效缩短鱼糜的冻结时间，减小冰晶的体积，降低冰晶对鱼糜组织结构的损伤程度。还有研究表明，在食品冷冻过程中施加超声波可以诱发冰晶成核、减小冰晶尺寸、缩短冻结时间，提高冷冻食品质量（闫艺伟等，2022）。

冻藏期间是鱼糜发生品质劣变的关键阶段，也间接影响了鱼糜制品的质量（陈竟豪等，2019）。因此冷冻贮藏工艺的调控对保障鱼糜产品的品质具有重要意义。冻藏温度是影响鱼肉中蛋白质冷冻变性程度和速度的关键因素，其直接关系到鱼糜品质和风味。在鱼糜冷链运输中，常常会发生由温度波动引起的冷冻-解冻现象，出现多次冻融循环。在冻融循环中，冰晶会发生重结晶现象，导致小冰晶消失或缩小，在下一次冻结时依附于大冰晶上，最终形成更大的冰晶，从而对组织结构造成更大的破坏。此外，冻融循环也会加速蛋白质的变性和脂肪的氧化，造成产品品质下降，营养流失，弹性降低，口感变差。因此，应在鱼糜生产、加工、储藏和销售等各个环节中严格控制温度，以避免由温度波动造成的冻融循环。

在冷冻过程中加入抗冻剂是目前抑制鱼肉蛋白冷冻变性最普遍的一种手段，主要通过与水相互作用来抑制冰晶生长，或通过与蛋白质分子相互作用来稳定蛋白质结构（杨振和孔保华，2011）。传统的鱼糜抗冻剂以蔗糖、山梨糖醇和多聚磷酸盐复合添加为主，存在热量大、甜度高等问题。近年来,围绕蛋白质水解物、抗冻蛋白、多酚类和藻类提取物等新型绿色抗冻剂方面也开展了大量研究工作。蛋白水解物含有大量的亲水性氨基酸,通过与水相互作用,抑制大冰晶的形成,进而减少冰晶对蛋白结构的机械性损伤,减缓鱼糜蛋白变性(Chen 等,2022)。抗冻蛋白能够吸附到冰-水界面,干扰冰晶生长速度、方向和形状,以减少冰晶对组织结构的破坏,其主要通过热滞活性、冰重结晶抑制活性和修改冰晶形状等方式保护组织免受冷冻损害(Zhu 等,2021;Tirado-Kulieva 等,2022)。然而,目前已报道的新型鱼糜抗冻剂仍存在一些应用问题,如部分蛋白水解物在酶解时会产生明显的苦味,酚类物质和藻类提取物常带有颜色,抗冻蛋白的安全性也需要进一步评估等。新型抗冻剂在冷冻鱼糜中的商业化应用及不同抗冻剂间的协同增效作用仍有待深入研究,以提高鱼糜的抗冻性能和降低应用成本。

### (2) 鱼糜制品加工技术

鱼糜制品是以鱼糜为原料,添加外源物质后经擂溃或斩拌、凝胶成型及熟制,形成的一种富有弹性且具有独特风味的凝胶状水产食品(孙静文,2016)。鱼糜制品是国内外鱼类加工中发展较快、工业化、机械化程度较高的大类产品,具有高蛋白、低脂肪、食用方便等优点,深受消费者的青睐,市场需求旺盛。鱼丸、鱼饼、鱼肠、鱼豆腐等都是生活中比较常见的鱼糜制品。影响鱼糜制品品质的因素众多,主要通过外源辅料的科学复配及对工艺参数的优化,使得鱼糜凝胶质地更为均匀、致密和稳定(施佩影等,2020)。目前国内外学者在鱼糜制品加工方面的研究主要围绕斩拌技术、鱼糜凝胶化方式、外源添加物对鱼糜凝胶品质的调控及鱼糜制品贮运流通过程中品质变化与控制等方面。

① 斩拌技术:在鱼糜制品加工过程中,鱼肉的破碎不仅为其盐溶性蛋白质的溶解提供了先决条件,而且对其凝胶化起到了至关重要的作用。因此,在鱼糜制品加工过程中,斩拌或擂溃是非常重要的一道工序。斩拌主要是以刀头的高速剪切力作用为主,而擂溃则是借助杵头对鱼肉蛋白进行挤压、碾磨和捶打(邓秀蝶等,2022)。焦道龙(2010)研究了鲢鱼糜粒径和微观结构在斩拌和擂溃两种不同破碎方式下的差异。结果表明,在斩拌过程中,鱼糜粒径先降低后升高,但擂溃过程中的鱼糜粒径变化不明显且粒径较大。此外,斩拌的刀头转速过快会使局部过热,导致鱼肉蛋白变性,从而影响鱼糜制品的品质,而擂溃作用时间过长,工业化生产效率低(王蕾等,2018)。破碎最初使用的是擂溃机,通过擂溃使鱼肉破碎。随着食品科技的发展,许多加工企业开始使用斩拌机来代替擂溃机用于生产鱼糜制品。

不同的斩拌温度、转速、时间及盐浓度对鱼糜的质构会产生不同的影响。焦道龙(2010)研究了不同斩拌温度对鲢鱼糜凝胶强度与保水性的影响,得到最适斩拌温度为

5～20℃,温度过高或过低都不利于鱼糜凝胶形成。李贤(2014)发现随着斩拌转速的增加,鱼糜凝胶强度和持水性呈现先升高后降低的趋势。姚志琴(2015)研究了不同斩拌时间对鱼滑预凝胶流变特性和凝胶品质的影响,发现高速斩拌 60 秒后鱼滑预凝胶的动态黏弹性较好,升温过程中具有更大的弹性模量,对凝胶强度和感官评分均有显著的提高,而过度斩拌则会对鱼滑品质造成不利影响。陈雅平等(2016)研究了斩拌过程中加盐量对高质量鱼糜凝胶强度的影响,发现随着含盐量的增加,凝胶强度显著增加,而当含盐量超过 1.5%后,凝胶强度则会降低。

目前,真空斩拌技术已被广泛应用于高质量鱼糜制品的生产加工中。通常认为,真空斩拌的主要功能是去除斩拌过程中混入原料中的空气,防止加热后凝胶中形成气孔。实际上,真空斩拌不仅能脱除气泡,还能促进肌原纤维蛋白结构的伸展,增强蛋白质分子之间的相互作用,促使其形成均匀有序的三维网络结构(郭秀瑾等,2019)。马瑶兰等(2017)以冷冻鲢鱼糜为原料,研究了真空斩拌下氯化钠浓度对鲢鱼糜质量特性的影响,发现与常压斩拌相比,真空斩拌后的鱼糜蛋白凝胶强度增加,持水力上升,而白度降低。通过真空斩拌能够改善鱼糜凝胶的机械性能,且真空度越高,鱼糜凝胶的三维网络越紧凑有序。

② 热诱导凝胶工艺:鱼糜凝胶方式有热诱导凝胶(水浴加热、欧姆加热、微波加热、蒸汽加热)、超声波/微波辅助凝胶、超高压技术诱导凝胶等,传统鱼糜加工一般通过加热来实现凝胶化(李杰等,2010)。加热方式的差异会显著影响鱼糜质构品质,其中以微波加热产品的凝胶网状结构较为优良(朱玉安等,2011;于繁千惠等,2016)。传统的水浴加热和蒸汽加热热量由外部向内部传递,加热速度慢、物料温度梯度大及加热时间长易引起凝胶劣化而导致鱼糜制品品质下降。欧姆加热由于对样品要求高,不能实现过程连续化等缺点而尚未在工业化生产得到普及。

微波加热是一种有效的食物基料加热技术,其能够深入到物料内部使物料整体同时加热,不需要从外到内的热传导过程,具有加热速度快、所需时间短、加热均匀、热转化效率高等优点。在单独微波和水浴微波联用对鲢鱼糜进行热加工的研究中,发现单独微波加热优于传统的二段水浴加热,且水浴微波联用加热效果更为明显(闫虹等,2014)。当采用超声波辅助强化时,功率强度为 0.49 W/cm$^2$ 及以上可以提高鲢鱼糜的凝胶强度和持水力,功率强度越大效果越明显,且不会对鱼糜的白度造成影响(李斌等,2015)。朱玉安等(2011)研究发现,微波加热具有较高的加热速度,制得的鱼糜凝胶品质优于蒸制和煮制。微波加热制得的鱼糜凝胶微观结构紧凑、致密,孔隙小且分布均匀。

③ 外源添加物对鱼糜凝胶品质的调控:在鱼糜凝胶形成过程中,通常需要添加一些

外源物质来改善产品的凝胶特性和感官品质。鱼肉蛋白可与其他聚合物以不同方式相互作用,这取决于它们自身的分子特征和相互作用条件。

多糖以其低廉的价格和良好的凝胶特性被广泛应用于鱼糜制品的生产加工中。不同种类的多糖由于自身结构以及所带电荷不同,对鱼糜凝胶特性的影响也有所差异。淀粉具有较强的保水性和冻藏稳定性,且可以在不影响鱼糜凝胶特性的基础上代替部分鱼糜而达到降低生产成本的目的,故成为鱼糜制品生产中应用最广泛的添加物之一。在黄原胶、卡拉胶、魔芋、瓜尔胶对鲢鱼糜凝胶特性的改良研究中,发现卡拉胶和瓜尔胶能显著增加其凝胶强度和白度(刘海梅等,2011)。在鱼丸加工过程中,添加可得然胶可以显著提高其凝胶强度、持水性和质构特性(李丹辰等,2014)。壳聚糖的脱乙酰度对鲢鱼糜凝胶特性的影响较大,在脱乙酰度为64%时,凝胶强度较大,失水率较少,质构特性得到改善(张茜和夏文水,2010)。

根据蛋白质之间相互作用的方式不同,可将鱼糜制品生产中常用的外源蛋白分为酶类蛋白和非酶类蛋白两大类。谷氨酰胺转移酶是鱼糜生产中最常用的一种酶类蛋白,能够催化肌原纤维蛋白发生交联,随着交联程度的上升,鱼糜凝胶逐渐由黏性转变为弹性和脆性(杨方和夏文水,2015)。在发酵鲢鱼糜产品制备过程中,谷氨酰胺转移酶主要在发酵初期通过增加鱼肉蛋白的交联程度,提高产品的凝胶强度(安玥琦和熊善柏,2015)。而非酶类蛋白质如面筋蛋白能与鱼肉蛋白发生交联反应,促进鱼糜蛋白之间以及鱼糜蛋白与面筋蛋白之间的相互作用,有助于形成具有一定弹性的凝胶结构,进而提高鱼糜凝胶的延展性和质构特性。除此之外,面筋蛋白还能通过与水形成富有黏弹性的网络结构,来填补鱼糜凝胶结构的空隙,从而改善鱼糜的凝胶性能(王嵬等,2017)。

脂类物质对鱼糜制品的质地、多汁性、色泽和风味等特性有重要影响。然而,在鱼糜的生产过程中,为了提高肌原纤维蛋白的浓度,延长保质期,往往在漂洗过程中将鱼肉脂肪漂洗去除,与此同时也降低了产品的风味和口感。因此,通常在鱼糜制品加工过程中添加含高不饱和脂肪酸的外源性油脂,在保持其凝胶性能不受影响的前提下,来弥补鱼糜漂洗过程中脂质的流失,从而提高鱼糜品质。常用的油脂主要有玉米油、大豆油、花生油、椰子油等植物油以及动物脂肪(王卉楠等,2022)。

鱼糜生产过程中往往会发生一定程度的氧化,特别是水分含量较高的鱼糜制品,蛋白质的氧化会影响分子交联和聚集,进而影响凝胶网络结构的形成。因此,需要添加一定的抗氧化剂来抑制氧化反应的发生。多酚是一类具有广泛应用前景的天然抗氧化剂,不仅具有良好的抗氧化性能,还具有与蛋白质相互作用、修饰氨基酸侧链基团、影响蛋白结构和功能性质等方面的重要作用。黄渊等(2019)研究发现,多酚与鲢肌球蛋白之间为自发结合过程。

④ 鱼糜制品贮运流通过程中品质变化与控制：冻藏可以通过抑制微生物生长和酶催化反应来保持食品品质，达到延长保质期的目的，因而在鱼糜制品流通过程中获得广泛的应用，但长时间的冻藏会降低鱼糜制品的品质。目前，对于冻藏过程中鱼糜凝胶制品的品质特性和贮藏稳定性的变化也有广泛的研究报道。

冻藏过程温度的波动导致冰晶的形成以及重结晶，对蛋白分子造成机械损伤，使鱼糜制品持水力降低，汁液流失和蒸煮损失增加。范丽欣等（2022）在研究包心鱼丸在冻融过程油水迁移的变化时发现，随着冻融次数增加，冰晶对鱼丸外皮的凝胶结构产生破坏，导致其持水力显著降低，冻融和蒸煮损失显著增大。冻藏过程中产生的大尺寸冰晶会对鱼糜制品造成物理损伤，使其机械强度降低，质地变硬、粗糙。杨舒琦等（2022）研究了鱼肉肠在−18℃下冻藏时的品质变化，发现在冻藏 120 天后，鱼肠的凝胶强度值下降了 42.83%，弹性下降了 21.15%，而解冻和蒸煮损失增加。

为了调控冻藏过程中鱼糜制品的品质变化，现有研究主要集中在增加鱼糜凝胶结构稳定性和抑制腐败微生物生长繁殖两方面。淀粉作为填充剂和增稠剂使用可以增强鱼糜制品结构的致密性，增强蛋白保水性，进而达到改善鱼糜制品冻藏稳定性的目的（李阳和武红伟，2021）。Jia 等（2020）研究发现小颗粒马铃薯淀粉和小颗粒小麦淀粉在热处理过程中吸水较少，吸水能力弱，导致形成的冰晶较小，对凝胶结构的破坏较小，冻融稳定性较好。此外，Jia 等（2018）还发现，与天然马铃薯淀粉相比，添加低糊化温度慢回升马铃薯淀粉的鱼糜凝胶冷冻后冰晶更小，结构损伤更小，表明其对凝胶结构具有保护作用。谢青青等（2019）研究发现，冻融过程中添加谷氨酸钠和乙醇的鱼糜凝胶，其菌落总数、TVB－N 和 2－硫代巴比妥酸值的升高速率显著低于对照组，并且谷氨酸钠和乙醇能显著延缓凝胶持水性、白度和弹性的下降。

### 6.2.3 · 罐藏加工技术

罐藏是一种能够常温下长期保藏食品的方法，其原理是通过适当的热处理杀灭食品中微生物和酶，达到商业无菌要求，结合真空包装实现常温长期保藏。我国水产罐头加工已经初具规模，产品主要有清蒸类、调味类、油浸类等。杀菌是罐藏食品生产中的关键工艺环节，与产品品质紧密相关。鱼类由于水分含量高、肉质软嫩，经过高强度热杀菌后常会出现不同程度的质构软烂、品质下降等问题。尽管近年来许多冷杀菌技术相继问世，如脉冲电场、高静水压、紫外处理等，但与传统热杀菌技术相比，新兴冷杀菌技术仍存在杀菌效果不够理想、应用成本较高等问题。热杀菌技术因其简单、有效的特点仍然被广泛地应用于食品工业中。目前，国内外对提高鱼罐头品质的研究主要集中于杀菌工艺的优化。Matekalo 等（1998）研究了在使用添加剂与天然香辛料对高温和巴氏杀菌后鲢鱼肉感官品质的影响，优化了添加配方，表明高温杀菌比巴氏杀菌后的制品更有感官接受性。除块状鱼肉外，鲢鱼糜罐头也广受消费者关注，张迎东(2019)以鲢鱼肉为原料，通过添加大豆分离蛋白、淀粉、白胡椒粉等提高鱼肉的弹性和风味，制得鲢鱼糜罐头，最终确定其最佳工艺为：最适杀菌温度为118℃，玉米淀粉添加量为12%，大豆分离蛋白的添加量为3%，白胡椒粉的添加量为0.3%，制得的鱼糜罐头口感适宜，风味良好。风味是影响罐藏食品接受度的重要质量属性之一，鱼罐头加工过程中的调味处理主要是利用多种调味料赋予鱼肉适宜风味，并除去异味、增加香味。目前关于鱼罐头调味的研究较多，Naseri 等(2011)研究了不同调味液对鲢鱼罐头脂肪氧化及品质的影响，发现添加卤水与大豆油比橄榄油和葵花油的酸败度高，并且鱼肉中脂肪酸与调味油中的相互迁移导致最终产品脂肪酸种类相似。

鱼类罐头在加工和贮藏过程中有时会出现腐败变质现象，如胀罐、酸败、黑变、霉变等，鱼类罐头的腐败问题比较复杂，与鱼的种类、特性、化学成分、加工方法以及配方等都有密切关系。造成鱼类罐头腐败变质的主要原因有以下几点：① 初期腐败。在鱼罐头封口后等待杀菌时间过长，罐内微生物生长繁殖使得内容物腐败变质，初期腐败可因罐内真空度下降而使容器在杀菌过程中变形甚至裂漏。因此，要科学安排生产，避免长时间地推迟杀菌时间。② 杀菌不足。如果热杀菌没能杀灭在正常贮运条件下可以生长的微生物，则会出现腐败变质。③ 杀菌后污染。在冷却过程中及以后从外界再侵入的微生物会很快在容器内生长繁殖，并造成胀罐。④ 嗜热菌生长。某些芽孢杆菌可以在很高的温度范围内生长，甚至有些经过121℃、60 min 的杀菌还能存活。因此，若罐内存在嗜热菌，则一般的杀菌处理很难将它们全部杀灭。除腐败变质外，鱼罐头还存在玻璃状结晶和粘罐等现象。玻璃状结晶指的是鱼类罐头产品在加工贮藏过程中产生的无色透明状结晶体，玻璃状结晶的出现会严重降低鱼类罐头产品的商业价值。目前多通过向鱼罐头中添加卡拉胶、羧甲基纤维素钠等增稠剂提高罐内汤汁的黏度，减缓结晶的析出速度，同时使用新鲜度高的鱼类加工原料。对于粘罐现象则可以采用脱膜涂料、在罐内壁涂一层精炼植物油、在罐内衬以硫酸纸等方法来减少黏罐现象的产生。

### 6.2.4 · 副产物利用技术

鱼糜加工是鲢加工的主要模式。鲢鱼糜加工过程中会产生高达60%以上的副产物，包括鱼头、鱼骨、鱼皮、鱼鳞、鱼内脏等(张慧娟等，2021)。因此，合理开发利用鲢加工副产物资源对提高综合利用率、经济效益、社会效益及环境保护具有重要意义，同时也有助于促进鲢加工产业链的延伸和效益提升。

### (1) 鱼头

鲢鱼头是鱼糜加工副产物的主要部分，占所有副产物的 70%~80%，占鱼体总重的 24%~34%。目前，鱼头的加工利用主要有以下几个方面：直接冷冻做成食材或调理预制菜，用于餐饮业；加工成鱼粉，用作饲料；从中提取生物活性成分，如：磷脂、硫酸软骨素，胶原蛋白等。研究表明，鲢鱼头中具有一定量含 ω-3 型多不饱和脂肪酸的磷脂，是良好的天然磷脂来源。王然然等(2020)通过优化鲢鱼头磷脂的提取条件发现，鲢鱼头磷脂的最优提取条件为乙醇体积分数 80%、料液比 1∶10、提取温度 35℃、提取时间 3 h，在此条件下磷脂纯度为 74.45%，磷脂产物提取率为 3.35%，且鲢鱼头磷脂酰胆碱(PC)和磷脂酰乙醇胺(PE)的含量均高于大豆卵磷脂，具有较好的生理活性。王梓博等(2017)研究了鲢鱼头磷脂对菜籽油的抗氧化作用，发现鲢鱼头磷脂的抗氧化效果优于大豆卵磷脂，抗氧化效果与添加量成正比，且鲢鱼头磷脂中的磷脂和脂肪酸组成是其发挥优良抗氧化作用的主要原因。

### (2) 鱼骨

鱼骨通常占鱼体总重的 10%~15%(李军，2020)。鱼骨主要是由胶原蛋白基质组成，磷酸钙以羟基磷灰石的形式附着在其中。鱼骨中含有均衡比例的必需氨基酸和必需脂肪酸，可作为优质的营养素来源，还富含大量的胶原蛋白、维生素和矿物质等营养成分，钙含量可达 4 150 mg/100 g 且钙磷比接近 2∶1，符合人体对钙磷比的需求(何云和包建强，2017)。因此，鱼骨是一种较好的补钙食品，但由于鱼骨质地硬，难以咀碎，故必须进行软化处理，使其硬度降至可食用的程度。鱼骨经软化、粉碎等处理后可用于制作骨糊、骨粉等高钙食品及钙制剂(Jung 和 Kim，2007)。鱼骨中 90%以上的蛋白质为胶原蛋白，且主要为Ⅰ型胶原蛋白，是提取胶原蛋白和明胶的重要来源之一。鲢鱼骨胶原蛋白的提取方法根据介质的不同，可以分为酸或碱提取法、中性盐提取法、超声波辅助提取法以及酶法提取，通常为几种方法联合使用(宫萱等，2022)。冯建慧等(2017)以鲢鱼皮和鱼骨为原料，分别采用酸法和酶法制备酸溶性胶原蛋白和酶溶性胶原蛋白，提取的胶原蛋白纯度较高，均符合Ⅰ型胶原蛋白的特征。目前对于鱼骨的综合利用主要集中在鱼骨食品、鱼粉饲料、提取胶原蛋白和软骨素以及制备钙制剂等方面。

### (3) 鱼鳞

鱼鳞占鱼体总重的 2%~5%，由蛋白质以及羟基磷灰石构成，其中蛋白质约为总重的 60%，主要是胶原蛋白和角蛋白。Jung 等(2007)研究发现鳞片中甘氨酸(Gly)、谷氨酸

(Glu)、羟脯氨酸(Hyp)、精氨酸(Arg)和天冬氨酸(Asp)在鱼鳞蛋白中比例较高,且与钙具有高度的亲和力,对人体骨骼的生长具有积极作用。目前对于鱼鳞的综合利用主要有制备生物活性肽、羟基磷灰石以及饲料营养强化剂等。杨诗宇和李明华(2019)应用单因素和正交实验优化鲢鱼鳞抗氧化活性肽的酶法制备工艺,在加酶量 1 500 U/g、酶解温度 55℃、酶解 pH 8.0、酶解时间为 5 h 条件下,鱼鳞蛋白酶解液的抗氧化活性最高,羟自由基清除率达 90.21%。鱼鳞也是分离胶原蛋白和明胶的重要来源之一,于林(2017)利用木瓜蛋白酶从鲢鱼鳞中提取胶原蛋白后与壳聚糖结合制备复合膜,并研究了茶多酚改性后的胶原蛋白-壳聚糖复合膜对冷藏斜带石斑鱼的保鲜效果,开发了一种新型可食性复合保鲜膜,为来源于鲢加工副产物的胶原蛋白和明胶提供了新的应用途径。

#### (4) 鱼皮

鱼皮中含有大量胶原蛋白,每 100 g 鱼皮中约含蛋白质 67.1 g、碳水化合物 11.1 g、脂肪 0.5 g(吕广英,2012)。鱼皮是提取胶原蛋白和明胶的主要原料之一(冯建慧等,2017),提取得率与提取方式和工艺条件有关(宫萱等,2022)。郑雅爻等(2017)研究了鲢鱼皮明胶的酶法、酸法和热水法 3 种常用的工业提取方法对其凝胶强度、黏度以及膜性能指标的影响,结果表明 3 种提取方法中酶法明胶的黏度和凝胶强度最大,成膜后的酶法明胶膜抗拉强度和断裂延伸率最大,水蒸气透过率最低。此外,通过对明胶改性并与抗菌剂交联可获得具有良好保鲜性能的可食性明胶涂膜,为鲢鱼皮的高值化利用开辟了一条重要途径。张玲等(2016)利用谷氨酰胺转氨酶对鲢鱼皮明胶进行改性并制备复合多肽锌涂膜,发现该涂膜能够有效抑制草鱼脂肪氧化、蛋白分解以及细菌的生长等。李越(2016)利用茶多酚对鲢鱼皮明胶进行改性,并添加壳聚糖制备可食性复合膜,可显著减缓鱼肉的腐败并延长鲜鱼肉的保藏货架期长达 4~5 天。

#### (5) 鱼内脏

鱼内脏主要包括鱼肝、鱼肠、鱼鳔、鱼鳃和鱼类精巢及脂肪组织等,约占鱼体总重的 10%,内脏成分比较复杂,富含脂肪、蛋白质、氨基酸及矿物质(李星等,2019)。此外,鱼内脏含高达 30%~50%的油脂,其中富含 ω-3 系的多不饱和脂肪酸如 DHA(二十二碳六烯酸)和 EPA(二十碳五烯酸),是提取鱼油的重要原料。目前,对于鱼内脏的利用,相较于其他副产物而言,其高值化利用程度较低。利用途径主要包括精制鱼油、蛋白提取、酶制剂提取、利用微生物发酵的方法或者酸水解的方法直接做成鱼饲料、干燥粉碎制成鱼粉等(陈奇和何新益,2007)。对于占鱼体总重比重较小的鱼鳍和鱼尾的加工利用,一方面是直接与其他加工副产物一起加工成鱼粉饲料,另一方面是作为预制菜原料配送餐饮或开发成休闲调味零食食品,具有较好的市场接受度。

鲢加工副产物中蛋白质含量较高,开发蛋白质高效回收利用技术是提高鲢加工副产物高值化利用的关键。目前,蛋白酶水解法是制备鱼副产物蛋白水解物最常用的方法。一些源自微生物的工业食品级蛋白酶(如中性蛋白酶、碱性蛋白酶和复合蛋白酶)、植物来源的酶(如木瓜蛋白酶和菠萝蛋白酶)和动物来源的酶(如胃蛋白酶和胰蛋白酶)已被用于制备蛋白水解物(赵勇等,2021)。采用酶解法制备的鲢鱼鳞胶原蛋白肽在体外抗氧化模型中表现出较强的抗氧化活性及稳定性(Zhong 等,2011)。Duan 等(2010)利用中性蛋白酶与风味蛋白酶复合物,在 pH7.5 和 50℃最佳水解条件下回收鲢副产物蛋白,回收率达到 82%。由此可见,酶法提取蛋白质回收率较高,且对环境污染较小,是目前研究较多的一种蛋白回收技术。近年来,对于鲢鱼糜加工副产物中蛋白质的高值化利用已取得了一些进展,主要体现在:利用蛋白酶解技术制备生物活性肽;制备胶原蛋白和明胶;利用酶解技术制备微生物生长培养基的氮源原料;利用加工副产物中的蛋白质作为蛋白质补充剂;制备反应型调味料等方面。随着鲢加工产业规模的扩大,鲢加工副产物的高值化利用技术对于提升产业综合效益的作用也将更加凸显。

## 6.3 品质分析与质量安全控制

鲢在加工过程中需要对加工原料、加工过程及成品质量等方面建立相应的品质评价方法,确保鲢加工制品的质量安全。对于鲢原料及其生鲜分割制品,可以通过感官评价等方法确定产品品质特性。根据 GB/T 37062—2018《水产品感官评价指南》,不同水产品的感官评价特征性描述有差异性。如对于鲢整体而言,可通过观察眼球、鳃、腹部膨胀程度等方式进行新鲜度鉴别;对于生鲜鱼片而言,可通过观察鱼肉色泽、气味、质地等指标进行新鲜度鉴别,同时根据食品安全国家标准 GB 2733—2015《鲜、冻动物性水产品》规定,生鲜鲢及其分割制品应具有鱼肉应有的色泽、气味(无异味)和正常组织状态等感官要求。此外,根据标准规定鲜冻鲢鱼肉 TVB - N 应小于 20 mg/100 g,TVB - N 限值通常作为判断鱼肉新鲜程度的重要指标。另外,菌落总数和 K 值等指标也是判断产品新鲜度的重要指标。K 值评价是利用核苷酸关联物所占百分比进行分析,K 值越小鱼肉鲜度越高。目前国家标准或行业标准中 K 值未做限值规定,但根据推荐值,当 K 值小于 20%、20%~60%、大于 60%时可认为鱼肉分别处于良好鲜度、中等鲜度及腐败状态。传统的生鲜鱼制品鲜度评价方法存在耗时、复杂、滞后性等缺点。为了克服传统评价方法的局限性，国内外研究人员陆续开发了基于电子鼻分析、光谱分析、智能比色卡等方法，以便更好地满足便捷、准确的分析要求。对于熟制鲢鱼制品，GB 10136—2015《动物性水产品》对菌落总数和大肠菌数有限量规定，两者分别小于 105 cfu/g 和 102 cfu/g。

鱼糜及鱼糜制品是鲢的主要加工产品形式。基于此，国家制定了一系列国家标准促进产业健康发展，包括 GB/T 36187《冷冻鱼糜》、GB/T 36395《冷冻鱼糜加工技术规范》、GB/T 41233《冻鱼糜制品》等产品标准和加工技术规范标准。对于冷冻鲢鱼糜，具有明确的色泽、形态、气味、杂质等感官属性要求，另外根据鱼糜凝胶强度、杂点、水分含量等评价指标，可将鲢鱼糜分成 TA 级~B 级共 9 个级别。对于冻鱼糜制品，也制定了明确的外观、色泽、组织、气味及滋味、杂质等感官属性要求。此外，我国也主持制定了 ISO 23855：2021（Frozen surimi — Specification）国际标准。

对于产品品质和质量安全评价指标的检测方法可依据相应的国家或行业标准，如根据 GB 5009 食品安全系列国家标准中所规定的方法，可对鲢原料及加工产品中的水分、蛋白质、脂肪、灰分、矿物质、重金属元素等进行检测。另一方面，为了保障鲢加工产品卫生安全，企业在生产过程中应根据 HACCP 体系认证要求和相应的操作规程标准来规范生产过程和管理，从而更好地保障产品质量安全和品质。

（撰稿：张成锋、许艳顺、薛婷、余达威）

# 参考文献


[1] 安玥琦,熊善柏.肌原纤维蛋白转谷氨酰胺酶交联程度对鱼糜凝胶及其风味释放影响的研究进展[J].食品科学,2015,36(7):235-239.

[2] 边楚涵,谢晶.冰晶对冻结水产品品质的影响及抑制措施[J].包装工程,2022,43(03):105-112.

[3] 蔡忠华,宋林生,高春萍,等.真鲷转铁蛋白基因的克隆与表达特征分析[J].高技术通讯,2005,15:105-110.

[4] 曹磊,梁宏伟,李忠,等.黄颡鱼神经肽 Y 基因(*NPY*)cDNA 全序列的克隆及其表达特征分析[J].西北农林科技大学学报(自然科学版),2013,41(7):1-7.

[5] 陈聪,杨大章,谢晶.速冻食品的冰晶形态及辅助冻结方法研究进展[J].食品与机械,2019,35(08):220-225.

[6] 陈大庆,段辛斌,刘绍平,等.长江渔业资源变动和管理对策[J].水生生物学报,2002,26(6):685-690.

[7] 陈大庆,刘绍平,段辛斌,等.长江中上游主要经济鱼类的渔业生物学特征[J].水生生物学报,2002,06:618-622.

[8] 陈会娟,刘明典,汪登强,等.长江中上游 4 个鲢群体遗传多样性分析[J].淡水渔业,2018,48(1):20-25.

[9] 陈竞豪,苏晗,马冰迪,等.鱼糜制品品质控制技术研究进展[J].食品研究与开发,2019,40(06):200-206.

[10] 陈楠.团头鲂 PHDs 基因家族参与低氧应答的分子机理解析[D].武汉:华中农业大学,2017.

[11] 陈宁生,施瑔芳.草鱼、白鲢和花鲢的耗氧率[J].动物学报,1955,7(1):43-57.

[12] 陈奇,何新益.鲢鱼及其副产物综合利用与开发研究[J].内陆水产,2007(5):11-13.

[13] 陈琼希.不同处理方式对鲢鱼鱼肉蛋白的影响研究[D].天津:天津科技大学,2012.

[14] 陈蓉.斜带石斑鱼神经肽 Y 基因的克隆、原核表达与功能研究[D].广州:中山大学图书馆,2006.

[15] 陈世喜.卵形鲳鲹肝脏和鳃器官在急、慢性低氧胁迫下的生理组织及相关基因表达变化的研究[D].上海:上海海洋大学,2016.

[16] 陈思,李婷婷,李欢,等.白鲢鱼片在冷藏和微冻条件下的鲜度和品质变化[J].食品科学,2015,36(24):297-301.

[17] 陈雅平,黄秀娟,陈日春,等.斩拌条件对高品质鱼糜制品凝胶强度的影响[J].农产品加工,2016,10(20):22-24.

[18] 邓秀蝶,杨媚,廖嫦雯,等.斩拌对鱼糜凝胶特性影响的研究进展[J].食品安全导刊,2022(29):147-149.

[19] 翟中和,王喜忠,丁明孝.细胞生物学[M].第一版.北京:高等教育出版社,2000.

[20] 丁隆强,何晓辉,李新丰,等. 2016—2018 年长江下游安庆江段四大家鱼仔稚鱼资源调查分析[J]. 湖泊科学,2020,32(4):1116-1125.

[21] 董亮,何永志,王远亮,等. 超氧化物歧化酶(SOD)的应用研究进展[J]. 中国农业科技导报,2013,15(05):53-58.

[22] 樊汶樵. 鲤鱼类胰岛素生长因子-I的克隆和原核表达研究[D]. 雅安:四川农业大学,2007.

[23] 范丽欣. 包心鱼丸冻融蒸煮过程中油水迁移变化及控制研究[D]. 无锡:江南大学,2022.

[24] 范文教,孙俊秀,陈云川,等. 茶多酚对鲢鱼微冻冷藏保鲜的影响[J]. 农业工程学报,2009,25(02):294-297.

[25] 方冬冬,杨海乐,张辉,等. 长江中游鱼类群落结构及多样性[J]. 水产学报,2023,47(2):029311.

[26] 冯建慧,吴晓洒,蔡路昀,等. 鲢鱼鱼皮和鱼骨胶原蛋白的提取及理化性质分析[J]. 中国食品学报,2017,17(7):102-108.

[27] 付连君. "四大家鱼"首个人工选育新品种津鲢养殖技术[J]. 渔业致富指南,2011b(2):12-15.

[28] 付连君. "四大家鱼"首个选育新品种——"津鲢"[J]. 科学种养,2011a(6):48-49.

[29] 高文宏,黄扬萍,曾新安. 一种液氮协同水溶性大豆多糖冷冻鱼糜的方法:中国,108925613A[P]. 2018-12-04.

[30] 宫萱,包建强,黄可承,等. 鱼骨胶原蛋白提取、纯化工艺及应用的研究进展[J]. 食品与发酵工业,2022,48(24):346-351.

[31] 谷伟,王炳谦,高会江. 虹鳟不同养殖群体形态性状变异的初步研究[J]. 水产学杂志,2007,20(2):12-17.

[32] 顾晶. 非受体酪氨酸激酶 c-Abl 调节细胞骨架的机理研究[D]. 合肥:安徽大学,2013.

[33] 郭稳杰. 鲢群体遗传结构及比较基因组作图研究[D]. 中国科学院水生生物研究所. 2013.

[34] 郭秀瑾,尹涛,石柳,等. 真空斩拌和钙离子浓度对白鲢鱼糜胶凝特性的影响[J]. 现代食品科技,2019,35(1):65-71.

[35] 何鹏,江世贵,李运东,等. 斑节对虾 *GLUT1* 基因 cDNA 的克隆与表达分析[J]. 南方水产科学,2019,15(02):72-82.

[36] 何铜,刘小林,杨长明,等. 凡纳滨对虾各月龄性状的主成分与判别分析[J]. 生态学报,2009,29(4):2134-2142.

[37] 何云,包建强. 关于鱼骨成分分析的研究进展[J]. 上海农业科技,2017(4):28-31.

[38] 黄建联. 不同抗冻剂对冻藏鲢鱼滑品质特性的影响[J]. 中国食品学报,2019,19(12):204-212.

[39] 黄建盛,陈刚,张健东,等. 褐点石斑鱼不同月龄形态性状的主成分及通径分析[J]. 水产学报,2017,41(7):1105-1115.

[40] 黄渊,岳世阳,熊善柏,等. 2 种天然抗氧化剂与鲢鱼肌球蛋白的相互作用[J]. 食品科学,2019,40(4):14-20.

[41] 姬长虹,谷晶晶,毛瑞鑫,等. 长江、珠江、黑龙江水系野生鲢遗传多样性的微卫星分析[J]. 水产学报,2009,33(03):364-371.

[42] 焦道龙. 鲢鱼鱼糜的加工工艺以及相关特性的研究[D]. 合肥:合肥工业大学,2010.

[43] 金万昆,杨建新,杜婷,等. 津鲢繁殖力研究[J]. 齐鲁渔业,2009,26(10):11-12.

[44] 邝勇,黄跃生. 缺氧早期大鼠心肌细胞微管损害的观察. 中华烧伤杂志,2007,23(3):172-174.

[45] 李斌,陈海琴,赵建新,等. 超声辅助凝胶化对鲢鱼糜凝胶特性的影响[J]. 食品与发酵工业,2015,41(6):65-69.

[46] 李丹辰,陈丽娇,洪佳敏,等. 可得然胶对鱼丸品质的影响[J]. 河南工业大学学报(自然科学版),2014,35(2):85-88.

[47] 李建农,蒋建东. 微管的生物学特性与药物研究[J]. 药学学报,2003,38(4):311-315.

[48] 李杰,汪之和,施文正. 鱼糜凝胶形成过程中物理化学变化[J]. 食品科学,2010,31(17):103-106.

[49] 李军. 鲢鱼骨胶原多肽的制备及其抗氧化、钙螯合活性的研究[D]. 南昌：江西师范大学,2020.

[50] 李培伦,刘伟,王继隆,等. 马苏大麻哈鱼不同月龄表型性状的主成分与判别分析[J]. 水产科学,2017,36(6)：707－713.

[51] 李思发,吕国庆,L. 贝纳切兹. 长江中下游鲢鳙草青四大家鱼线粒体 DNA 多样性分析[J]. 动物学报,1998,44(1)：82－93.

[52] 李思发,王强,陈永乐. 长江、珠江、黑龙江三水系的鲢、鳙、草鱼原种种群的生化遗传结构与变异[J]. 水产学报,1986,10(04)：351－372.

[53] 李思发. 长江、珠江、黑龙江鲢、鳙、草鱼种质资源研究[M]. 上海：上海科学技术出版社,1990：25－50.

[54] 李思发. 长江重要鱼类生物多样性和保护研究[M]. 上海：上海科学技术出版社,2001,154－162.

[55] 李思忠,方芳. 鲢,鳙,青,草鱼地理分布的研究[J]. 动物学报,1990,036(003)：244－250.

[56] 李玮. 超声波辅助羧甲基壳聚糖与臭氧漂洗改善鲢鱼糜品质及机制的研究[D]. 武汉：华中农业大学,2015.

[57] 李贤. 破碎方式对鱼糜凝胶特性的影响[D]. 武汉：华中农业大学,2014.

[58] 李小芳. 鲢(*Hypophthalmichthys molitrix*)亲本增殖放流遗传效果评估[D]. 重庆：西南大学,2012.

[59] 李星,赵利,朱琳,等. 鱼类内脏的综合利用与研究进展[J]. 粮食与饲料工业,2019(9)：49－52+57.

[60] 李修峰,黄道明,谢文星,等. 汉江中游江段四大家鱼产卵场现状的初步研究[J]. 动物学杂志,2006,41(2)：76－80.

[61] 李阳,武红伟. 淀粉种类对草鱼鱼糜凝胶特性的影响[J]. 渔业研究,2021,43(5)：487－493.

[62] 李勇. 胭脂鱼受精生物学研究[D]. 重庆：西南大学,2007.

[63] 李玉莲,肖勇,夏敏,等. 神经肽 *Y* 受体在摄食调控中的作用[J]. 饲料与畜牧：新饲料,2013(12)：37－39.

[64] 李越. 鲢鱼皮明胶性质分析、改性及可食性明胶复合膜的制备[D]. 武汉：华中农业大学,2016.

[65] 林星桦,叶明慧,潘炎杨,等. 多鳞鱚 PHDs 基因家族序列特征及其在低氧胁迫后表达变化[J]. 广东海洋大学学报,2020,40(6)：1－8.

[66] 刘海梅,鲍军军,张莉,等. 亲水性胶体对鲢鱼糜凝胶特性的影响[J]. 鲁东大学学报(自然科学版),2011,27(1)：51－54.

[67] 刘铁玲,何新益,李昀. 冻藏对鲢鱼、鲤鱼鱼肉质构影响的比较研究[J]. 食品与机械,2010,26(02)：13－14+18.

[68] 刘志凡. 垂体疾病检查方法的进展[J]. 日本医学介绍,1995,16(2)：88－89.

[69] 柳君泽,高文祥,蔡明春,等. ATP 浓度和缺氧暴露对大鼠脑线粒体 RNA 和蛋白质体外合成的影响[J]. 生理学报,2002,54(6)：485－489.

[70] 龙超良,尹昭云,汪海. 慢性间断低氧暴露对大鼠心肌线粒体 ATP 酶及呼吸链酶复合物的影响[J]. 中国应用生理学杂志,2004(03),12－15.

[71] 楼允东. 鱼类育种学[M]. 北京：中国农业出版社,1999：153－190.

[72] 吕广英. 白鲢鱼骨酶解浓汤的制备及风味增强技术研究[D]. 武汉：华中农业大学,2012.

[73] 马淇,刘垒,陈佺. 活性氧、线粒体通透性转换与细胞凋亡[J]. 生物物理学报,2012,28(7)：523－536.

[74] 马瑶兰,熊善柏,尹涛,等. 斩拌方式和氯化钠浓度对白鲢鱼糜品质特性的影响[J]. 现代食品科技,2017,33(8)：182－187.

[75] 马毅,何晓顺. 肝脏移植热缺血损伤的研究进展[J]. 中华肝胆外科杂志,2001,7(8)：508－510.

[76] 冒树泉,王秉利,许鹏. 饥饿不同时间后投喂对许氏平鲉生长及体成分的影响[J]. 水产学杂志,2017,30(1)：26－31.

[77] 潘文杰. 长江宜昌—荆州江段和东洞庭湖鲢、鳙种群特征及饵料生物组成研究[D]. 重庆：西南大学,2019.

[78] 庞美霞,俞小牧,童金苟. 三峡库区 5 个鲢群体遗传变异的微卫星分析[J]. 水生生物学报,2015,39(5)：

869－876.

[79] 邱顺林,刘绍平,黄木桂,等.长江中游江段四大家鱼资源调查[J].水生生物学报,2002,26(6):716－718.

[80] 邱萤,黄桂菊,刘宝锁,等.企鹅珍珠贝 *GLUT1* 基因全长 cDNA 克隆及其对葡萄糖的表达响应[J].南方水产科学,2016,12(05):81－89.

[81] 全国水产技术推广总站.2011 水产新品种推广指南[M].北京:中国农业出版社,2012.

[82] 任丽娜.白鲢鱼肉肌原纤维蛋白冷冻变性的研究[D].无锡:江南大学,2014.

[83] 施佩影,蔡路昀,刘文营.鱼糜制品加工品质影响因素的研究进展[J].中国食物与营养,2020,26(10):36－41.

[84] 孙静文.不同漂洗对草鱼和白鲢鱼糜蛋白及其凝胶性能的影响[D].武汉:华中农业大学,2016.

[85] 田华.鲢鳙长江野生群体和养殖群体微卫星的遗传多样性分析[D].武汉:华中农业大学,2008.

[86] 汪月书,李彩娟,许郑超,等.梭鲈不同月龄性状的主成分分析与判别分析[J].水产养殖,2016,37(4):16－22.

[87] 王春枝,李忠,梁宏伟,等.低氧胁迫对鲢线粒体 ATP 酶活性及 $F_1-\delta$ 基因表达的影响[J].中国水产科学,2014,21(3):452－463.

[88] 王聪.淀粉和亲水胶体对白鲢鱼鱼糜凝胶特性的增效作用研究[D].辽宁:渤海大学,2019.

[89] 王红丽,黎明政,高欣,等.三峡库区丰都江段鱼类早期资源现状[J].水生生物学报,2015,39(5):954－964.

[90] 王卉楠,励建荣,李学鹏,等.鱼糜组分间相互作用对其凝胶特性影响的研究进展[J].中国食品学报,2022,22(09):365－375.

[91] 王际英,苗淑彦,李宝山,等.野生褐牙鲆亲鱼不同卵巢发育期脂肪和脂肪酸组成的分析与比较[J].上海海洋大学学报,2011,20(2):238－243.

[92] 王晶,王英杰.不同膳食对大鼠下丘脑弓状核 *NPY* 表达的影响[J].承德医学院学报,2012,29(3):241－243.

[93] 王蕾,范大明,黄建联,等.破碎方式对白鲢鱼糜凝胶结构的影响[J].食品与机械,2018,34(03):32－38.

[94] 王娜,陈琼,胡成钰.草鱼转铁蛋白基因的克隆及其组织表达[J].水生生物学报,2010,34(1):51－56.

[95] 王然然,王琦,王学东,等.鲢鱼头磷脂的提取工艺优化及乳化性能研究[J].中国油脂,2020,45(04):102－108.

[96] 王淞,曹晓霞,谷口顺彦,等.4 个群体鲢 mtDNA D－loop 的 PCR－RFLP 分析[J].淡水渔业,2010(04):3－9.

[97] 王嵬,马兴胜,仪淑敏,等.面筋蛋白和大米蛋白对鲢鱼鱼糜凝胶特性的影响[J].食品科学,2017,38(11):46－51.

[98] 王伟,陈立侨,顾志敏,等.7 个不同翘嘴红鲌群体的形态差异分析[J].淡水渔业,2007,37(3):40－44.

[99] 王秀,李宗权,刘永乐,等.冷藏期间草鱼和鲢鱼鱼片特征生物胺变化差异[J].食品与机械,2017,33(03):103－109.

[100] 王玉珠,刘皋林,李晓宇.血脑屏障上葡萄糖转运体 1 研究进展[J].中国临床药理学与治疗学,2014,19(9):1057－1060.

[101] 王长忠,梁宏伟,邹桂伟,等.长江中上游两个鲢群体遗传变异的微卫星分析[J].遗传,2008,30(10):1341－1348.

[102] 王梓博,万欣,王文倩,等.鲢鱼头磷脂对菜籽油抗氧化作用分析[J].武汉轻工大学学报,2017,36(03):27－32.

[103] 吴力钊,王祖熊.长江中游鲢鱼天然种群的生化遗传结构及变异[J].水生生物学报,1997,21(2):157－162.

[104] 吴小凤,李小勤,冷向军,等.草鱼瘦素受体基因片段序列的克隆及其组织表达分析[J].生物技术通报,2011(11):118－124.

[105] 吴新燕,梁宏伟,罗相忠,等.不同月龄长丰鲢形态性状对体质量的影响[J].南方水产科学,2021,17(3):62－69.

[106] 吴仲庆.水产生物遗传育种学[M].厦门:厦门大学出版社,1991:52－58.

[107] 夏文水,罗永康,熊善柏,等. 大宗淡水鱼贮运保鲜与加工技术[M]. 北京: 中国农业出版社,2014.

[108] 肖炜,李大宇,邹芝英,等. 四种杂交组合奥尼罗非鱼及其亲本的生长对比研究[J]. 水生生物学报,2012,36(5): 905-912.

[109] 谢青青,杨宏,王玉栋,等. 谷氨酸钠和乙醇对鱼糜制品冻融稳定性的影响[J]. 华中农业大学学报,2019,38(5): 114-121.

[110] 徐嘉伟. 鲢中国本土群体与欧美移居群体遗传差异分析[D]. 上海: 上海海洋大学,2010.

[111] 徐忠东,吴琴. 微管蛋白的研究进展[J]. 安徽教育学院学报(自然科学版),1999(2): 73-74.

[112] 闫虹,林琳,叶应旺,等. 两种微波加热处理方式对白鲢鱼糜凝胶特性的影响[J]. 现代食品科技,2014,30(4): 196-204.

[113] 闫艺伟,章学来,莫凡洋,等. 鱼糜在冻藏阶段的品质影响因素及控制技术[J]. 包装工程,2022,43(19): 152-159.

[114] 严云勤,徐立滨. 鲫鱼卵子发生-皮层小泡的形成和卵黄发生[J]. 东北农业大学学报,1994(1): 81-88.

[115] 杨方,夏文水. 鱼肉内源酶对发酵鱼糜凝胶特性的影响[J]. 食品与发酵工业,2015,41(11): 18-22.

[116] 杨诗宇,李明华. 鲢鱼鱼鳞抗氧化活性肽的酶法制备工艺研究[J]. 广州化工,2019,47(14): 60-62.

[117] 杨舒琦. 大豆拉丝蛋白对鱼糜制品品质特性影响的研究[D]. 福州: 福建农林大学,2022.

[118] 杨振,孔保华. 抗冻剂对冷冻鱼糜蛋白理化和凝胶特性的影响综述[J]. 食品科学,2011,32(23): 321-325.

[119] 姚燕佳,张进杰,顾伟刚,等. 不同储藏温度对鲢鱼鲜度品质的影响[J]. 浙江大学学报(农业与生命科学版),2011,37(02): 212-218.

[120] 姚志琴. 鱼滑类预凝胶鱼糜制品的制备研究[D]. 杭州: 浙江工业大学,2015.

[121] 于繁千惠,孔文俊,韦依依,等. 小麦蛋白和谷氨酰胺转氨酶对 120℃高温处理鱼糜凝胶特性影响的研究[J]. 食品工业科技,2016,37(21): 81-85.

[122] 于林. 白鲢鱼鳞胶原蛋白复合膜的制备以及保鲜效果研究[D]. 上海: 上海海洋大学,2017.

[123] 于燕,梁旭方,李诗盈,等. 大口黑鲈脂代谢相关基因 *NPY*、*UCP2*、*LPL*、*HL* 克隆与分子进化分析[J]. 水生生物学报,2008,32(6): 900-907.

[124] 于悦,庞美霞,俞小牧,等. 利用微卫星分子标记分析长江、赣江和鄱阳湖鲢群体遗传结构[J]. 华中农业大学学报,2016,35(6): 104-110.

[125] 余璐涵,陈旭,蔡茜茜,等. 鱼糜蛋白冷冻变性规律及调控方法研究进展[J]. 食品与机械,2020,36(08): 1-8.

[126] 袁凯,张龙,谷东陈,等. 基于漂洗工艺探究白鲢鱼糜加工过程中蛋白质氧化规律[J]. 食品与发酵工业,2017,43(12): 30-36.

[127] 张春燕,杨烨,陈燕,等. 慢性间歇性缺氧大鼠肾脏组织表达蛋白质组的变化[J]. 泸州医学院学报,2011,255-257.

[128] 张峰. 岩原鲤胰岛素样生长因子-Ⅰ(*IGF-I*)基因的克隆与表达调控研究[D]. 重庆: 西南大学,2008.

[129] 张慧娟,罗永康,谭雨青. 鱼加工副产物中蛋白质高值化利用研究进展[J]. 食品与加工,2021(9): 75-76.

[130] 张杰,田波. 热休克蛋白及其生物学功能[J]. 国外医学外科学分册,2003,30(5): 265-268.

[131] 张进杰,阙婷婷,曹玉敏,等. 壳聚糖、Nisin 涂膜在鲢鱼块冷藏保鲜中的应用[J]. 中国食品学报,2013,13(08): 132-139.

[132] 张玲,马月,罗永康,等. 鲢鱼皮改性明胶复合多肽锌对草鱼的保鲜作用[J]. 食品科学,2016,37(14): 231-236.

[133] 张龙腾,吕健,李清正,等. 鲢鱼片在微冻贮藏中品质、ATP 关联物及关联酶活性变化规律研究[J]. 中国农业大学学报,2016,21(11): 77-83.

[134] 张敏莹,徐东坡,刘凯,等. 长江下游放流鲢群体遗传多样性的微卫星标记分析[J]. 江西农业大学学报,2012,

34(01)：141－146.

[135] 张茜，夏文水. 壳聚糖对鲢鱼糜凝胶特性的影响[J]. 水产学报，2010，34(3)：342－348.

[136] 张顺治，郑文栋，安玥琦，等. 不同漂洗方式的白鲢鱼糜品质比较[J]. 现代食品科技，2022，38(06)：160－168+279.

[137] 张四明，汪登强，邓怀，等. 长江中游水系鲢和草鱼群体 mtDNA 遗传变异的研究[J]. 水生生物学报，2002，26(2)：142－147.

[138] 张堂林，李钟杰. 鄱阳湖鱼类资源及渔业利用[J]. 湖泊科学，2007，19(4)：434－444.

[139] 张迎东，朱晓颖，段蕊. 鲢鱼鱼糜罐头的工艺[J]. 食品工业，2019，40(12)：26－29.

[140] 张志伟. 鲢低氧应激相关基因的克隆与表达分析[D]. 武汉：华中农业大学，2011.

[141] 章力，黄希贵，王德寿. 鱼类胰岛素样生长因子(IGF)系统的研究进展[J]. 动物学杂志，2005，40(2)：99－105.

[142] 赵建，朱新平，陈永乐，等. 珠江卷口鱼不同地理种群的形态变异[J]. 动物学报，2007，53(5)：921－927.

[143] 赵金良，李思发. 长江中下游鲢、鳙、草鱼、青鱼种群分化的同工酶分析[J]. 水产学报，1996(02)：104－110.

[144] 赵霞，刘全宏，王筱冰，等. 细胞骨架纤维间的相互联系[J]. 细胞生物学杂志，2008，30(2)：191－195.

[145] 赵勇，武艺，李玉锋，等. 水产品副产物蛋白回收和高值化利用研究进展[J]. 水产学报，2021，45(11)：1943－1953.

[146] 郑霁，张西联，周军利，等. 微管解聚与心肌细胞缺氧性损害的实验研究[J]. 第三军医大学学报，2006，28(7)：617－620.

[147] 郑雅爻，马月，罗永康，等. 鲢鱼皮明胶提取方法和谷氨酰胺转氨酶改性对明胶结构和膜性能的影响[J]. 食品科学，2017，38(19)：92－99.

[148] 朱晓东，耿波，李娇，等. 利用 30 个微卫星标记分析长江中下游鲢群体的遗传多样性[J]. 遗传，2007(06)：705－713.

[149] 朱玉安，刘友明，张秋亮，等. 加热方式对鱼糜凝胶特性的影响[J]. 食品科学，2011，32(23)：107－110.

[150] Abounader R, Elhusseiny A, Cohen Z, et al. Expression of neuropeptide *Y* receptors mRNA and protein in human brain vessels and cerebromicrovascular cells in culture[J]. J Cereb Blood Flow Metab, 1999, 19(2)：155－163.

[151] Andreas R, Ivica K, Max G, et al. Oxygen-regulated transferring expression is mediated by hypoxia-inducible factor－1[J]. The Journal of Biological Chenistry, 1997, 272(32)：20055－20062.

[152] Aragonés J, Fraisl P, Baes M, et al. Oxygen sensors at the crossroad of metabolism[J]. Cell Metab, 2009, 9(1)：11－22.

[153] Basu N, TodghalTla A E, Ackerman P A, et a1. Heat shock protein genes and their functional significance in fish [J]. Gene, 2002, 295(2)：173－183.

[154] Bjenning C, Hazon N, Balasubramaniam A, et al. Distribution and activity of dogfish *NPY* and Peptide *YY* in the cardiovascular system of the common dogfish[J]. American Journal of Physiology, 1993, 264(6)：1119－1124.

[155] Breitburg D. Effects of hypoxia, and the balance between hypoxia and enrichment, on coastal fishes and fisheries [J]. Estuaries and Coasts, 2002, 25(4)：767－781.

[156] Burtscher M, Pachinger O, Ehrenbourg I, et al. Intermittent hypoxia increases exercise tolerance in elderly men with and without coronary artery disease[J]. Int Journal Cardiol, 2004, 96(2)：247－254.

[157] Carrick F E, Wallace J C, Forbes B E. The interaction of Insulin-like Growth Factors(IGFs) with Insulin-like Growth Factor Binding Proteins(IGFBPs)：a review[J]. Letters in Peptide Science, 2001, 8(3)：147－153.

[158] Champagne E, Martinez L O, Collet X, et al. Ecto-$F_1F_0$ ATP synthase/$F_1$ ATPase：metabolic and immunological functions[J]. Curr Opin Lipidol, 2006, 17(3)：279－284.

[159] Chen L Q, Cheung L S, Feng L, et al. Transport of sugars[J]. Annu Rev Biochem. 2015, 84：865－894.

[160] Chen X Q, Xu N Y, Du J Z, et al. Corticotropin-releasing factor receptor subtype 1 and somatostatin modulating hypoxia-caused downregulated mRNA of pituitary growth hormone and upregulated mRNA of hepatic insulin-like growth factor-I of rats[J]. Molecular & Cellular Endocrinology, 2005, 242(1): 50 - 58.

[161] Chen X, Wu J, Li X, et al. Investigation of the cryoprotective mechanism and effect on quality characteristics of surimi during freezing storage by antifreeze peptides[J]. Food Chemistry, 2022, 371: 131054.

[162] Cho Y S, Bang I C, Lee I R, et al. Hepatic Expression of Cu/Zn-superoxide dismutase transcripts in response to acute metal exposure and heat stress in *Hemibarbus mylodon* (Teleostei, Cypriniformes)[J]. Fish Aqua Sci, 2009, 12(3): 179 - 184.

[163] Cho Y S, Choi B N, Kim K H, et al. Differential expression of Cu/Zn superoxide dismutase mRNA during exposures to heavy metals in rockbream(*Oplegnathus fasciatus*)[J]. Aquaculture, 2006, 253: 667 - 679.

[164] Chourrout D. Gynogenesis caused by ultraviolet irradiation of salmonid sperm[J]. The Journal of experimental zoology, 1982, 223(2): 175 - 181.

[165] Cota R K, Leyva C L, Peregrion U A B, et al. Role of HIF - 1 on phosphofructokinase and fructose 1, 6 - bisphosphatase expression during hypoxia in the white shrimp *Litopenaeus vannamei*[J]. Comparative Biochemistry and Physiology Part A: Molecular & Integrative Physiology, 2016, 198: 1 - 7.

[166] Daisuke S, Ichiro K, Reiko I, et al. Chronic hypoxia aggravates renal injury via suppression of Cu/Zn - SOD: a proteomic analysis[J]. Am J Physiol Renal Physiol, 2008, 294(1): 62 - 72.

[167] Deeming D C, Ferguson M W J. Egg incubation: Its effects on embryonic development in birds and reptiles[J]. Cambridge University Press, 1991: 47 - 49.

[168] Delaney M A, Klesius P H. Hypoxic conditions induce *Hsp70* production in blood, brain and head kidney of juvenile Nile tilapia *Oreochromis niloticus*(L. )[J]. Aquaculture, 2004, 236(1 - 4): 633 - 644.

[169] Diego A R, Daniela A P M, Lazaro C, et al. Cloning of *hif - 1α* and *hif - 2α* and mRNA expression pattern during development in zebrafish[J]. Gene Expression Patterns, 2007, 7: 339 - 345.

[170] Doi Y, Watanabe G, Kotoh K, et al. Myocardial ischemic preconditioning during minimally invasive direct coronary artery bypass grafting attenuates ischemia-induced electrophysiological changes in human ventricle[J]. Japanese J Thorac Cardiov Sur, 2003, 51: 144 - 150.

[171] Duan Z, Wang J, Yi M, et al. Recovery of proteins from silver carp by-products with enzymatic hydrolysis and reduction of bitterness in hydrolysate[J]. Journal of Food Process Engineering, 2010, 33(5): 962 - 978.

[172] Dubern B, Clement K. Leptin and leptin receptor-related monogenic obesity[J]. Biochimie, 2012, 94(10): 2111 - 2115.

[173] Dumont Y, Martel J C, Fournier A, et al. Neuropeptide *Y* and neuropeptide *Y* receptor subtypes in brain and peripheral tissues[J]. Progress in Neurobiology, 1992, 38(2): 125 - 167.

[174] Duvezin-Caubet S E P, Caron M, Giraud M, et al. The two rotor components of yeast mitochondrial ATP synthase are mechanically coupled by subunit δ[J]. Proc Natl Acad Sci, 2003, 100: 13235 - 13240.

[175] Ekblow P, Thesleff I. Control of kidney differentiation by soluble factors secreted by the embryonic liver and the yolk sac[J]. Dev Biol, 1985, 110: 29 - 38.

[176] Engelbrecht S, Junge W. Subunit & of $H^+$ - ATPases: At the interface between proton flow and ATP synthesis[J]. BBA-Bioenergetics, 1990, 1015: 379 - 390.

[177] Feng C, Li X H, Sha H, et al. Comparative transcriptome analysis provides novel insights into the molecular mechanism of the silver carp (*Hypophthalmichthys molitrix*) brain in response to hypoxia stress[J]. Comparative Biochemistry and Physiology - Part D: Genomics and Proteomics, 2022, 41: 100951.

[178] Freedman S J, Sun Z Y, Poy F, et al. Structural basis for recruitment of CBP/p300 by hypoxia-inducible factor - 1 alpha[J]. Proc Natl Acad Sci U S A, 2002, 99(8): 5367 - 5372.

[179] Fujita N, Markova D, Anderson D G, et al. Expression of prolyl hydroxylases(PHDs) is selectively controlled by

HIF－1 and HIF－2 proteins in nucleus pulposus cells of the intervertebral disc: distinct roles of PHD2 and PHD3 proteins in controlling HIF－1α activity in hypoxia[J]. J Biol Chem, 2012, 287(20): 16975－16986.

[180] Genciana T, Simona R, Samuela C, et al. Acute and chronic hypoxia affects HIF－1a mRNA levels in sea bass (*Dicentrarchus labrax*)[J]. Aquaculture, 2008, 279: 150 － 159.

[181] Geng X, Feng J, Liu S, et al. Transcriptional regulation of hypoxia inducible factors alpha (HIF－α) and their inhibiting factor (fih－1) of channel catfish (*Ictalurus punctatus*) under hypoxia[J]. Comp Biochem Physiol B Biochem Mol Biol, 2014, 169: 38－50.

[182] Gong N, Björnsson B T. Leptin signaling in the rainbow trout central nervous system is modulated by a truncated leptin receptor isoform[J]. Endocrinology, 2014, 155(7): 2445－2455.

[183] Gong Y, Luo Z, Zhu Q L, et al. Characterization and tissue distribution of leptin, leptin receptor and leptin receptor overlapping transcript genes in yellow catfish *Pelteobagrus fulvidraco*[J]. Gen Comp Endocrinol, 2013, 182(1): 1－6.

[184] Gracey A Y, Troll J V, Somero G N. Hypoxia-induced gene expression profiling in the euryoxic fish *Gillichthys mirabilis*[J]. Proceedings of the National Academy of Sciences, 2001, 98(4): 1993－1998.

[185] Gui J F, Zhou L. Genetic basis and breeding application of clonal diversity and dual reproduction modes in polyploid *Carassius auratus gibelio*[J]. Science China Life Sciences, 2010, 53(4): 409－415.

[186] Hardie L J, Rayner D V, Holmes S, et al. Circulating leptin levels are modulated by fasting, cold exposure and insulin administration in lean but not Zucker (fa/fa) rats as measured by ELISA[J]. Biochem Biophys Res Commun, 1996, 223(3): 660－665.

[187] Heurteaux C, Lauritzen I, Widmann C, et al. Essential role of adenosine, adenosine Alreceptors, and ATP-sensitive $K^+$ channels in cerebral ischemic preconditioning[J]. Proc Natl Acad Sci. 1995, 92: 4666－4670.

[188] Hong S M, Kang S W, Goo T W, et al. Copper, Zinc-Superoxide Dismutase (Cu/Zn SOD) Gene During Embryogenesis of Bombyx mori: Molecular Cloning, Characterization and Expression[J]. International Journal of Industrial Entomology, 2006, 13(1): 23－30.

[189] Hossain M D, Furuike S, Maki Y, et al. The Rotor Tip Inside a Bearing of a Thermophilic $F_1$ － ATPase Is Dispensable for Torque Generation[J]. Biophys J, 2006, 90: 4195－4203.

[190] Huising M O, Geven E J, Kruiswijk C P, et al. Increased leptin expression in common carp (*Cyprinus carpio*) after food intake but not after fasting or feeding to satiation[J]. Endocrinology, 2006, 147: 5786－5797.

[191] Huo D, Sun L, Ru X, et al. Impact of hypoxia stress on the physiological responses of sea cucumber Apostichopus japonicus: respiration, digestion, immunity and oxidative damage[J]. Peerj, 2018, 6: e4651.

[192] Jain S, Maltepe E, Lu M M, et al. Expression of ARNT, ARNT2, HIF－1 alpha and Ah receptor mRNAs in the developing mouse[J]. Mech Dev, 1998, 73: 117－123.

[193] Jia R, Katano T, Yoshimoto Y, et al. Effect of small granules in potato starch and wheat starch on quality changes of direct heated surimi gels after freezing[J]. Food Hydrocolloids, 2020, 104: 105732.

[194] Jia R, Katano T, Yoshimoto Y, et al. Sweet potato starch with low pasting temperature to improve the gelling quality of surimi gels after freezing[J]. Food Hydrocolloids, 2018, 81: 467－473.

[195] Jones J R, Clemmons D R. Insulin-like growth factors and their binding proteins: biological actions[J]. Endocr ReV, 1995, 16: 3－34.

[196] Jung W, Kim S. Calcium-binding peptide derived from pepsinolytic hydrolysates of hoki (*Johnius Belengerii*) frame[J]. European Food Research and Technology, 2007, 224(6): 763－767.

[197] Kadomura K, Nakashima T, Kurachi M, et al. Production of reactive oxygen species (ROS) by devil stinger (*Inimicus japonicus*) during embryogenesis[J]. Fish Shellfish Immunol, 2006, 21: 209－214.

[198] Kinosita K, Yasuda R, Noji H, et al. A rotary molecular motor that can work at near 100% efficiency[J]. Phil. Trans. R. Soc. Lond. B, 2000, 355: 473－489.

[199] Klein J A, Ackerman S L. Oxidative stress, cell cycle, and neurodegeneration[J]. J Clin Invest, 2003, 111(6): 785 - 793.

[200] Köhnke R, Mei J, Park M, et al. Fatty acids and glucose in high concentration down-regulates ATP synthase $\beta$ - subunit protein expression in INS - 1 cells[J]. Nutritional Neuroscience, 2007, 10: 273 - 278.

[201] Kohno D, Yada T. Arcuate *NPY* neurons sense and integrate peripheral metabolic signals to control feeding[J]. Neruopeptides, 2012, 46(6): 315 - 319.

[202] Kurokawa T, Murashita K, Suzuki T, et al. Genomic characterization and tissue • distribution of leptin receptor and leptin receptor overlapping transcript genes in the pufferfish, *Takifugu rubripes*[J]. Gen Comp Endocrinol, 2008, 158(1): 108 - 114.

[203] Lahiri S, Roy A, Baby S M, et al. Oxygen sensing in the body[J]. Prog Biophys Mol Biol, 2006, 91(3): 249 - 286.

[204] Lando D, Peet D J, Gorman J J, et al. fih - 1 is an asparaginyl hydroxylase enzyme that regulates the transcriptional activity of hypoxia-inducible factor[J]. Genes Dev, 2002, 16(12): 1466 - 1471.

[205] Law S H, Wu R S, Ng P K, et al. Cloning and expression analysis of two distinct HIF-alpha isoforms -gcHIF-1alpha and gcHIF-4alpha-from the hypoxia-tolerant grass carp, *Ctenopharyngodon idellus* [J]. BMC Molecular Biology, 2006, 20: 7 - 15.

[206] Lequarre A S, Feugang J M, Malhomme, O, et al. Expression of Cu/Zn and Mn superoxide dismutases during bovine embryo development: Influence of in vitro culture[J]. Molecular reproduction and development, 2001, 58 (1: ): 45 - 53.

[207] Li H L, Gu X H, Li B J, et al. Characterization and functional analysis of hypoxia-inducible factor HIF1$\alpha$ and its inhibitor HIF1$\alpha$ in tilapia[J]. PLoS One, 2017, 12(3): e0173478.

[208] Lieb M E, Menzies K, Moschella M C, et al. Mammalian EGLN genes have distinct patterns of mRNA expression and regulation[J]. Biochem Cell Biol, 2002, 80(4): 421 - 426.

[209] Lin C T, Tseng W C, Hsiao N W, et al. Characterization, modeling and developmental expression of zebrafish manganese superoxide dismutase[J]. Fish Shellfish Immunol, 2009, 27: 318 - 324.

[210] Liu J H, Fang C H, Luo Y H, et al. Effects of konjac oligo-glucomannan on the physicochemical properties of frozen surimi from red gurnard (*Aspitrigla cuculus*)[J]. Food Hydrocolloids, 2019, 89: 668 - 673.

[211] Liu Y L, Sun J H, Zhang J, et a1. Effects of transferrin on the growth and proliferation of porcine hepatocytes: a comparison with epidermal growth factor and nieotinamide[J]. Chin Med J 2003, 116: 1223 - 1227.

[212] Lluis J M, Morales A, Blasco C, et al. Critical role of mitochondrial glutathione in the survival of hepatocytes during hypoxia[J]. J Biologi Chem, 2005, 280: 3224 - 3232.

[213] Loboda A, Jozkowicz A, Dulak J. HIF - 1 and HIF - 2 transcription factors similar but not identical[J]. Mol Cells, 2010, 29(5): 435 - 442.

[214] Madan A, Varma S, Cohen H J. Development stage-specific expression of the alpha and beta subunits of the HIF - 1 protein in the mouse and human fetus[J]. Mol Genet Metab, 2002, 75: 244 - 249.

[215] Mahon P C, Hirota K, Semenza G L. FIH - 1: a novel protein that interacts with HIF - 1alpha and VHL to mediate repression of HIF - 1 transcriptional activity[J]. Genes Dev, 2001, 15(20): 2675 - 2686.

[216] Manolescu B, Oprea E, Busu C, et al. Natural compounds and the hypoxia inducible factor (HIF) signaling pathway[J]. Biochimie, 2009, 91(11 - 12): 1347 - 1358.

[217] Margaret B L, Thomas S P, Angel P, et al. Analysis of the zebrafish proteome during embryonic development[J]. Mol Cell Proteomics, 2008, 7: 981 - 994.

[218] Martínez-Quintana J A, Peregrino-Uriarte A B, Gollas-Galván T, et al. The glucose transporter 1-*GLUT1*-from the white shrimp *Litopenaeus vannamei* is up-regulated during hypoxia[J]. Mol Biol Rep. 2014, 41(12): 7885 - 7898.

[219] Matekalo S V, Baltic M, Radmili M, et al. Influence of Additives and Heat Treatment on Fish Products Quality [J]. Tehnologija mesa, 1998, 39.

[220] Matteri R L. Overview of central targets for appetite regulation[J]. Animal Science, 2001, 79: E148 – E158.

[221] Minamishima Y A, Moslehi J, Padera R F, et al. A feedback loop involving the Phd3 prolyl hydroxylase tunes the mammalian hypoxic response in vivo[J]. Mol Cell Biol, 2009, 29(21): 5729 – 5741.

[222] Morash B, Li A, Murphy PR, et al. Leptin gene expression in the brain and pituitary gland[J]. Endocrinology, 1999, 140(12): 5995 – 5998.

[223] Morris S. Neuroendocrine regulation of osmoregulation and the evolution of air-breathing in decapod crustaceans [J]. J Exp Biol. 2001, 204(Pt 5): 979 – 989.

[224] Mueller D M. Partial Assembly of the Yeast Mitochondrial ATP Synthase[J]. J Bioenerg Biomemb, 2000, 32: 391 – 400.

[225] Murashita K, Uji S, Yamamoto T, et al. Production of recombinant leptin and its effects on food intake in rainbow trout (*Oncorhynchus mykiss*)[J]. Comp Biochem Physiol B Biochem Mol Biol, 2008, 150(4): 377 – 384.

[226] Narnaware Y K, Peter R E. Effects of food deprivation and refeeding on neuropeptide *Y* (*NPY*) mRNA levels in goldfish[J]. Comparative Biochemistry and Physiology Part B: Biochemistry and Molecular Biology, 2001, 129(2 – 3): 633 – 637.

[227] Naseri M, Rezaei M, Moieni S, et al. Effects of Different Filling Media on the Oxidation and Lipid Quality of Canned Silver Carp (*Hypophthalmichthys Molitrix*) [J]. International Journal of Food Science & Technology, 2011, 46(6): 1149 – 1156.

[228] Ohtsuki S, Kikkawa T, Hori S, et al. Modulation and compensation of the mRNA expression of energy related transporters in the brain of glucose transporter 1-deficient mice[J]. Biological & Pharmaceutical Bulletin, 2006, 29(8): 1587 – 1591.

[229] Oppenheimer S J. Iron and its relation to immunity and in-fectious disease[J]. J Nutr, 2001, 131: 616 – 635.

[230] Parka M S, Yong G J, Choib K, et al. Characterization and mRNA expression of Mn-SOD and physiological responses to stresses in the Pacific oyster *Crassostrea gigas*[J]. Marine Biology Research, 2009, 5: 451 – 461.

[231] Piontkivska H, Chung J S, Ivanina A V, et al. Molecular characterization and mRNA expression of two key enzymes of hypoxia-sensing pathways in eastern oysters Crassostrea virginica (Gmelin): hypoxia-inducible factor α (HIF-α) and HIF-prolyl hydroxylase (PHD) [J]. Comp Biochem Physiol Part D Genomics Proteomics, 2011, 6(2): 103 – 114.

[232] Prentice H M. Decreased temperature as a signal for regulation of heat shock protein expression in anoxic brain and heart: focus on "Expression of heat shock proteins in anoxic crucian carp (*Carassius carassius*): support for cold as a preparatory cue for anoxia" [J]. American Journal of Physiology Regulatory Integrative and Comparative Physiology, 2010, 298(6): 1496 – 1498.

[233] Rahman M S, Thomas P. Effects of hypoxia exposure on hepatic cytochrome P450 1A (CYP1A) expression in Atlantic croaker: molecular mechanisms of CYP1A down-regulation[J]. PLoS One, 2012, 7(7): e40825.

[234] Rastogi V K, Girvin M E. Structural changes linked to proton translocation by subunit c of the ATP synthase[J]. Nature, 1999, 402: 263 – 268.

[235] Rønnestad I, Nilsen T O, Murashita K, et al. Leptin and leptin receptor genes in Atlantic salmon: Cloning, phylogeny, tissue distribution and expression correlated to long-term feeding status[J]. Gen Comp Endocrinol, 2010, 168(1): 55 – 70.

[236] Roy S, Leidal A M, Ye J, et al. Autophagy-Dependent Shuttling of TBC1D5 Controls Plasma Membrane Translocation of GLUT1 and Glucose Uptake[J]. Molecular Cell, 2017, 67(1): 84 – 95.

[237] Ruan W, Ji W W, Zhang L, et al. On hypoxia stress in fish and its nutritional regulation and response[J]. Marine Fisheries, 2020, 42(06): 751 – 761.

[238] Ruben J, Boado. Amplification of blood – brain barrier *GLUT1* glucose transporter gene expression by brain-derived peptides[J]. Neuroscience Research, 2001, 40(4): 337 – 342.

[239] Schurr A, Reid K H, Tseng M T, et al. Adaptation of adult brain tissue to anoxia and hypoxia in vitro[J]. Brain res, 1986, 374: 244 – 248.

[240] Scott M A, Locke M, Buck L T. Tissue-specific expression of inducible and constitutive Hsp70 isoforms in the western painted turtle[J]. Journal of experimental biology, 2003, 206(2): 303 – 311.

[241] Sha H, Luo X Z, Wang D, et al. New insights to protection and utilization of silver carp (*Hypophthalmichthys molitrix*) in Yangtze River based on microsatellite analysis[J]. Fisheries Research, 2021, 241: 105997.

[242] Shahbazi F, Holmgren S, Larhammar D, et al. Neuropeptide *Y* effects on vasorelaxation and intestinal contraction in the Atlantic cod *Gadus morhua*[J]. American Journal of Physiology, 2002, 282(5): 1414 – 1421.

[243] Sipe C W, Gruber E J, Shah M S. Short upstream region drives dynamic expression of hypoxia-inducible factor 1 alpha during *Xenopus development*[J]. Dev Dyn, 2004, 230: 229 – 238.

[244] Sivridis E, Giatromanolaki A, Gatter K C, et al. Association of hypoxia-inducible factors 1alpha and 2alpha with activated angiogenic pathways and prognosis in patients with endometrial carcinoma[J]. Cancer. 2002, 95(5): 1055 – 1063.

[245] Smith C P, Thorsness P E. Formation of an Energized Inner Membrane in Mitochondria with a $\gamma$-Deficient $F_1$-ATPase[J]. Eukaryot Cell, 2005, 4: 2078 – 2086.

[246] Stroka D M, Burkhardt T, Desbaillets I, et al. HIF – 1 is expressed in normoxic tissue and displays an organ-specific regulation under systemic hypoxia[J]. FASEB J, 2001, 15: 2445 – 2453.

[247] Sucajtys-Szulc E, Goykea E, Korczynska J, et al. Chronic food restriction differentially affects *NPY* mRNA level in neurons of the hypothalamus and in neurons that innervate liver[J]. Neuroscience Letters, 2008, 433(3): 174 – 177.

[248] Sudha P M, Wan H Y, Malkeet S, et al. Expression analyses of zebrafish transferrin, ifant, and elastaseB mRNAs as differentiation markers for the three major endodermal organs: liver, intestine, and exocrine pancreas[J]. Developmental Dynamics, 2004, 230: 165 – 173.

[249] Sugawara J, Tazuke S I, Suen L F, et al. Regulation of insulin-like growth factor-binding protein 1 by hypoxia and 3', 5'-cyclic adenosine monophosphate is additive in HepG2 cells[J]. Journal of Clinical Endocrinology & Metabolism, 2000, 85(10): 3821.

[250] Takeda K, Cowan A, Fong G H. Essential role for prolyl hydroxylase domain protein 2 in oxygen homeostasis of the adult vascular system[J]. Circulation, 2007, 116(7): 774 – 781.

[251] Tetsuhiro K, Micheal T, Neil A H, et al. A gene expression screen in zabrafish embryogenesis[J]. Genome Res, 2001, 11: 1979 – 1987.

[252] Tinoco A B, Nisembaum L G, Isorna E. Leptins and leptin receptor expression in the goldfish (*Carassius auratus*). Regulation by food intake and fasting/overfeeding conditions[J]. Peptides, 2012, 34(2): 329 – 335.

[253] Tirado-Kulieva V A, Miranda-Zamora W R, Hernandez-Martinez E, et al. Effect of antifreeze proteins on the freeze-thaw cycle of foods: fundamentals, mechanisms of action, current challenges and recommendations for future work[J]. Heliyon, 2022, 8(10): e10973.

[254] Ton C, Stamatiou D, Liew C C. Gene expression profile of zebrafish exposed to hypoxia during development[J]. Physiological genomics, 2003, 13(2): 97 – 106.

[255] Valle M D P, García-Godos F, Woolcott O O, et al. Improvement of myocardial perfusion in coronary patients after intermittent hypobaric hypoxia-Springer[J]. J Nucl Cardiol, 2006, 13: 69 – 74.

[256] Wallace R A, Selman K. Ultrastructural aspects of oogenesis and oocyte growth in fish and amphibians[J]. Journal of Electron Microscopy Technique, 1990, 16(3): 175 – 201.

[257] Wang L, Pavlou S, Du X, et al. Glucose transporter 1 critically controls microglial activation through facilitating

glycolysis[J]. Mol Neurodegener. 2019, 14: 2.

[258] Wang X, Deng J, Boyle D W, et al. Potential Role of IGF-I in Hypoxia Tolerance Using a Rat Hypoxic-Ischemic Model: Activation of Hypoxia-Inducible Factor 1|[agr]|[J]. Pediatric Research, 2004, 55(3): 385-394.

[259] Wang Z, Wu Q, Zhou J. et al. Silver Carp, *Hypophthalmichthys molitrix*, in the Poyang Lake belong to the Ganjiang River Population Rather than the Changjiang River Population[J]. Environmental Biology of Fishes. 2003, 68, 261 - 267.

[260] Wax S D, Rosenfield C L, Taubman M B. Identification of a novel growth factor-responsive gene in vascular smooth muscle cells[J]. J Biol Chem, 1994, 269(17): 13041-13047.

[261] Welsh J, McClelland M. Fingerprinting genomes using PCR with arbitrary primers[J]. Nucleic acids research, 1990, 18(24): 7213-7218.

[262] Williams J G, Kubelik A R, Livak K J, et al. DNA polymorphisms amplified by arbitrary primers are useful as genetic markers[J]. Nucleic acids research, 1990, 18(22): 6531-6535.

[263] Won E T, Baltzegar D A, Picha M E, et al. Cloning and characterization of leptin. in a Perciform fish, the striped bass (*Morone saxatilis*): control of feeding and regulation by nutritional state[J]. Gen Comp Endocrinol, 2012, 178(1): 98-107.

[264] Zhang H, Chen H, Zhang Y, et al. Molecular. cloning, characterization and expression profiles of multiple leptin genes and a leptin receptor gene in orange-spotted grouper (*Epinephelus coioides*)[J]. Gen CompEndocrinol, 2013, 181(1): 295-305.

[265] Zhang Z, Wu R S S, Mok H O L, et al. Isolation, characterization and expression analysis of a hypoxia-responsive glucose transporter gene from the grass carp, *Ctenopharyngodon idellus*[J]. European Journal of Biochemistry, 2003, 270(14): 3010-3017.

[266] Zhong S, Ma C, Lin Y, et al. Antioxidant properties of peptide fractions from silver carp (*Hypophthalmichthys molitrix*) processing by-product protein hydrolysates evaluated by electron spin resonance spectrometry[J]. Food Chemistry, 2011, 126(4): 1636-1642.

[267] Zhu S, Yu J, Chen X, et al. Dual cryoprotective strategies for ice-binding and stabilizing of frozen seafood: A review[J]. Trends in Food Science & Technology, 2021, 111: 223-232.